大中型城市风貌
规划与案例分析

赵 祥 曾明颖 刘 虹◎著

中国建材工业出版社

图书在版编目（CIP）数据

大中型城市风貌规划与案例分析 / 赵祥, 曾明颖,
刘虹著. -- 北京 ：中国建材工业出版社，2022.12

ISBN 978-7-5160-3557-3

Ⅰ．①大… Ⅱ．①赵… ②曾… ③刘… Ⅲ．①城市风
貌—城市规划—案例—中国 Ⅳ．① TU984.2

中国版本图书馆 CIP 数据核字（2022）第 139511 号

大中型城市风貌规划与案例分析
Dazhongxing Chengshi Fengmao Guihua yu Anli Fenxi
赵 祥 曾明颖 刘 虹 著

出版发行：中国建材工业出版社
地　　址：北京市海淀区三里河路 11 号
邮政编码：100831
经　　销：全国各地新华书店
印　　刷：北京印刷集团有限责任公司
开　　本：710mm×1000mm　1/16
印　　张：16
字　　数：330 千字
版　　次：2022 年 12 月第 1 版
印　　次：2022 年 12 月第 1 次
定　　价：78.00 元

前 言

从 20 世纪 90 年代起，中国内地城市经历了快速城市化过程，房地产市场蓬勃发展，居民住房条件改善，城市面貌日新月异。在基本住房条件满足后，人们希望城市环境更美好。中国特色社会主义进入新时代，我国社会主要矛盾已经转化为人民日益增长的美好生活需要和不平衡不充分的发展之间的矛盾。反映在城市建设上，随着公众参与城市规划政策的推行，市民对城市形象的期望值、参与热情都越来越高。

但对于地处内陆的很多大、中型城市来说，在与特大型城市如省会或沿海发达城市的比较中，社会舆论对本地城市形象的不满颇多，如城市风貌品质不高、建筑形象粗糙、地域文化表达不足、城市特色不鲜明、公用市政设施欠缺等。其实，这些现象是普遍存在于各个城市而不是个别的城市，是超常规快速城市化的遗留问题。这些问题也给城市规划管理部门造成了压力，促使专业人员反思：很多城市做过多轮城市规划，甚至专门制定的城市风貌规划也已经实施，但是人们对城市形象依然有不满，其根源何在，如何解决？

本书分上下两篇，分别从理论和实践案例入手，分析说明了如何看待城市风貌现状问题，怎样制定合理的规划设计策略以提升城市形象。

其中，上篇以城市风貌的规划设计策略为对象，对现实中经常遇到的如"千城一面""兵营式建筑"等看法，从社会背景、城市文化、审美观念等多方面进行了分析总结，结合有关城市风貌规划的理论基础，澄清了一些认识误区。总结了国内外城市在城市形象塑造、城市风貌规划方面的经验教训，提出应以城市设计为着力点，尽早推行"小街区"规制、以"特色风貌区"建设为重点方向，关注广大"无特色"街区的形象协调等规划设计策略。

这些规划设计策略是在厘清模糊认识的基础上提出，为规划管理部门的专业技术人员提供了较为清晰的管控思路，有利于与社会各方的沟通与交流。

本书的下篇以四川省第二大城市——绵阳为案例，介绍了上述规划设计策略的实际应用。

项目组对绵阳城市风貌现状的社会评价进行了问卷调查，了解了包括市民、游客、专业人士等千余人的意见，揭示了人们对本市风貌建设的满意度评价状况、对城市建设的建议与期望等。从城市设计、建筑风格、城市雕塑、城市色彩、绿化景观几个方面提出了提升绵阳城市风貌品质的规划策略。为了把上述策略落实到工作层面，方便操作，提出了改革专家委员会评审工作流程、完善评价标准、监督整改落实工作等进一步改善规划管控的措施。

本书主要内容基于原绵阳市城乡规划局（现绵阳市自然资源和规划局）委托的"绵阳城市风貌规划设计策略研究"项目的研究成果，在此向何林泰副局长、刘树清总工程师和李建军、高宏瑛等技术业务主管领导的指导、支持表示衷心感谢。感谢西南科技大学土建学院研究生李林、侯新文、闫超、邓钰鲸、成思维、李东骏、余杨在调研中的辛勤劳动，感谢向铭铭、费飞等老师对项目的大力支持。

本书各作者完成的内容为：刘虹，下篇第 6 章；曾明颖，上篇第 5 章（5.2.5 节除外）及下篇 9.5 节、9.6 节；赵祥完成了其余部分。

本书可作为城市规划管理人员的业务参考书和城市规划、建筑设计专业的教学参考书，以及从事相关专业的工程技术人员的技术指导用书。书中尚有一些不足、错漏之处，恳请读者批评指正。

赵　祥

2022 年 10 月

目 录

下　篇

上　篇

1 绪 论

20 世纪 90 年代以后，中国城市化进程快速推进，在短时间之内各地的城市建设成果丰硕。经济快速增长的压力使得各地政府在城市建设中，对速度的追求优先于对城市长期目标和城市特色的追求，导致了在城市范围尤其是建成区范围内普遍出现了生态环境变差、空间尺度不佳、建筑品质不高、公共服务设施缺乏、城市特色与个性弱化等问题。当前，社会公众对于城市风貌特色、公共空间环境品质未能随经济同步提高的不满正在日益增加。

党的十九大报告指出，"经过长期努力，中国特色社会主义进入了新时代，这是我国发展新的历史方位。我国社会的主要矛盾已经转化为人民日益增长的美好生活需要和不平衡不充分的发展之间的矛盾。"对应于社会主要矛盾已经发生重大变化的背景，我国的经济发展方式也必然转向高质量发展，而不再是把增长的高速度作为经济发展的核心目标。为了更好贯彻落实新的发展理念，解决好经济发展的不平衡不充分问题，需要全面提升发展的质量和效益。

按照马斯洛的需求层次论，人的需要有不同的层次。在基本的物质生活需要得到满足后，人会有自我发展的文化、精神生活的需要。中国人民经历了从贫困时代到温饱时代，正在从基本小康迈向全面小康。追求更高品质的发展、更加美好的生活，自然成为了人民群众的新期待。

这种对高品质生活的追求在城市建设领域中的表现之一，就是追求高品质的城市风貌和空间环境质量。

从我国城市化进程的发展阶段来看，城市建设已经进入新增建设规模缩减、转向存量更新的阶段，这种对品质提升的需求是社会发展的必然结果。与此伴随而来的，就是对城市形象的规划与设计需要更精细、更深入、更有实效。在经济建设和社会发展的新的历史时期，各城市间存在着激烈的竞争，随着城市政府对城市活力、软实力、竞争力的重视和培育，对城市风貌的精细规划设计、城市形象的品质提升等工作也显得越来越迫切。

目前，我国在城市风貌的规划研究、编制和管理控制方面做了大量工作，取得了一定成绩，但也存在与其他规划的不一致或不同步、规划成果理论性强而难以落地、管控措施不到位、监督无从入手等问题。这就造成了一种困局，在城市规划主管机构主持下，编制了不少规划，但城市风貌建设现状却依然难以让大家都满意。尤其是在地处内陆、经济并不发达的城市（如在四川省内，除了特大型城市成都外，其他城市的经济发展情况都相差不大），人口多但资源禀赋有限，历史文化不够厚重，如何评估城市形象与风貌、如何在社会各界中形成基本的共识等，都是一个难题。由于各方面条件的限制，规划编制人员对现状认识不充分，风貌规划偏重理论，实施困难；而对于城市规划行政管理者，还经常要面对市民群众的不理解，协调各参与方的不同利益诉求，这就使得有关城市风貌的规划、建设工作常常处于两难之境，落不到实处。

针对以上问题，很有必要梳理清楚有关"城市风貌规划"的概念和理论基础、国内外发展现状与案例，结合各城市自身的自然、经济与社会现实，提出简洁、清晰并便于实施的策略措施。

1.1　研究背景

近年来，人民生活水平大幅提高，城市面貌日新月异。但在很多城市，社会舆论对城市形象的负面评价屡屡出现，诸如城市风貌品质不高或无特色、本地历史文化表达不足、建筑形象简单粗糙以及城市设施不友好、不便使用等。为了解决上述问题，各地的城市规划行政管理部门也编制了一些与城市风貌有关的专项或专业规划，对指导城市风貌建设起到了导向作用，但在实施中也遇到了一些理论上的困惑和措施不力等问题。

针对上述情况，极有必要把城市风貌规划的有关理论与各城市的实际情况相结合，以便重新认识城市风貌改善、城市公共形象塑造、建筑风格整体设计的关系，从理论上回答诸多困惑之处。

拟以城市风貌规划的理论为基础，结合公众对城市风貌现状的社会评价（以四川省绵阳市作为研究案例），揭示社会期望与建议；研究改造、提升城市风貌的品质，塑造特色城市风貌的规划策略、规划管控的措施等，以便切实地回应社会关切。

1.2　研究内容与范围

通过对城市风貌概念的阐述和关联概念的辨析，加深对城市风貌和城市风貌规划的认识；通过对国内外城市风貌规划相关文献的梳理，总结当前我国城市风貌规划实践中存在的问题；通过对国内外城市规划实施评价相关文献的梳理，为研究内容提供方法论基础。

以绵阳市作为实际案例，拟对其中心城区建设用地范围内（据《绵阳城市总体规划（2010—2020）》，2015 年的中心城区城市规划人口为 120 万人，建设用地 125 平方千米；2020 年城市建设用地规模为 150 平方千米，规划人口 150 万人）的城市风貌现状进行广泛调查，征询市民意见与建议。以市民对城市的评价为基础，结合行业专家的专业意见，提出与绵阳城市现阶段实际情况、民众期望相符合的控制性原则，为政府在规划设计阶段引导城市风貌、城市形象提供具有可实施性的管控策略。

1.3　研究方法与技术路线

1.3.1　文献综述法

在查阅国内外相关文献和应用项目基础上，梳理出与风貌规划和实施评价相关的基本理论、研究方法和实践经验，结合城市风貌规划的实施现状的社会评价（以绵阳为案例），为规划策略与管控措施的构建提供理论支撑。

1.3.2　实地考察法

课题组成员多次深入本市各区进行了大量的城市形象现状调研，采用观察记录、影像对比等方式获取空间信息资料，这也是整个评价的基础。

1.3.3　层次分析法

层次分析法（AHP）是对一些较为复杂、较为模糊的问题给出决策的简易方法。本书采用文献综述→评价因子提取→分层规划→专家打分→矩阵建立→计算结果的方式，确定绵阳市景观风貌规划实施结果评价体系中各因子权重。层次分析法通过一定数量的专家打分将单人评价易导致的主观性误差降低，提高了量化分值的专业度和可信度。

1.3.4　重要性表现分析法

本书采用重要性表现分析法（IPA）对城市风貌规划的实施情况进行居民感知评价，不仅可以获取居民对实施效果满意程度的调查结果，还可以获取普通大众对风貌评价因子重要性的感知结果。这一结果可以作为参校数据，验证层次分析法算出的权重的可信度。

1.3.5　问卷调查和访谈

采用问卷调查和访谈的方法向不同价值观群体获取意见。其中对公众意见的收集采用了问卷满意度调查，并运用重要性表现分析法对问卷进行分析和整理。对规划管理工作者的意见收集采用了访谈的方式，研究过程中，数次与规划设计院或建筑设计人员进行面谈，听取他们的意见和建议，以获知遇到的问题和解决方案。

1.3.6 技术路线图

本研究技术路线图见图 1-1。

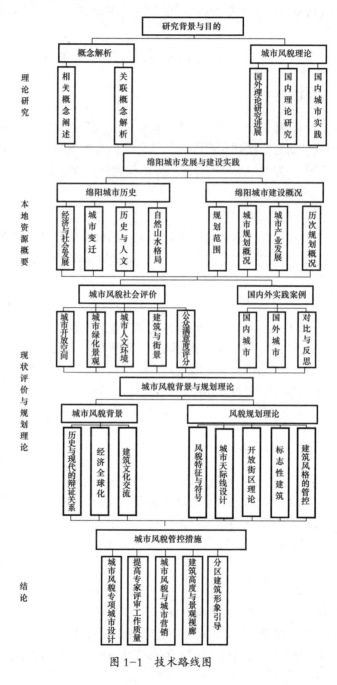

图 1-1　技术路线图

2 城市建设与城市风貌理论

中国古代城市起源于原始社会时期散布各地的聚居点，这些聚居地都是按照顺应自然气候、趋利避害的原则布局。随着生产力进步和社会生活复杂化，规划思想和空间格局逐步受到精神性要求如封建礼制的影响，形成了不同的特色。

2.1 中国传统城市形态概述

总的来看，在漫长的封建社会时期，以儒家礼制、阴阳五行、风水等为核心的天人观、伦理价值观、政治秩序、文化追求都深刻影响了中国古代的城市规划思想。大多数城市空间形态的思想源头，都是基于追求表现"礼制""尊卑"等级秩序或"天人感应"的意象，最常见的表现就是沿中轴线来布局各类公私建筑，依重要性不同，距离轴线远近而有序排列，形成整齐划一的城市空间格局。

受其影响，北方城市多呈现规整、统一的平面，城郭方正、街道笔直，官署建筑居中布置。院落加轴线既是民居的基本格局，也是城市空间的形态特点，从皇宫到民居一脉相承。而在南方，因其山水地理情况复杂，城市的平面布局虽然也尽量取向方正，但却必须在适应地形的基础上满足城市功能的要求，形成了规则与变化共存的多样化城市空间形态。

如上所述，在中国的封建社会时代，城市规划的指导思想受到统治阶级意志的严格限制，要通过特定形式表达有关政治制度理念，而不是建立在满足社会经济活动对城市空间的需求关系基础上。比如，中国古代城市的道路网布局及尺度设计基本上与城市的交通流量及其空间组织无关，典型的如《周礼·考工记》中所载的营国制度，只考虑哲理或象征意义，这就导致了城市格局和社会生活的实际需要脱节。

由唐至宋代前期的城市都实行居住里坊制度，将城市划分为若干封闭的街坊，夜间还实行宵禁。商品交易市场数量很少且经营时间受严格限制，对市民来说，除了庙会等场合之外，几乎没有现代意义上的市民广场与公共活动空间。虽然从风水理论出发，中国古代城市注重山水格局，皇家或私家园林为数不少，其中不乏高品质的园林，但受制于小农经济生产方式的单一、僵化，城市中的公共生活稀少导致公共设施不成熟、布局散乱，进一步制约了城市各产业的持续发展。

直到封建社会末期，中国城市中的封闭城墙仍然存在，由于城市人口膨胀，城市空间逐渐趋于僵化、死板。城市中没有现代工业，只有手工艺，因此生产空间与居住空间混杂不分。大多数城市在城内则商业空间与居民区混杂交错，沿街两侧普遍呈现手工作坊、商业店铺和居住区混合的前店后坊或下工上区的空间格局，在靠近城墙的城外区域则形成各种功能混乱不清的城厢区域[1]。

自鸦片战争打开国门后，帝国主义国家的入侵使中国由小农经济的封建社会转型为半殖民地半封建社会，旧的城市格局被外来因素打破，规模快速扩大。资本主义工商业、交通运输业的发展壮大，社会生活方式的巨变，都促使城市功能、空间布局发生了显著的变化，城市空间类型向多元化发展，出现了工业区和交通站场、公共设施、城市广场等。

在此期间，城市空间格局呈现自发、混杂的结构特征。在老城区或商铺区的周边形成商业、居住混合区，沿河流、道路等交通线，从而形成了工业、商业混合区。清末民国时期，在沿海商埠城市、内陆大城市也开始出现按照近现代规划设计原则的新市区，其功能分区明确且自成一体。新的行政、商业、住宅和工业区配置有序，道路骨架按交通需求规划设计，这些都体现了近代城市的空间结构特征。

2.2　内陆城市历史文化与空间形态

城市建设是一个缓慢、渐进的过程，受到社会、经济等条件的限制，对大多数城市来说，这是一个逐步叠加、更新的过程，城市结构形成与城市文化关系密切。

2.2.1　内陆城市历史文化

虽然我国城市的传统结构曾经历经千年而几乎未变，但随着城市工业化、现代化的推进，自清末到中华人民共和国成立后，大多数城市的传统格局已被打破。特别是改革开放以来，随着社会主义市场经济体制建立和完善，我国进入了快速城市化发展阶段，经济快速成长。因此，除了少数历史文化名城外，从古代流传下来的空间结构、规划格局在大多数城市已不复存在，只是在人们有意识地保护之下，在一些城市的局部地段还有部分残留。

为了继承和发扬传统文化，党和国家历来高度重视历史文化名城、名镇、名村的保护工作。通过《文物保护法》《城乡规划法》等确立了历史文化名城、名镇、名村保护制度，并明确规定由国务院制定保护办法。1982年2月，为了保护那些曾经是古代政治、经济、文化中心或近代革命运动和重大历史事件发生地的重要城市及其文物古迹免受破坏，"历史文化名城"的概念被正式提出。根据《中华人民共和国文物保护法》，"历史文化名城"是指保存文物特别丰富，具有重大历史文化价值和革命意义的城市"。从行政区划看，历史文化名城并非一定是"市"，也可能是"县"或"区"[2]。

国务院于1982年、1986年和1994年先后公布了三批国家历史文化名城，共99座。其后历年有所增补，截至2019年末，国务院已将135座城市列为国家历史文化名城，并对这些城市的文化遗迹进行了重点保护。2018年，我国城市个数达到672个。其中，地级以上城市297个，县级市375个，县及自治县1452个[3]。从数量上来看，国家级历史文化名城数量占县级及以上城市的比例为20%，如以包含县城和县级及以上的城市为基数，其比例仅有6.35%。

但就算是在被授予称号的这些历史文化名城中，其城市风貌、景观等也并不是处处都显得"有历史、有文化"。很多城市的历史遗迹数量、价值以及保护现状等也都并不尽如人意。2012年，据国家文物局统计，在全部国家历史文化名城中，将近20个没有历史文化街区，18个仅有一座历史街区，近一半历史文化街区不合格[4]。

由此可见，即便是历史文化名城，在历史文化的继承、保护方面也做得还很不够，而其他城市还够不上历史文化名城，其中的历史文化遗迹价值（如果有的话）如何评估，怎样与现代城市快速发展的经济社会状况和谐共存，甚至更好地体现，就更是一个难题了。如果对上述疑问的答案还未曾明了，就在城市规划与建设活动中，强调城市的"悠久历史和传统文化"，有意或无意地把"回归本地传统文化、再现城市历史风貌"作为指导方针，这样的行为不仅不经济也不理性，是不可持续的。如果这些城市中有一些经过评定认为具有一定历史文化价值的地段或建筑，也完全能够通过划定文物保护等级、范围的方式加以保护，"修旧如旧"地呈现其原真的状态。在城市规划建设中盲目复古、仿古，不仅达不到保护历史文化的目的，反而是劳民伤财，增加败笔。2012年，新华社就报道过，住房城乡建设部与国家文物局曾联合下发通知，对全国各地因保护工作不力，致使历史文化名城的历史文化遗产遭到严重破坏、名城历史文化价值受到严重影响的情况进行了通报批评。诸如南京、岳阳、聊城等都在其中，被批评的主要问题就是以所谓"再现古城风貌"为借口的拆旧建新、建设"假古董"的行为[4]。

2.2.2 内陆城市空间形态

城市空间形态是一个城市在社会、经济等方面的制度和生活方式在物质空间上的综合反映。中华人民共和国成立后确立了社会主义基本制度，推行工业化，我国城市经济结构由消费型、农业型向生产型、工业型转变，城市空间结构也经过改造、更新，走向了以产业发展为导向的布局方式。对于绝大多数城市，其空间结构、总体格局现状都是在社会主义公有制、计划经济体制下，经过大规模工业建设后逐步形成的。在此背景下从城市总体来看，古代城市空间形态只是在很小的范围内留存了一些痕迹，基于手工业、农业的传统城市的胡同街坊等已被大型街区、居住小区取代，城市都经历了小尺度肌理被大规模地块替换的过程。

以现代化、工业化为基础的城市建设，其规划设计的指导思想是以工业用地为重点，以生产项目为主导，按功能分区原则来配置生产、生活空间，重视工业生产的速度和效率甚于市民生活的丰富。在城市规划设计与管理上，住房建设因陋就简，基本上是大量行列式单元楼的重复。经过多年的持续建设后，各个城市普遍形成了城市中心区、外围各种功能区、周边卫星城镇三者并存的空间格局。由于复杂的历史原因，对城市形象建设不重视，即便是在城市中心区范围内，除极少数重大工程外，建筑外观形象也普遍存在外形单调、无特色，细部做工粗糙，美学价值不高的问题。

改革开放以后，政府改变了统一管制基本建设的模式，激发了市场活力。在相当长的一段历史时期内，房地产行业都是重要的支柱产业，城市房地产市场的繁荣推动了城镇发展和快速城市化进程。党的十九大报告明确提出，中国特色社会主义进入新时代，我国社会主要矛盾已经转化为人民日益增长的美好生活需要和不平衡不充分的发展之间的矛盾。这是我国社会发展进程的一个新的历史方位，随着人民生活水平的提高，城乡居民收入增速超过经济增速，中等收入群体持续扩大，我国人民不仅对物质文化生活提出了更高要求，而且在民主、法治、公平、正义、安全、环境等方面的要求日益增长，对于美好生活的期望呈现出了多样化、多层次、多方面的特点，对此必须予以充分重视。

由于中国幅员辽阔，各地区经济社会发展水平差异大，社会主义市场经济体制还在完善中，与之相配套的宏观调控制度还有待改进，这项工作不会一蹴而就，需要长期的探索与努力。

在城市建设中，要求有足够的、高品质的空间来满足人们美好精神生活的需要。在这当中，城市公共空间、城市形象与风貌、城市文化内涵等方面的品质提升日益显得重要。在新的形势下，各个城市近年来都开始注重城市营销、城市经营手段，在调整城市空间结构过程中更加偏重市场配置资源的手段，城市的规划建设思路也需要进行变革。

在社会主义市场经济条件下，城市规划的目标是要达到城市空间与经济社会发展间的动态适应，而不是符合某种固定模式的"理想城市"。为了克服市场经济运行中常见的弊病，如开发商唯利是图、损害公共利益、建设项目各自为政不顾城市整体风貌、形象等，需要政府在城市规划管控层面做出确定性的制度安排并监督实施。

2.3　各级城市发展趋势

如前所述，我国在 2018 年已有城市 672 个，其中地级以上城市 297 个，县级市 375 个，这些城市是中国经济社会发展的骨干和主体力量。以人口数量、经济体量来看，这些城市呈现出明显的等级，发展很不均衡。

2.3.1　城市等级分类

在中国城市的分级分类上，由政府发布的、根据城市常住人口做出的分类是最权威的。2014 年 11 月 20 日，国务院印发《关于调整城市规模划分标准的通知》（以下简称《通知》），明确了新的城市规模划分标准，将统计口径界定为城区常住人口。城区是指在市辖区和不设区的市，区、市政府驻地的实际建设连接到的居民委员会所辖区域和其他区域。常住人口包括：居住在本乡镇街道，且户口在本乡镇街道或户口待定的人；居住在本乡镇街道，且离开户口登记地所在的乡镇街道半年以上的人；户口在本乡镇街道，且外出不满半年或在境外工作学习的人。

与城镇人口比较起来，城区常住人口更集中反映了城市化进程的情况，侧面反映了区域城市群的建设情况。以城区常住人口为统一口径，《通知》将城市划分为五类七档。城区常住人口超过 1000 万的是超大城市（北上广深）、超过 500 万的是特大城市（成都、重庆、武汉、天津等）、超过 300 万的是 Ⅱ 型大城市、超过 100 万的是 Ⅰ 型大城市。城区常住人口在 100 万以下的是中小城市，其中人口超过 50 万的是中等城市，20 万～50 万之间的为 Ⅰ 型小城市；20 万以下的城市为 Ⅱ 型小城市。细分小城市主要为满足城市规划建设的需要，细分大城市主要是实施人口分类管理的需要[5]。

近年来，在各种新闻报道中、媒体上频繁出现的所谓"一二三四线城市""新一线城市"等提法，也是一种分类方法。但这是民间机构（新一线城市研究所）按照城市综合实力来排位的榜单，商业气息浓厚，并非政府决策的依据。

在 2017 年末，我国地级以上城市户籍人口达到 48356 万人。各城市的城区户籍人口，100 万以上的城市已达到 78 个，其中超过 500 万的城市有 14 个，300 万～500 万人口的城市有 16 个。此外，50～300 万人口的城市达到 219 个，50 万人口以下的城市有 49 个[3]。

按城区人口分，归类为大、中型的城市中，拥有 50 万～100 万人口者 171

个，占比为 25.4%；100 万～300 万人口者 48 个，占比为 7.1%，二者合计约占到中国城市总数的 1/3。人口规模不足 300 万的这些城市在分级上虽然被定为大型或中型城市，但就其政治地位、商业资源、经济体量、城市发展等方面来看，是无法与Ⅱ型大城市、特大、超大城市相提并论的，也很难以"明星"城市的姿态吸引人们目光的聚焦。近年来，根据民间发布的所谓"城市商业魅力排行榜"所评选出的城市等级就可看出与人口的强相关性。虽然这些城市无法长期受到社会的关注，但其数量庞大，覆盖的城市人口众多，无疑是中国城市化进程中不能忽视的基础力量。

2.3.2 大、中型城市发展前景

从城市风貌、城市建设与规划、环境品质等方面现状来看，这些大、中型城市的城市形象与特大、超大城市相比差距明显，社会评价与其地位并不相称，有一定提升空间。就城市发展动力与前景来看，沿海地区城市和特大、超大城市的经济实力雄厚、资源富集，吸纳了大量的外来投资和就业人口，内地尤其是中、西部地区的普通城市在经济基础、产业结构、人口规模与素质等方面与之比较，都是处于劣势的。而在同一省、区内部，省会城市也因为各类资源集中的原因，相比其他城市具有很大的优势，导致城市发展得不均衡、不同步。

以四川省为例，其省会成都市的首位度极大，在全省经济格局中呈现"一家独大"，光成都市就占据了全省 35% 的 GDP 份额，相当于排位其后的五六个大、中城市的总和。在这种情况下，无论是吸引外来投资、产业布局、基础设施建设，还是吸引人才数量、城市发展前景方面，成都对省内其他城市有明显的"虹吸"效应，这对全省的可持续发展不利。当前成都的城市发展也面临着交通拥堵、环境压力大、人口过多、特色缺失等"大城市病"问题。为解决这些问题，四川省计划在成都周边、川南、川东北地区大力培育经济增长极，打造高层级的大城市或者经济副中心，譬如绵阳、德阳、宜宾、南充和达州等，形成合理的城市层级体系。四川省的"十四五"规划中就明确了"……促进全省发展主干由成都拓展为成都都市圈，发展都市圈卫星城市，建设都市圈功能协作基地，促进成都平原经济区内圈同城化、全域一体化。推动区域中心城市内生型发展，高起点规划建设省级新区，在环成都经济圈、川南和川东北经济区分别形成经济总量占比高、综合承载能力强、创新发展动能强、区域带动作用强的全省经济副中心。"[6]

2006 年，国家制定的经济社会发展的"十一五"规划提出，要把城市群作为推进城镇化的主体形态，"十三五"规划则提出在全国范围内拟建设 19 个城市群。城市群是新型城镇化主体形态，是支撑全国经济增长、促进区域协调发展、参与国际竞争合作的重要平台，在构建大中小城市和小城镇协调发展的城镇格局中作用重大。

2019 年 2 月，发展改革委印发《关于培育发展现代化都市圈的指导意见》，文中明确了城市化的主要方向是建设城市群和都市圈。都市圈是城市群内部以超大特大城市或辐射带动功能强的大城市为中心、以 1 小时通勤圈为基本范围的城镇化空间形态。根据上述意见，到 2035 年，全国现代化都市圈格局要更加成熟，形成若干具有全球影响力的都市圈[7]。

根据上述国家级政策的精神以及内陆各省区的实践探索，城市群发展应当实现各级城市的"功能互补，共建共享"，不同级别城市之间实现有效的合理的分工，中心城市向高端职能方向发展，中、大型城市向制造业发展。

由此可见，在广大的中西部地区，当省会城市、作为经济中心的特大城市发展到一定阶段之后，发挥辐射带动效应，经济发展向城市群内的其他大、中型城市倾斜，通过城市建设来提升城市竞争力，是这些城市的政府极为关心的大事，也是城市化发展到一定阶段后，市民对建设美好的城市生活提出的必然要求。

但由于经济发展水平、资源聚集程度的制约，这些城市在城市规划与建设方面，与省会城市、特大城市相比还是有明显差距，对城市形象的社会评价（尤其是专业人士评价）也不太高。经常会有来自社会不同阶层的负面舆论，比较集中的意见有抱怨城市形象"千城一面"、建筑形象混乱、呆板等。从影响城市规划设计的微观因素方面来看，建设项目业主、开发商对项目品质的定位、设计单位的专业能力、管理部门的政策把握水平、民众审美素养与公众参与程度上，这些城市都无法与省会城市、特大城市相提并论。对于很多大、中型城市来说，通过改善城市形象达到快速提升城市口碑和竞争力的目标，既是城市可持续发展的迫切需要，也是回应民众诉求的必须。

为此，更需要理清有关工作的思路、明确认识，在参与城市规划与建设的社会各方之间达成共识，才能找到切实可行、便于操作的途径。

2.4 城市风貌基础理论

关于"城市风貌"这一概念的内涵说法有很多，目前以下几种理论解释是比较具有代表性的，也是相对比较全面的理解。

2.4.1 城市风貌概念

池泽宽在《城市风貌设计》一书中提到："城市风貌代表城市形象。城市风貌不仅能反映出城市的特有景观面貌，同时还表现出城市的性格与气质。市民文明礼貌和昂扬进取的精神以及一个城市的商业、经济、文化和科技的发达程度也都能通过城市风貌体现出来。"[8]

李德华教授在《城市规划原理》中提到："将整合城市内在的精神文化与其外

在的物质空间作为城市风貌规划的重点，较看重心灵感受及美学方面，在政策、制度上涉及较少。"[9]

张继刚教授在《二十一世纪城市风貌探》中对城市风貌有如下定义"城市风貌，简单来说就是城市抽象的风格和具体的面貌。"[10]

蔡晓丰在《城市风貌解析与控制》中提到："城市风貌是由人文环境和自然、人造景观体现出来的一种城市传统文化和生活的环境特征。"[11]

综上所述，城市风貌中的"貌"所指为城市中的物质的、实体的形态要素如公共空间（街道、广场等）、建筑物、绿化景观、城市雕塑等；而"风"是指那些非物质形态的要素如历史、文化、民风民俗等的影响和表现，它们表达了一个城市在空间形态和精神层面的特征内容。不管是文化的"风"还是物质的"貌"，都是一个城市向其体验者传达特定信息（城市形象、品格、趣味等）的载体。人们对不同城市风貌做对比，很大程度上就是在对这些信息进行比较，追求独特的城市风貌，实际上也是希望它能够传达出独特的信息。

综上所述城市风貌是指城市在长期发展中逐渐形成的外在的物质环境与内在的文化环境特征，既是对一个城市现实生活的反映，也是对其历史文化、传统精神的继承和发扬。"貌"是"风"的依托，"风"是"貌"的情感，城市的历史、文化、经济、社会层面的特征通过自然环境和人造景观表现出来。

2.4.2　城市风貌载体

城市风貌兼有时间和空间两种特征。从信息传递所依托载体的属性出发，可以把"貌"归结为物质（空间）载体和文化（时间）载体两个部分。物质载体是空间，具有明确、具体的形态、体积，容纳人类活动，在较长时期内保持稳定，起到主导作用[11]。而物质载体不是简单的材料堆积，其形式反映了特定地域、特定历史时期的文化背景、道德伦理和技术能力等精神、文化因素的影响。时间与空间特征的结合使得城市及其环境不仅能满足人们的生活需要，还带上了一定的情感信息。人们对不同城市风貌的比较，很大程度上就是比较所传达出来的信息，追求独特的城市风貌，实际上也是希望它能够传达出独特的信息。

城市空间的物质载体在结构形态上表现为：清晰的城市功能格局，良好的城市水系和道路骨架，有序的城市天际线，城市开敞公共空间如广场、街道，合理的城市高度分区与制高点配置，有序的城市带状空间以及大型公共建筑等。这些空间要素具有明确肯定的形态，其使用功能明确且在较长时期内保持稳定，因此具有主导作用。

城市特定的历史、习俗、文化信息主要表现为：城市空间的肌理或图底关系、与当地气象、地形、生产条件等相适应形成的建筑形态和风格（如屋顶形式、柱廊、墙体及其虚实等）；城市主色调与绿化景观、天气变化、山水背景的关系等；主要生活性街道、市民广场的分布和密度等[11]。

以中国古代城市为例，在封建礼制的限制下，城市的平面肌理简单规整，在图底关系上形成非常均质的空间，公共建筑基本都设在中轴线上或附近，易于识别。其余建筑类型是以民居为主，公共建筑为辅，体量对比强烈。城市规模不大，建筑类型单一，以至于可以把整座城市作为一个风貌载体（典型的如北京等城市）来看待。

经过漫长的建设历史，在建造手段、产权分割等方面的限制条件下，大部分城市在总平面肌理上都呈现纵横交错的方格、区块，在空间上则是高度差不多的、均质方块形态。城市中自然形成了沿路、滨水或沿江地段以及河流等线状空间，是构成城市风貌特色的物质基础。在许多内陆城市，线状空间数量众多，其中步行街道、沿江道路等往往是最具有地域和历史文化特征的场所，能够集中地体现城市原有风貌，上海外滩滨江风貌带、四川成都春熙路、重庆市解放碑、江苏省无锡市南长街、福建省福州市三坊七巷、天津市和平区五大道等都是中外知名的城市风貌窗口。

由于生产方式、生活方式的剧变，现代城市功能多样，空间结构复杂，已经不可能像古代城市那样，在大规模尺度上保持整齐划一的风貌特色。在现代城市，作为风貌载体的规模可以缩小到城市街区、广场、建筑物这样小尺度，就能发生明显的风貌改变，以城市街区甚至个体建筑为对象来规划、管控城市风貌才更合乎实际。某些建筑或公共空间，由于其空间位置或历史文化意义重要，其空间形态表现为城市广场或者是具有标志性的建筑物，也是城市风貌重要的组成部分，可视为城市风貌节点。以城市空间节点作为风貌要素，在空间构成上更紧凑，更具有风格多样性，能够对城市历史文化背景进行浓缩、直接的表达。

塑造城市风貌时，应有针对性、有目的地选择上述组成部分进行设计。但是，各城市都有其不同的发展历史和建设背景，不能简单套用其他城市的风貌建设模式。

2.4.3 城市风貌类型

依据中国城市发展的历史进程背景，结合近年来城市化现状，以一个城市中占主要地位的城市空间格局、建筑风格等为标准，可以把城市风貌分为几种类型：传统风貌、现代风貌和多种风貌并存的城市几种类型[11]。

在以传统风貌为主导的城市中，历代留下来的传统建筑、街道等居于主体地位，传统风貌在城市形象评价上的重要性超过其他景观，如苏州、平遥古城、丽江古城等。但经过多年的现代化建设，这样的城市存量极少，有的话也是因为新旧城区位置分离，其古城受到严格保护而留存下来的。为维护古城特殊的风貌，需要继续保护，而城市的其他部分则建筑风格混杂。

能保留古代风貌特色的城市是特例，更多的城市中是既有少量的传统建筑、街道遗存，也有大量的现代城市面貌，是多种风貌并存的城市。其中，由于各种原因保留了一定数量与体量的历史街区或传统建筑，表现为比较集中的街道、街坊等，其代表性城市有南京、广州等。但在这些城市的风貌建设中，对这些历史街区或传统建筑的文化价值，应经过客观评价，无视历史与现实的矛盾，片面地回头看、"厚古薄今"，并不利于城市健康发展。

而现代风貌主导的城市如上海浦东、深圳、珠海等新城市，在规划建设之初就遵循了现代主义及其之后的城市规划设计原则，而那些虽未迁址新建，但在长期建设过程中经过大拆大建形成后的城市（区），其城市格局、交通网络、建筑造型、文化艺术等都是以现代人生产、生活、精神需要为基础，所以必然呈现出现代主义风格的城市风貌。在漫长的历史进程中，承载着这些城市历史文化的传统建筑、街区等物质形态已经消失很久，在现代条件下的城市风貌规划设计中，如果非要把所谓"历史风貌"作为设计目标，采取生搬硬套的手法，粘贴某些特定的文化符号来表现"文化"，不仅难以发扬优良传统，倒极有可能会成为食古不化的反面教材。

2.5　影响城市风貌的因素

影响城市风貌的因素是多方面的，包括显性因素中以山水为主的自然因素、以建筑为主的人工因素和隐性因素中以历史、文化为主的人文因素。

2.5.1　显性因素

影响城市风貌的显性因素可以分为自然因素和人工因素两个部分，是以物质形态构成的城市环境的实体、骨架。

自然因素主要是指自然地理环境，包括地形地貌、江河水系、植被绿化等，是一个城市形成的基础。地形地貌是指城市的地势变化，包括山地、平原等地貌形态；江河水系是指城市的江、河、湖、海等，有不同的面积、尺度、形态、水体颜色变化，对城市风貌有很大影响；植被是城市内绿化植物的总称，是城市风貌及特征的重要代表。每个城市地理环境是不同的，只有因地制宜、善于利用和改造，才能更好地协调人工环境与自然环境的关系，进而规划出有特色的城市风貌。

人工因素是人工建造活动的物质成果，包括公共空间、建筑、夜景照明等，是影响城市风貌最活跃的要素。其中公共空间主要由街道、广场、绿化景观、滨水区及景观雕塑构成；建筑的风貌一般是指外观形式、色彩与体量；夜景主要是指灯光效果。

2.5.2　隐性因素

隐性因素也分为自然因素和人文因素，它是一个城市的内在文化、精神在城市风貌各方面上的表现，表现了一个城市的气质。

隐形因素中的自然因素主要是指城市的气候、气象条件。人工建筑必须适应气候，城市的规划和设计也要顺应气候，通过这两方面的影响，气候条件在很大程度上对城市风貌影响巨大。如寒冷地区的城市，街巷空间紧凑封闭，为了保暖建筑外墙很厚、开口小，干热地区为了抵御风沙建筑形象较为封闭，湿热地区的街巷通透宽敞，建筑空间开放、用材轻薄短小。

人文因素是指由人类活动赋予的一个城市的精神与特征，其主要内容在古代基本上是统治阶级的意志，这是人工因素深层次的依据，包括历史文化、城市经济、人文精神等。历史文化是城市经过长期发展逐渐积累而成的，对城市风貌的形成有很深刻的影响。城市经济的发展与城市风貌的形成也是息息相关的，城市规模的不同影响着其人口、经济发展的差异，使得城市在交通、人民生活安排、布局等各方面都有自己的特色，因此形成不同的城市风貌。

参考文献

[1] 庄林德，张京祥.中国城市发展与建设史 [M].南京：东南大学出版社，2002.

[2] 国家历史文化名城，https://baike.sogou.com/v714931.htm?

[3] 国家统计局城市司，城镇化水平不断提升，城市发展阔步前进.http://www.stats.gov.cn/tjsj/zxfb/201908/t20190815_1691416.html

[4] 人民网，历史文化名城"拆旧建新"，文明记忆如何消失？

http://culture.people.com.cn/n/2012/1220/c172318-19962981.html

[5] 国务院印发《关于调整城市规模划分标准的通知》.

http://www.gov.cn/xinwen/2014-11/20/content_2781156.htm.

[6] 四川省人民政府，中共四川省委，关于制定四川省国民经济和社会发展第十四个五年规划和二○三五年远景目标的建议，

http://www.sc.gov.cn/10462/10464/10797/2020/12/9/30de25c615154348835843b58380030f.shtml

[7] 发展改革委，国家发展改革委关于培育发展现代化都市圈的指导意见，https://www.ndrc.gov.cn/xwdt/ztzl/xxczhjs/ghzc/202012/t20201224_1260130.html?code=&state=123

[8] 池泽宽.城市风貌设计 [M].郝慎钧，译.天津：天津大学出版社，1989.

[9] 李德华.城市规划原理 [M].3 版.北京：中国建筑工业出版社，2001.

[10] 张继刚.二十一世纪城市风貌探 [J].华中建筑，2000，18（3）：1-35.

[11] 蔡晓丰.城市风貌解析与控制 [M].北京：中国建筑工业出版社，2013.

3 城市形象设计与风貌规划理论

为了解决城市扩张与蔓延带来的严重的环境问题，西方对于城市环境的规划、建设提出了一些理论，也进行了大量实践，如早期霍华德"田园城市"理论，20世纪初的城市美化运动等，代表性的实践有纽约中央公园设计等。城市设计理论发展到近现代，西方城市规划主要理论经历了柯布西耶的"功能理性主义"规划思想，莱特的"广亩城市"思想，沙里宁的"有机疏散"思想等发展阶段。有关于城市风貌、城市形象的规划设计、经营管理，在国内外都有较多的理论探索。

3.1 城市形象设计理论

城市形象的设计与表达涉及到一个城市的政治、经济、社会各个层面，不仅要反映物质环境，也应当体现城市的历史文化和当前居民的精神形象，整合多种因素以创造出明确的可识别性。

3.1.1 城市形象设计理论

城市形象是城市个性特点的展示，良好的形象可以增强市民的自豪感和归属感，对于增加城市吸引力、提升市场竞争力都有重要作用。在古代，人们常用诗文总结城市特点，形成了特有的审美意味，如"九天阊阖开宫殿，万国华夷拜冕旒""云里帝城双凤阙，雨中春树万人家"是盛唐时代的长安形象；"东南形胜，三吴都会，钱塘自古繁华。烟柳画桥，风帘翠幕，参差十万人家"是北宋盛期的杭州；"江南佳丽地，金陵帝王州"则是曾为十朝故都的南京，还有"山水甲天下"的桂林，苏州的园林，敦煌的石窟等。

进入现代，从城市规划角度出发，人们引入了商品形象设计与识别的理念，提出用城市特征形象系统CIS（City Identity System）来代表一个城市的身份。它涵盖了从城市历史、产业结构、视觉形象等方面，包括城市理念识别、城市行为识别和城市景观视觉识别等子系统。城市理念识别是基于城市区位、交通、经济发展基础等条件，对未来的社会、经济和环境的可持续发展做出预测；城市景观视觉识别是利用其自然条件、历史文化等来创立城市总体面貌，包括规划、设计城市景观体系，展示城市特有的空间布局、天际轮廓线、开敞的绿色空间、地方特色的文化场所，以此构成富有表现力的城市景观系统。

3.1.2　城市品牌理论

各类资源在城市集中，既实现了高效生产，也丰富了文化生活，并通过各种有形的物质载体和无形的意识形态把城市文化扩展传播开来，形成一个城市特有的场所精神。城市文化融汇了市民的风俗习惯、道德风尚以及行为规范等，并与历史街区、城市建筑、雕塑、广场、文化设施等相互结合，通过适当的活动表达出来，是市民精神生活的组成部分。城市文化是城市外在形象与内在气质的有机统一，是历史文化与现代文化的有机统一，并且在物质环境和人文环境二者之间互为依存、双向互动中展现出完整的城市风貌。很多关于城市发展的社会学研究都指出：在 21 世纪，城市之间的竞争将由过去的经济竞争走向以经济、文化并行并转向以文化为核心的综合竞争[1-2]。

城市品牌是一个城市在推广自身城市形象的过程中，根据城市的发展战略定位所传递给社会大众的核心概念，它是城市形象的集中浓缩，是城市的个性化名片。因其形式简洁、易于辨识，在信息的传播上高效并容易得到社会的关注。

定位准确、内涵合理的城市品牌对内可以提高市民对城市的归属感、自豪感，对外提高了城市的知名度、美誉度。塑造城市品牌应该从文化发展战略和城市文化定位入手，使城市文化与城市品牌在文化内涵上统一起来。一些著名城市都有众所周知的城市品牌，如巴黎——"时装之都"，维也纳——"音乐之都"，达沃斯——"会议之都"，香港——"购物天堂"等。

当今世界，城市环境问题日益突出，对一个城市来说，追求环境质量、生态意识、文化品位、文明形象，实现整体的协调发展，已越来越受到重视。在打造自己专属的城市品牌、营销口号的过程中，美化城市风貌、提升城市环境品质，已成为人们关注的重点，也是国际性的大趋势。

3.1.3　城市形象与城市营销

一般说来，城市风貌规划的目标在于通过对城市环境要素形式与特征的研究，以合适的载体整合城市的历史文化、社会生活、功能作用、民俗风情等诸方面的信息，用便于受众感知与辨别的方式，使社会各界准确地认知一个城市独有的精神气质，进而接纳、欣赏这个城市。在实践中，不乏城市政府通过以行政手段大力推动，"打造"出若干高档的、标志性的建筑（群）的方式，经济实力稍微差一点的城市也会通过粉刷、贴面的方式来"美化"城市面貌。但城市风貌不仅涉及到众多的城市环境、大量建筑物，也是建立在自然山水环境基础上的，如果没有一个互相呼应的形象设计主题，就可能会引起理解的混乱。因此，解决城市风貌不能仅仅从"硬件设施"入手。

实际上，由于规划设计者、城市外来者、常住者与管理者的身份差异，他们对城市风貌信息需求与感知是很不一样的。传达城市风貌设计意图的载体基本上都是图纸文件，这也是各种规划设计的通例。规划设计、行政管理者，可以通过图纸文件上表现出来的空间形态来理解城市风貌，但这些成果专业性太强，非专业技术人员不易理解。管控城市风貌的手段也是通过"公众参与"这种方式面向社会公布这些图纸文件，广大市民也难以有效参与。由于认识差距的存在，众多市民对于自己的城市到底是个什么样的特色、气质，各有自己的解释，不易与规划设计者产生共鸣，对从专业角度总结出来的城市个性、特色也难以普遍认同，这就导致了城市风貌规划的相关成果在推广时缺乏群众基础，社会反响差，实施效果不好。

对此，我们应该看到，社会公众理解和认识城市的主要方式不是看图纸，更多是通过发布于各种媒体的广告宣传以及声、光、影像、人物等这些鲜活的形象，比起专业的规划图纸、技术规定更加深入人心，更加能够拓展信息交流的广度与深度。为便于城市市民、来访者理解，不仅应力求风貌规划成果通俗易懂、鲜明活泼，有助于其了解、熟悉城市风貌与居住环境，还要为其谋划活动路线，整合城市风貌精华，有助其在最短时间内体验城市、评价城市，形成认同与归属感。

目前，国内有些城市在向外界推广时，将城市形象与各种文化宣传手段结合起来，把所要传达的城市风貌信息与城市特色浓缩成简明扼要的关键词，形成营销口号，保证传播的便捷，以期城市受众产生共鸣与认同，实现对城市风貌的"理念识别"。比如杭州的城市形象策划口号："风雅钱塘，灵秀精致。诗画江南，创新天堂。"。[3] 香格里拉的城市形象核心概念是"雪山草甸，理想城市"，海口的城市形象概念是"椰风海韵，南海明珠"等。

内陆城市绵阳也一直苦于没有一个能充分展示自己城市特色和文化形象的口号，使得公众甚至是市民对于绵阳的城市特色认识模糊、没有特别的感受。这种状况也间接地导致了城市风貌塑造取向的分歧，对形成和谐一致的城市面貌不利。在市政府大力推动下，发动了社会各界广泛参与，最终提出来一个得到普遍认可的绵阳城市推广口号"李白出生地，中国科技城"（图3-1），以及象征科技文明、人文历史的城市 LOGO[4]。

绵阳城市标识、形象口号的研究成果凝聚了社会共识，为绵阳的城市风貌建设提供了很好的参考方向，通过城市空间环境及标志性建筑更好地表达出来。

图 3-1 绵阳的城市形象策划

3.2 城市形象与风貌符号

良好的城市风貌来自于得体、恰当地组合其时空载体，组合的依据则是把城市的自然环境、历史背景和其当前的经济、社会定位以及生产、生活功能有机结合。

3.2.1 城市形象的基础

城市肌理、建筑风格是城市风貌最重要的外在特征，其根源在于地理位置、气候条件的不同，古今中外的实例众多。如在水乡建城，城市路网格局灵活，城市形态与水系密切结合，街道走向随河流走势而多变；山地城市肌理沿山势起伏不定，城市形态高低错落，如我国著名的山地城市重庆、攀枝花，其城市景观、建筑外观等都并不是以体量取胜而是与起伏的地形结合见长，通过建筑技术手段如支、架、挑等建筑竖向体量。丰富多变的形态产生了独特的美学价值，有的地段因此而成为获得公众广泛认知的网红之地，如重庆的洪崖洞区域。

虽然在生活方式改变、价值观多元化的影响下，现代城市中的建筑风格不可避免多样并存，但依然会受到特定的政治、军事、经济、文化等各方面条件的制约和影响。对于普通中小城市，因其历史遗存少、生产生活方式单一，采取简单朴素的风格是自然的，而大城市文化发达，人口众多，产业组成、社会生活复杂多样，建筑风格以城市新、旧分区或工业园区等方式分区布局，在各自区域内风格趋同则是经济合理的。如苏州，既是传统水乡小城，又是发展现代工业园区的新城市，在旧城区延续传统水乡建筑风格，在高新技术区则以表现科技特征的现代主义风格为主。

在城市发展演变的漫长历程中，古人顺应天时地利，在规划设计聚居环境时，采用了适应环境的空间结构，也发展了一些与之相应的建筑形态及构件、材质等的组合，逐渐形成了长期传承下来的固定做法。在人们理解、熟悉城市的过程中，这些做法及其形象就被抽象为了风貌符号系统。不管如何选择城市形象与建筑风格，都要立足于为当代人创造好的生活环境，也应当考虑适当展示历史文化特征。

3.2.2 城市风貌的符号

城市风貌的符号系统与特定地域、特定历史时期、特定文化（技术的和民族的）等特色组合相联系，即使其所依附的物质载体的地域、时代等特征上有改变，抽象的符号系统所携带的特定信息依然会不同程度地在人们的心理上重现原有的特别体验，加深人们对城市特色的认识。

一般来说，抽象的城市风貌符号系统必须依附于物质载体而存在，而物质载体的形态经过漫长的历史发展后，具有稳定性，这种稳定性不会随自然条件和人为影响而经常变化。同时，这种符号系统在文化上则具有象征性，有可能是民族心理、伦理观念的反映如中国古代建筑中常见的源于"厌胜"之法的审美心理及其艺术形象。

地理环境、气候条件是决定传统城市和建筑的风貌的最根本因素，在此基础上抽象出来的风貌符号与其环境条件是一种互相依存的关系，特定的环境条件也因此成为符号所传达的基本信息。所以，城市风貌符号系统脱离开其形成环境后，其所传达的信息就变成了片断的而不是完整的，有可能失去了原有的含义。例如粉墙黛瓦民居在江南地区传统民居中大量存在，是该地区基本的风貌构成要素，因此它是一种稳定、典型的江南城市（镇）的风貌符号，在本地区具有完整的文化内涵。但如果将这种风貌符号移植到东北寒带地区的城镇环境，甚至是虽然同处于温暖多雨气候，但是已被西方传统建筑风格主导的上海外滩地区，也会失去其原本内涵的"烟雨江南"这种特殊的意境了 [5]。一些出于猎奇的设计只注重模仿建筑外观，与地域环境、气候条件等不相适应，极易造成风貌信息的歪曲失真，在审美判断上令人疑惑不解。图 3-2 是位于海南的某五星级大酒店，其建筑外观却按照中国北方传统的官式建筑风格设计，表现为封闭厚重的外墙和平缓厚实的筒瓦屋面，檐下构架粗壮且配色深暗，与海南的气候条件和地理环境形成了冲突，传达出混乱的信息内涵。

图 3-2　海南某五星级大酒店

3.3　城市风貌美学原则

3.3.1　山水生态美

在古代，城市都是人类在顺应自然山水、地理环境条件下创造的聚居环境，因此城市风貌的优美首先体现为人工环境与山水形态、生态环境的和谐关系。随着工业革命后机器生产的普及，生产力飞速发展，人类可以在一定程度上按照自己的意图对自然环境进行全面改造，建造城市环境的活动不再完全受到自然条件限制。但多年来的实践表明，生态污染和自然环境破坏使人类生存环境恶化，促使人们对改造自然的指导思想进行反思。今天，人类对于自然的态度经历了敬畏、改造、破坏后，走到了有意识寻求人与自然和谐共存的阶段，走可持续发展道路成为人类共同的认识。因此，在城市风貌规划设计上树立以尊重自然、保护和展现山水等自然景观为首要原则是必然的、恰当的。

融合山水田园人物为一体，是中国传统文化中独特的审美趣味，如孔子曾有"仁者乐山，智者乐水"之说，众多的山水画达到了古代艺术极高的水平。1990年，著名科学家钱学森提出了"山水城市"概念，是在中国传统的天人合一的自然观基础上对未来城市面貌的构想，在城乡规划理论中融入了民族特色。党的十八大报告强调建设"美丽中国"，并把生态文明建设放在了突出地位，生态文明成为中国城市发展的战略方向。习近平总书记多次从生态文明建设的宏阔视野提出"山水林田湖是一个生命共同体"的论断，为推进绿色发展和美丽中国建设提供了行动指南。这些都说明，在城市风貌建设中首先要突出自然山水、生态之美，不仅有美学基础，也是社会发展的必然要求。

自然山水是城市空间形态背景，也是主要组成要素，应该以显山露水的方式展露自然景观，通过在视觉上的形态变化造成空间审美的趣味点。保持自然形态的山峰、高地、湖泊、森林等山水特征不仅是人工建筑形态的补充，还能在城市空间中形成特有的方位感、标志性，丰富城市的轮廓线。

3.3.2 建筑形式美

城市与乡村在外观形态上的区别主要在于城市中各类建筑物大量而密集，建筑物的形态也各异，人工环境如建筑、街道、广场等无疑是主要的城市风貌载体，其设计的好坏在很大程度上决定了城市形象的优劣。正因为如此，美国著名现代建筑师沙里宁才会认为"城市设计基本上是一个建筑问题"。

建筑设计的理论有很多，对于建筑形式美的研究成果也很丰富。一般说来，对建筑形象的设计无非就是在遵循主从与重点、均衡与稳定、对比与微差、韵律与节奏、比例与尺度等普遍适用的美学法则下的个性化、多元化创作。现实生活中的建筑千姿百态、各有特点，但要达到审美上的高水平、高质量，则必须遵守这些已被历史证明是行之有效的艺术法则。当今社会科技进步、经济发展迅速，有些人就认为这些形式美的法则是几百年前的做法，老套、过时了，建筑应该要跟随最新的艺术潮流，表现个性，不与众人为伍。这种观念是错误的、有害的。真理之所以是真理，不是因为它时常刷新，而是因为它深刻地揭示了事物发展的客观规律，能够正确指导人们的实践。

2015 年 12 月的中央城市工作会议根据中国城市发展的实际状况，提出了新时期的建筑方针"适用、经济、绿色、美观"。这是指导今后一个相当长时期内建筑设计的基本要求，其出发点就是建设事业尤其是设计工作要尊重中国具体国情，而不是脱离实际地追求时尚潮流。

当然，对于城市风貌规划设计来说，不仅单体建筑的外部形象要尽可能完善、美观，更重要的是城市整体形象、整体环境的和谐。城市空间的整体形态是由众多建筑群体的组合形成，不能过高评价单一的标志性建筑对城市整体形态的作用，所以地处同一城市空间中的建筑之间互相协调，是城市环境中建筑形式美的主要评判标准。

作为建筑群体的一部分，建筑单体就要在高度、体型、色彩、材料等方面服从整体要求，按照形式美的法则来设计群体形象。在建筑群体组合设计中，要特别注意对立统一原则的运用，不仅因为这是最基本的形式美法则，更因为个体建筑是作为建筑群体和空间组合的一部分而被纳入城市风貌中的。只有在群体相对统一的基调上寻求建筑个体形象的变化，才可以在复杂的城市空间环境中达到和谐的效果。

3.3.3 环境艺术美

除了自然山水、各类建筑物外，城市风貌的物质载体还有各种不同功能、形态、尺寸的广场、街道、绿地、院落等城市空间环境。这些空间容纳了丰富的城市公共生活，与市民的日常生活密切相关，带给人更加直接的审美体验。因此，城市风貌的塑造也要非常注意这些公共空间的环境艺术设计。

由于所涉因素很多，城市环境艺术的对象包括了园林景观、雕塑壁画、广告招牌、公用设施等，其规划设计各有重点，难以一概而论。在处理这些要素时，应当以人为本，首先考虑便利人们的公共生活，调动各种艺术形式，协调好各方关系，遵循对立统一的美学原则，创造出和谐的整体效果。人们通常是通过五大要素（边缘、街道、区域、节点、标志）来认知城市，形成城市意象，在此过程中环境艺术设计能够起到重要的审美作用。由于观察者都是在漫游过程中体验城市空间的，规划设计时要讲究建筑物之间、道路网络及建筑物与道路之间的优化组合，通过渗透、借景、转换等设计手法组织空间序列，提供合理、有趣味的漫游路径。

相比建筑物实体，环境艺术的设计手法更加灵活、形式更加多样，受到的约束更少。一些不便于用建筑实体表达的文化含义，用环境艺术的方式来表现反而比较方便高效，可以通过广告宣传、雕塑、夜景灯光等体现城市的历史、文化、民俗风情等特色和个性。城市公共空间的设计应高度重视空间的公共性、开放性，尤其是要便利步行者，方便残疾人和老人的行动，为社会交往活动创造条件。使步行者乐于参与活动，能够停留一段时间，才能产生深入丰富的体验。

在城市环境艺术设计中，应当借鉴、发扬中国古典园林对建筑、绘画与书法、雕刻、工艺美术品、植物搭配的组织手法，将物质实体、空间与地方传统、民风民俗等文化特色和谐地搭配起来，达到如诗如画的综合艺术效果。

3.4 城市风貌专项（城市）设计

3.4.1 城市（镇）特色风貌区

随着城市化的快速推进，一些城市在大规模的建设过程中出现了不少混乱现象，诸如在城市规划、建筑设计中的形式主义、拿来主义、英雄主义、奇形怪状的倾向等，这些都对城市风貌带来了负面影响。习近平总书记深刻指出，"城市建筑贪大、媚洋、求怪等乱象由来已久，这是典型的缺乏文化自信的表现"，将城市（镇）风貌建设提高到文化自觉和文化自信的高度。中央城市工作会议和《中共中央、国务院关于进一步加强城市规划建设管理工作的若干意见》提出，要着力塑造城市特色风貌。而城市（镇）风貌建设的核心内容即特色鲜明、可识别性、文化内涵、可持续发展等，为此住房城乡建设部提出来建设城市（镇）"特色风貌区"以推动城市（镇）风貌建设品质的提升和持续发展[6]。

城市（镇）"特色风貌区"是城市（镇）特色风貌的空间载体，是能够在自然环境、历史文化、经济社会或民风民俗等方面体现一地个性特色的特定地段或区域，设立"特色风貌区"是对当前城市面貌趋同的一个应对措施，达到对城市风貌重点建设、精准施策、凸显特色的效果[7]。

以江苏省为例，在制定全省"城乡空间特色战略规划"的基础上，要求各地通过城市空间特色体系规划的编制，找准城市特色定位，兼顾传统文化根基和未来发展要求，系统梳理、整合各类自然、历史和景观资源并以绿道、蓝道、慢行步道、特色街道串联、整合空间资源点和特色意图区，规划形成城市特色空间体系。在南京市建设了"城市特色意图区"，在该区域内将技术性成果转化为固化条件和开发合约，实行设计师跟踪服务制度，通过更加精细的城市设计引导及规划标准的制定，促进良好风貌营造，集中展示空间特色和文化魅力，使得南京城市特色风貌的表达更加精准、丰富、立体[5,8]。

内陆城市绵阳的历史文化资源不多，但分布比较集中，政府对跃进路历史街区、越王楼文化名楼区、三江半岛观光休闲区、西山公园、富乐山公园、碧水寺、126文化创意产业园、科学家雕塑园等能代表绵阳历史文化特色的区域加大了风貌提升改善的力度，建成高品质"特色风貌区"，并广泛加以宣传。

3.4.2 "无特色"的风貌区

中国封建社会的历史悠久，以儒家思想为代表的传统文化延续千年而绵延不断，其中"法祖""尊古"的价值观悠远绵长，至今仍有余响。基于对悠久历史的自豪感或荣誉感，不少人在潜意识中将城市风貌规划视为城市历史风貌保护，或者要求恢复其历史面貌，这种思路在社会舆论层面上也很少受到质疑。

然而，这种片面强调"传统文化"的规划思路虽然看起来很光彩，但要在自然景观和环境空间很好地体现出来却很困难，从设计、施工到管理、维护环节都有很多难题，没有可操作性。结果就只能简化为在外观形式上的复古装饰风格，这导致了一段时期内，大量"假古董"的出现，反而降低了城市风貌的格调，招来各界有识之士的批判。后来，随着城市经济实力的突飞猛进，城市规划、建筑设计又转向了后现代建筑理论，把"独特、个性、标志性"等作为追求目标，各种奇奇怪怪建筑不时出现，常常被社会舆论评价为"丑陋建筑"。国内某网站发起的"中国十大丑陋建筑"评选活动已举办多届，上榜的不乏被一些城市或大企业视为的"标志性建筑"。在这样反复的过程中，广大市民日常生活所居住、使用的普通建筑的品质反而得不到重视，使得城市风貌更加混乱复杂。

其实，城市形象并不只限于建筑风格或装饰细节，更主要的是空间形态与地段环境的协调组合。从 19 世纪末的现代主义规划分区理论到 21 世纪初的新城市主义（New Urbanism）等规划理论的发展来看，构成良好城市风貌的基础是大量的形态合宜的街区、街巷、住宅、学校等普通城市环境，这些建筑量大面广、功能性很强，在形态设计上的自由发挥受限，跟少数标志性公共建筑相比，可以称为城市中的"无特色"风貌区。由于个性不突出，这些"无特色"的风貌区对城市形象的贡献往往不受人重视。但事实上，这些大片的城市区域对城市形象有很大的影响。

在经过了长期的战乱动荡以及大规模经济建设后，中国的大多数城市早已没有成规模的、具有重大文化价值的历史遗迹了，大量满足当代人日常生活需求的街区、住宅、商店、办公楼等普通建筑，即"无特色"风貌区在数量上已经占据绝对优势，形成了城市风貌的底色。即使在北京这样的"古都"，普通的街区仍然占了城市的大部分空间。普通街区、普通建筑的形态已经在市民心目中形成了固有感受，其外观品质在很大程度上决定了城市整体风貌。可以想象，对于普通市民来说，自己日常居留的建筑、街区的城市环境的优劣能够直接影响生活品质。文化遗迹和历史街区这类风貌突出的地段，在某种意义上是城市"形象工程"，对提升市民的生活品质作用不大。

因此，塑造城市风貌除了考虑文化遗迹、标志性建筑这些重点目标外，大量的普通建筑、普通街区这些"无特色"风貌区也不应被忽略。应通过城市设计方式对其空间环境、建筑形态、临街界面等风貌要素做深入设计，确保其整体协调，构成城市的整体风貌的好的底色。为此，需要深入调研城市中普通建筑、街区空间的分布规律，优化这些"无特色"要素的形态设计，使"无特色"要素的组合方式本身形成一定的"特色"。只要组织得好，数量有限的历史文化遗存、标志性建筑就可以在"无特色"要素的大背景中得以突出，城市风貌的提升不仅更有效，也更加亲民。

3.4.3 城市风貌专项（城市）设计

由于城市风貌规划通常都是原则性的条款，本身并没有法定约束力，所以在实施阶段一般难以落实，这也是很多城市专门编制甚至编制过多次城市风貌规划，但是实施效果不佳，城市风貌的建设、整治成效不彰的重要原因。

虽然对城市风貌内涵的认识有差异，但从国内外城市建设的实际来看，政府部门或专业机构的管理者们普遍认为城市的空间形态和环境品质具有社会公共价值，涉及面众多，很有必要引导、管理各类开发建设活动，为公众创造社会福利。大部分发达国家的相关法律都授权政府的职能部门进行城市设计控制，他们将此管理过程称为策略型城市设计（urban design policy），就是制定和实施城市形态和景观环境的控制规则。在中国，与之类似的管理职能就是专项或局部城市设计[9]。

专项城市设计是针对城市全域的城市形态和景观环境中的重要元素，制定专门的城市设计策略，比如城市高度分区、沿街建筑立面、街道景观和广告标志的设计控制。局部城市设计是针对城市中具有重要或独特品质的地区比如具有重要景观价值的滨水地区和城市中心地区等，制定详尽的城市设计策略。

在这些城市设计中会提出不同层次的设计导则，都需要充分考虑技术上的合理性和实施的可行性，为了便于操作，可以区分规定性的和绩效性的导则两类。那些可以具体度量的指标应该给出设计目标，规定所应采取的具体设计手段，如控制建筑物的高度、体量、比例的具体尺寸，立面的特定材质、色彩和细部等。而有些导则的控制目标无法准确计量，如"建筑物的形体、风格和色彩应与周边环境保持和谐"这一类的表述，其设计导则注重达到目标的绩效标准，而无须规定特定的形体、风格和色彩，是否达到目标也没有硬性指标，只能通过一定的评估手段来判断。

规定性的和绩效性的导则的选择要依据不同设计对象而确定，比如在历史保护街区，建筑物的形体、风格、材质和细部都承载着一定历史信息，并且必须保持彼此统一和谐，歪曲、改变就会导致历史信息丢失，所以就应当列为规定性设计导则。而在普通地段、新建地区，这些形式要素只是建筑本身的普通构成元素，不具有历史价值，也就不必严格规定设计内容。

例如美国旧金山就分类制定了城市设计导则，面对公众的城市开放空间以规定性导则为主，而居住区设计导则采取绩效性的设计导则，目的是为和谐的邻里环境建议最低限度的准则而不是最高标准。每项绩效性设计导则都配有图文示例的引导，有助于市民了解每项导则的控制意图，但不强制特定的解决方法。例如，旧金山的居住区设计导则，在解释如何达到"相邻建筑互相协调关系"时，举例说明了何为"尊重邻里的尺度"：

如果一个建筑物的真实尺寸是大于它的相邻建筑物的，通常可以调整立面和退距，使其看上去显得小一点，但如果这些手段用了还是显得没有效果，就应该减小建筑物的实际尺寸。以图3-3左上部分为例，在一段街道立面的设计中，3号建筑物的尺寸较大，与相邻建筑物比较，其立面设计看起来是保持了和谐的，但是尺度却不当——因为它显得太高、太宽了。建议改为图 3-3 左下部分，改后的 3 号建筑物尺寸虽然还是比相邻建筑物要大，但是在尺度上与周围能保持和谐了，因为其立面的宽度、高度都进行了再次的划分，这样整个街道的立面看起来就比前一个方案要更好了（图 3-3，图 3-4）[9]。

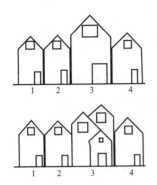

图 3-3　旧金山居住区设计导则图示

图 3-4　旧金山城市景观

　　国外经验表明，专项城市设计是完善风貌管控的重要手段。在国内，中央层面也强调了它对提高城镇建设水平、塑造城市特色风貌的作用，如 2015 年的"中央城市工作会议"明确提出要加强城市设计，加强对城市风貌整体性、文脉延续性的管控。2016 年 2 月《中共中央、国务院关于进一步加强城市规划建设管理工作的若干意见》中也提出"单体建筑设计方案必须在形体、色彩、体量、高度等方面符合城市设计要求"，住房城乡建设部先后编制了《城市设计管理办法》和《城市设计技术管理基本规定》。为了推进城市设计工作开展，2017 年 6 月 1 日起开始施行的《城市设计管理办法》加强了城市设计的制度化建设，要求城市重点地区必须开展城市设计，从塑造景观特色、明确空间结构、组织公共空间、协调市政工程等方面，提出建筑高度、体量、风格、色彩等控制要求，通过切实的实践使城市设计真正成为管控手段。在此政策背景之下，各省省政府也发布了加强城市规划建设管理工作的实施意见，其主要精神都是明确要求在城市建设中要依托法定规划体系、强化总体规划和详细规划阶段的城市设计，提高城市规划的科学性和城市风貌的协调性。

城市设计是落实城市规划、指导建筑设计、塑造城市特色风貌的有效手段，能从整体平面和立体空间上统筹城市建筑布局，协调城市景观，体现城市地域特征、民族特色和时代风貌。为了提升城市环境品质，要因地制宜开展城市设计，明确设计前提、延续发展脉络、控制建筑型体、组织公共空间，完善空间结构。

从国家层面对城市环境品质提升工作的指导意见来看，"城市双修"方式是一个比较现实和有效的方法，而专项城市设计则缩小了对象规模，能够把设计做得更加细致，管控工作也能够更加落到实处。以前，城市风貌规划实施效果不佳的情况比较常见，就是因为其对象不明、内容空泛，难以落实。今后不仅应该积极转变城市风貌规划编制的思路，把城市设计作为城市风貌规划的基本手段，更应该在管控工作中高度重视，以相当于法定规划的监管力度来执行。就如住房城乡建设部颁文件《城市设计管理办法》里提出的要求"以出让方式提供国有土地使用权，以及在城市、县人民政府所在地建制镇规划区内的大型公共建筑项目，应当将城市设计要求纳入规划条件。城市、县人民政府城乡规划主管部门进行建筑设计方案审查和规划核实时，应当审核城市设计要求落实情况。"[10]

从国内发达城市的规划实践来看，通过专项城市设计来控制风貌能取得积极的效果。如上海的城市设计管控，分五类地区（公共活动中心区、历史风貌区、滨水区和风景区、交通枢纽地区和其他重点区域）、三级重要性（对城市整体空间景观特别重要地区、地区性空间景观节点、重要街道），分别实行管控。控制性详细规划采用"普遍图则＋附加图则"方式，在规划管理机制中通过法定手段落实城市设计原则。天津市的城市风貌管控以城市设计为基本出发点，将城市空间特色要求纳入项目审批流程，如在规划条件阶段，结合城市设计提出空间关系、建筑高度、体量等控制要求；在规划方案阶段，结合城市设计审查规划布局，重点审核功能布局、空间组织、开敞空间、绿地系统和建筑尺度；在建筑方案阶段，结合城市设计审查建筑形式，重点审核建筑风格、色彩、高度、顶部、材质、配套设施及夜景灯光效果。

以上这些做法都取得了很好的成果，其成功的经验值得借鉴，对城市设计导则的切实执行更能显著提升建筑设计品质。图 3-5 为深圳福田区某街道地块开发设计方案对比[11]，在提出城市设计要求后，各入围方案在整体风貌上保持了协调性，同时也有自己的个性。

■ 深圳—福田中心区某街区各建筑单体的城市设计管控　　　　　　　　　未加设计控制的设计结果

提出城市设计控制要求后未入围设计成果

提出城市设计控制要求后入围设计成果

图 3-5　深圳城市设计管控

3.5　"开放街区"规划理论与实践

近 30 年来，在快速城市化和旧城改造过程中，形成了以房地产商主导、少量为政府统建开发的方式，在这种背景下大量建设的居住区、单元式住宅楼，在城市中分布广、规模大，是我国现代城市风貌的底色。这些住宅的外观形象均为按组团、小区为单位，形成一个个相对独立的封闭区域，楼栋整齐排列形成了沿街板式、行列式、高低配等常见的空间形态，与外部环境交界处要么是底层商业，要么是实体围墙。

3.5.1　"开放街区"规划理论

随着经济发展，住宅区的开发规模、占地面积越来越大，有的开发项目甚至以"再造新城"为口号。为了便于物业管理和安保措施，这些小区、单位大院基本上都被封闭起来，在城市中形成了一个个交通不畅的"高墙大院"，内部则是"丁字路""断头路"等，外部交通需要绕行，堵住了城市的交通微循环，导致城市路网中的主干道越修越宽，却越来越容易堵车。封闭的住区使步行者出行不便，沿街过长的围墙消除了城市活力和人气，人们对城市形象的感受变得糟糕。居住空间形态规划模式的单一无趣，也是人们普遍认为各个城市面貌"千城一面"的重要原因。

为了应对这些日益严重的"城市综合征"，中共中央国务院在《关于进一步加强城市规划建设管理工作的意见》中提出城乡规划与建设要"优化街区路网结构"，逐步实现"街区制"模式的指导意见。街区制是对传统居住区规划模式进行批判和反思的结果，是提高城市治理水平、加强城市精细化管理的重要抓手，也是优化城市风貌的重要契机。

　　"街区制"强调大小适中的街区规模、功能复合且不设围墙的街道界面、形式多元的布局方式和人车平衡的交通流组织。城市用地被划分为小规模的街区后，街道宽度可以缩小但密度加大，将使城市交通微循环畅通，更有利于激活社区商业，让街道的魅力与活力充分显现，对城市风貌的改善也有很大的促进作用。

　　街区制的规划模式源于欧洲、美国城市中的 BLOCK 街区 ［B-Business（商业）、L-Leisure（休闲）、O-Open（开放）、C-Crowd（人群）、K-Kind（亲和）］，就是居住功能和商业功能的集中融合。这样的街区既有一定数量的居住单元，也有功能多样的商业和休闲配套设施，是欧美城市中很常见的住区形态。

　　英国的城市住区也是如此，英国城市中看不到与国内类似的周边封闭、不许进入的独立小区，住房都直接临街。无论是商业办公楼房，还是普通市民住宅，每幢房子至少一边邻近公共道路，有的房子甚至四面都是道路，形成了开放式街区。街区规模小，街道密集有利于组织机动车交通分流，减少堵车，同时也便于步行者的出行。若干条这样的街区有序地排列组合起来，就形成了英国特色的城市风貌。

　　图 3-6 就是实行小街区制度的英国爱丁堡的城市街景。爱丁堡的城市规划历史很悠久，即使是 New Town（爱丁堡市新城）也是 250 年前的规划。由此可见，英国城市的街区制规划并非为方便汽车交通而刻意设计，而是多种因素综合影响下的产物，已经经历了长时间的考验，到今天仍然能很好地满足市民的生活需要。

图 3-6　英国爱丁堡的小街区

　　法国著名建筑师鲍赞巴克提出了"开放街区"的规划理念，并在巴黎的城市住宅建设中进行了近 20 年的实践探索，对欧洲的城市和住宅建设产生了巨大的影响。鲍赞巴克作为总协调者主持规划了巴黎 Masséna 街区项目，该地块被分为多个小块，交由 36 个不同的事务所参与建筑、景观和艺术设计、多个开发商开发，但建筑设计和施工建造都必须严格遵守总的城市设计导则。项目引入了多种不同的业态，在统一风貌限定下进行灵活设计，总图肌理源自巴黎传统的围合式街坊布局，但在临街面打破原来封闭的界面，把内部街道和花园向街道开放同时作为交通联系网络。单体建筑分别设计，既有独立性又联系紧密，避免了行列式排列的玻璃盒子式的街道景观，是"开放街区"理念指导下的一个成功的城市开发案例（图3-7）[12]。

图3-7 巴黎Masséna街区项目

在巴黎Masséna街区项目设计中，鲍赞巴克做的"开放街区"规划延续了欧洲城市住宅街坊的文化传统，用现代设计手法塑造了同样富于特色的城市风貌，这与传统城市面貌类似。小型住宅街坊的优势在于地块面积小，不需要像针对大面积街区那样去严格限制建筑高度，这样众多不同地块的建筑高度自然能够变化，有利于形成丰富的城市天际线。在设计业务的执行上，由于地块分割规模，也有利于分发给不同的建筑师、设计公司独立完成单体设计，建筑单体具有相对的独立性，但其设计又受到项目整体、统一规划的指导，建筑外观的设计实际是既分工又合作完成的，不会走向呆板单一。这是一种有限度多样化的设计方法，能够营造出既有个性又彼此协调共存的居住环境，从而使各个分区富于个性，体现场所精神。

为了满足广大城市居民对城市环境品质提升的需求，规划学术界对已经实践多年的"居住区—居住小区—居住组团"的分级规划设计理念进行了反思，提出了新的思路。在2018年发布实施的《城市居住区规划设计标准》（GB 50180—2018）中，15分钟、10分钟、5分钟"生活圈"和"居住街坊"作为居住区空间组织的基本单位取代了居住区、小区和组团。该规范提出，"小街区，密路网"的搭配是实现生活圈布局的有效方法，要求路网密度不小于 8km/km²，城市道路间距不超过 300m，宜为 150～250m，并应与居住街坊布局相结合 [13]。

以生活圈为单位的规划理念促进了空间资源的共享，减少了对公共服务设施独立用地的需求。生活圈与"开放街区"规划理念相结合，实现了用地功能复合和设施联合设置，有助于密切邻里交往，形成紧凑的、适合步行的、形象新颖的城市居住社区，规划思路的重大调整将对未来的城市风貌造成重大影响。

至此，"街区制"规划的实施已经是势在必行，剩下的就是如何在城市规划的管控中如何引导业主、设计单位落实了。为了适应这一变化，各级城市规划行政主管部门和城市规划设计单位应积极关注、推动有关工作。

3.5.2 "街区制"理论实践

"街区制""开放街区"规划理念的理论基础是从以机动车交通为本转变为以步行者交通行为本，兼顾机动车交通。在规划的管控上是从管控道路红线转变为管控道路、退界空间和建筑立面形成的 U 形断面。为此，在规划设计中增加街道设计环节，对街道空间环境作细致设计，要统筹街道空间，细化道路、沿街建筑与环境设施的设计与配置要求，以便于落实。

国内外实践都表明，街道空间环境品质提升能够降低交通事故发生率并有效促进街道活力。要从用地性质的分析开始，对居住、办公和商业功能进行混合，沿街底层设置商业和公共服务设施，增加步行道路密度、保持其人性化尺度来满足人们对步行空间的需求，应在人行道范围内统筹步行通行区、设施带和建筑前区空间。当街道空间有限时优先保证行人、公交和非机动车交通，有利于促进街道活力。沿街建筑底层为商业、办公、服务等公共功能时，鼓励开放退界空间，与红线内人行道进行一体化设计。大型建筑的立面应进行分段设计，沿街一侧应有足够的行人集散空间，底层立面的细节设计要尺度亲切、宜人，才能营造良好的公共服务氛围。步行道内的设施配置要满足行人的行为心理需求，在合适的地段设置街边广场、绿地，要多设遮阳挡雨、休息座椅，通过完善的设施、良好的环境鼓励行人停留。

在实施街区制改善城市步行环境方面，成都市的经验很有参考价值。2015年，成都市委、市政府提出，要在中心城区范围内按照"小街区规制"进行规划和建设。成都的"小街区规制"是指由城市主干道围合、中小街道分割、路网密度较高、开发强度适中、土地功能复合、公共交通完善、公共服务设施就近配套的开放街区模式。"小街区规制"是当地对国家"街区制"模式的指导意见的具体化，并在以下几个方面探索了如何规划设计、建设、管理。

首先，要确定小街区的合理规模。各个城市具体情况不同，这一规模也应具体研究。根据街区类型、开发强度、建设实际等条件的不同，成都全面评估了其中心城区的骨架路网和街巷网，发现规划路网密度为 8km/km², 达不到"小街区规制"的标准 10km/km²。在国家规范中，城市道路网由"快速路—主干路—次干路—支路"四级体系构成，成都市增加了"街巷"这个层次，形成五级体系来提升城市路网密度，同时设置了"廊"以提供更多步行空间。路网层次的丰富增加了有利于步行的街道空间，使中心城区规划路网密度达到 10.4km/km²。

其次，为了从技术上落实"小街区规制"的设计，成都市制定了一系列技术标准包括技术管理规定、规划技术导则和相关规范性文件。从政策上对业主建设小街区进行鼓励，在规划技术条件上适当放宽用地兼容比例、建筑密度、建筑退距等要求，增加道路及街巷空间。

最后，在规划的实施、管理上要实行多规融合，部门联动。由于小街区的规划、建设、管理要涉及到规划、建设、国土、房管、园林等多个政府部门，这就需要把"小街区"规划编制、审批、验收工作和产业、交通、风貌整治等专项规划，以及城市修补、城市设计进行全方位融合。在建设管理上，实行小街区规划不是彻底不建围墙或拆除现有围墙，应在合理的街区尺度基础上，综合考虑是否建围墙、建什么样的围墙[14]。

3.5.3 "街区制"下的街道尺度

在小街区规划制度下，建筑的临街界面增加，与步行者关系密切。为了使步行者对城市风貌的感受更好，需要更多研究街道两侧或开放空间周边的形态设计，对建筑裙楼、塔楼的退线距离、贴线率和建筑界面控制提出要求，

街道空间的尺度对于观察者的空间体验好坏至关重要，尺度过大会导致人感觉不舒适，例如被列为世界文化遗产的新城巴西利亚，就因其街道尺度巨大（以方便机动车交通）而被人诟病为缺乏人性。对于街道空间尺度与人心理感受之间的关系，按照日本著名建筑师芦原义信对不同街道尺度的考查，街道宽度（D）和界面高度（H）之间的比例，当 D/H 的值处于 1～2 之间时，人的感觉是安逸舒适；当 $D/H < 1$，人的感觉是压抑幽闭；当 $D/H > 3$，人的感觉是空旷迷失。以上海市南京路步行街为例，它的路幅宽度在 18～30m 之间，两侧的建筑层数约 8 层，建筑高度大约是 25m，处于感觉比较舒适区间之内。对比城市的新、旧区可以发现，旧城区街道两侧建筑低层高密度，这一比值经常小于 1，虽然房屋破旧，仍然能带给人比较舒适的空间感受。新区建设都经过仔细设计，但街道尺度过大导致空间感受不佳。所以，街区制下的街道规划，首先要塑造好的街道空间感，应把建筑与街巷的尺度作为主要控制项。

除了比例和尺度，街道两侧建筑立面更能给步行者近距离的触觉等感受，形成对空间的完整体验。如果每座建筑的立面都随心所欲、突显自己，整条街道就会显得混乱。同样，如果所有建筑的立面都差不多，又会太单调，因此其高度、

色彩、形式需有适当变化。另外，如果建筑大幅度凹进、凸出，也会影响整条街道的连续性，那么保持一定的沿街贴线率（由多个建筑的立面构成的街墙立面至少应该跨及所在街区长度的百分比）是必要的。贴线率主要针对公共街区而言，其数值宜控制在 70%～90%，不应低于 60%。贴线率 70% 以上的街道空间界面连续性、围合性较强，容易形成宜人的尺度。《上海市控制性详细规划技术准则》中明确，建筑立面凹凸变化在 2m 以内的，仍然可计入建筑沿街立面控制线的有效长度，保证街道立面的丰富性。

3.6　天际线与标志性建筑

城市天际线包含了建筑的形态、高度、材料等人工环境要素与自然山水、地形起伏等自然环境要素。优美的城市天际线是标志性的城市景观，也是良好的城市风貌的重要部分，只有在保护、利用和强化场地自然地形特征的基础上，使人工环境要素互相协调配合，城市天际线才有可能成为好的景观。

城市天际线的塑造、展示应基于城市中有利的特定地段，通常情况下特定地段如滨水地带、开阔的城市广场、蜿蜒起伏的山形地带和市民公共集会、步行的开放空间等。要求在特定地段之外的其他任意观察点都看到优美的天际线既无可能，更无必要。国内外著名的城市天际线如曼哈顿岛，深圳湾两岸，香港维多利亚海湾等，都是符合上述特征的。

3.6.1　城市天际线设计

城市天际线设计仍然要遵循形式美法则如主从关系、对立统一、韵律与变化、景观层次感等，主要设计手法是体量的形式协调或对比、空间节奏的虚实变换。主从统一是指把控制性构图要素与从属构图要素搭配起来，形成秩序，优美的城市天际线往往是多种手法综合应用的结果。建筑、自然景观的远近距离要合理配置，利用因空间距离远近造成的视觉效果变化来丰富天际线的层次。

在城市的滨水地段，水面是连续而限制性的视觉边界，舒展的水平边界有利于烘托天际线的轮廓变化，不同方向的对比也能强化天际线形态，更为突出竖向构图。为了保证视野宽阔，建立良好的自然风通道，滨水地带的建筑应当随着水边至城区的延伸，从低层逐步向高层退台布置，且应当疏密搭配。在滨水地带必须建高层的情况下，高层建筑宜为塔式，尽量减少面向水体的视线遮挡。

对位于山前地带的城市天际线，应保护和强调山形轮廓整体形象的连续起伏，使人工建筑以山体为背景展开，而不能破坏山体轮廓线。在特定的观察地段处做视线分析，确定视线影响范围内的建筑物高度、形态，建筑布局顺应自然、结合地形由低到高分层次地展开，并在轮廓线起伏上呼应山形，加强山地的意象。在山峰处建筑宜低以反衬山峰高耸，一般从观景点看建筑的透视高度不超过山脊高度的1/3，山的自然景色才给人以完美的感受。这样可引导城市天际轮廓线产生丰富变化，也可与山体背景对比形成完善的城市景观。丘陵地区城市的山不高，要避免在山前进行大体量、高密度的建设，而进行适当的景观性建筑和园林设计，展示山体轮廓线。

较好的山前天际线控制实践如香港，控制位于山脉前建筑物的高度，使屋顶轮廓线呼应山体的起伏，并保证使山顶部分的20%不被遮挡，图3-8、图3-9分别为香港地区建筑高度控制示意图和在实践中形成的狮子山前的天际线[15]。

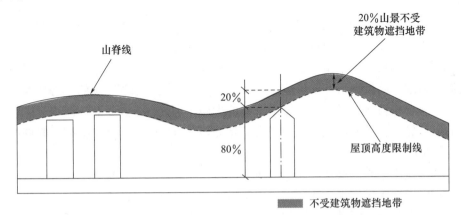

图3-8　香港对山脉前建筑高度的控制示意图

图3-9　香港狮子山前天际线

随观察位置不同，天际线设计的重点也不同。主要交通性干道，因人们行进速度较快，其两侧建筑体量可以稍大些，层次也可以稍浅些，同时还应注意纵向的空间序列，如对于人们经常逗留的区域，如广场四周的城市轮廓线，应注重其多层次性。

3.6.2　建筑高度与屋顶轮廓

控制建筑高度是城市风貌规划设计的重要内容，建筑高度的规划要考虑土地性质与开发强度、文物古迹保护、视线通廊以及技术因素如机场净空要求等。

高层建筑是构成现代城市空间形态的主要建筑类型，数量多。但很明显的是，不是高层建筑越多城市风貌就越好，高层建筑的布局应促进城市空间形态的有序发展，重要的高层建筑应与周边广场、街道在尺度和比例上协调，不堵塞城市重要的视觉通廊。川内城市如自贡、内江、成都的城市中心区，将高层建筑适当集中在特定地段，而不是广泛散点分布在各处，在城市天际线形态上取得了较好的效果。

屋顶轮廓可分为平顶、尖（坡）顶及穹顶，是建筑与天空的交界处的形态突变，极为引人注目，需要进行重点设计。平屋顶建筑的屋顶简洁明了，可以做退台、削减、构架等以丰富轮廓线，在多栋平顶建筑进行群体组合时，应使屋顶高度形成差距，高低起伏才能形成天际线变化。尖（坡）顶和穹顶的形态特别，与天空的融合较自然，只要自身比例合宜就无须多加处理。在景观性或步行街道两侧的屋顶轮廓，可通过城市设计规定其高低错落方式，进行适当搭配和修饰，形成构图趣味。

绵阳城市中心区滨水、面山的地段较多，为观赏天际线提供了观察地点。但是由于以前缺乏城市设计环节，对建筑物的布局、体量、高度等方面未能从互相衬托、主次关系方面做有意识的安排，再加上建筑外观品质普通，很少有生动的轮廓和精致的表面材料，所以也就难以找到耐看的天际线。在游仙区富乐山风景区的城市建设，因为把突出自然山体作为重要设计原则，而且建筑外观取向传统风格，因此山地与建筑保持着彼此衬托的关系，很好地突出了山体轮廓，使城市天际线优美自然。但是近年来，这一区域的高层建筑越来越多，正在逐渐侵蚀天际线，应当引起足够的重视。

3.6.3　标志性建筑物（群）

标志性建筑物（群）是建立城市空间结构秩序的核心点，能集中表达城市的文化内涵，是城市风貌的形象代表。如果一个建筑具备了林奇提出的"城市意象"形成的三个条件（识别性、结构、意义），就很容易成为城市空间的结构要素，即标志性建筑。如故宫、天安门之于北京，外滩、东方明珠之于上海以及帝国大厦和世界贸易中心之于纽约。这些标志性建筑与城市特有的自然地形、历史文化背景等一起构成了城市独有的形象。

根据林奇的理论，城市的中心、结点、广场、通道和边缘，是人们感受城市形象、内涵的空间要素。以城市整体环境为背景，标志物对边界和地区有指示或限定作用，而通道和结点在城市空间上是相互关联的，又是以标志性建筑的位置和方向互为依据的。所以，在人们对城市空间认知中，标志性建筑作用重大，其形态设计很重要。与其他建筑相比，标志性建筑的特殊外形对周边环境的空间形态有控制作用，但形体的特殊与变化也要适度，除了建筑应当自身形态美观、高品质、细节精致等，还要考虑与周边城市环境协调，不能因为追求"标志性"而刻意采用突兀、怪异的设计手法。如果因为这种标志性建筑破坏了区域范围内已经形成的空间秩序，对城市风貌造成损害，还不如采用简洁的建筑形态。

自然山水与人工建筑结合形成的标志性建筑，是城市风貌中的焦点形象，必须重视其在创造或延续城市意象方面的作用，这样的标志性建筑既要满足使用功能要求、形式美观要求，还要为观察者打开足够的联想空间，使其能够留下对城市历史、城市特色、城市文化等方面的深刻印象，这样才能体现出形式和意象的结合，与城市空间相辅相成。

优秀案例如广元城内位于凤凰山顶的凤凰楼，远看形似一只凤凰回首，夜间彩灯通明，又恰似一只闪闪发光的金凤凰。凤凰楼的建造源于唐代女皇武则天的传说，据说，唐武德七年（公元 624 年）武则天出生时，一只凤凰绕房一周，然后向东山飞去。武则天的父亲（时为利州都督）当即便将东山更名为凤凰山。1988 年修建的凤凰楼规模不大，总面积 1600m²，楼高 42m，共 14 层。与很多建筑相比，该楼无论是面积还是高度都相差甚远，但其建筑的形象独特，内涵丰富，十分吻合当地引为骄傲的历史与人文背景。犹如凤凰落脚的独特建筑形式，凤头回望南方象征的思乡之情，把建筑形象与厚重的历史文化结合起来，不仅是今天广元市的城标，更是一个承传文化的载体（图 3-10）[16]。

图 3-10 广元城中的凤凰楼

在城市规划时尤其应当注意建筑形态与自然山水的相互配合，突出自然山水的秀丽优美固然是基本要求，在总体布局上把建筑、街道、广场规划布置得当，设计好建筑的体量、立面以及天际线等自身要素，使人工环境与自然山水相映生辉才更重要。天津三岔河口的标志性景观设计就是较好的案例。天津的北运河、南运河和海河的交汇之处名为三岔河口，有"三岔河口——天津摇篮"的说法。2008年，"天津之眼"、工业博物馆、堤岸休闲区等在这里建成，涵盖了文化展览、休闲观光、商业和居住等多种功能，三岔河口还耸立着"引滦入津"工程纪念碑，众多城市级别的公共空间以及特定的场所历史背景使得三岔河口成为天津城市发展的重要标志（图3-11）[17]。

对于地处重要景观节点处的建筑物，从规划开始就要注意到其对于城市风貌的贡献。位于城市中心地段或次级区域中心的重要公共建筑，通常为金融、商业、文化等面向整个城市的功能，位置重要且规模大，对城市风貌影响很大，应考虑其外形的标志性，从宏观的角度设计成为"城市建筑"。从某种意义上来说，这些建筑物就不应该只是单纯地满足居住、办公、商业等普通功能，其视觉观赏价值与其使用功能价值同样重要，甚至应该更加重要。只有在造型设计中充分表达了城市景观因素，才能保证在重要的城市观赏面能够看到高品质的城市形象。

在审美趣味多样化的时代，标志性建筑要想得到社会普遍认同，必须在美学形式与文化内涵上都有优秀的表现，更需要以原创性的设计为城市形象构造视觉焦点，为城市空间增添活跃的节点。优秀案例如上海金茂大厦（图3-12、图3-13），其形象借鉴了中国古代楼阁式密檐塔的意象，以外墙饰带增强了符号象征意义，同时建筑的顶部做了重点的处理，使用了不锈钢板进行修饰，结合建筑形体，表现出了飞檐的形态特征及其上面满

图3-11　天津三岔河口半岛20年景观变迁

铺着瓦片的纹理质感，也展现了密檐塔视觉特点。

金茂大厦的建筑设计采取国际招标，由美国 SOM 中标设计。美国人力求寻找一种现代高层建筑与中国历史建筑文脉的结合模式，在大江南北考察了众多古代高层建筑的形象，最终选定西安大雁塔作为金茂大厦的原型。金茂大厦逐层收分的体形模拟了大雁塔的外观，而在接近基座部分的下面几层则形式自由，造型厚重。

图 3-12　金茂大厦与中国古塔

图 3-13　金茂大厦顶部与外立面细节

设计者在外立面材质选择、构造设计上也用了很多心思，以确保标志性建筑的名实相符。金茂大厦裙房幕墙工程总面积为 2 万 m^2，塔楼幕墙工程总面积为 8 万 m^2，幕墙所有材料均由国际知名企业生产，其中铝型材铝转接件橡胶密封条由 GARTNER 公司生产；石材是由意大利 CAMPOLONGIH 公司提供的 BLVEORISSA 烧毛石和抛光石以及 ZIMBABWE 黑色抛光石，厚度均为 30mm。该幕墙系统的构件均由工厂加工完毕，构件和构件的连接均为螺栓连接，现场无焊接工作。这就能保证工程质量，减少现场工作量。幕墙经过特别的构造设计，其原则就是留通缝，防水层在幕墙内部，在能看见接缝的地方尽量少用硅胶，这样能保证外表美观又耐久[18]。

3.7 城市色彩规划设计

在城市风貌规划设计中，色彩选择与搭配是一个对人的感受影响较大的重要因素。除自然山水本身的色彩外，其他的城市环境都存在色彩选择和搭配的问题，尤其是建筑物的色彩。城市环境中的建筑在配色时，应当针对其位置、面积、色调，进行合理的组合与安排，使之既满足使用功能的要求，也能够产生和谐的美感。

3.7.1 居住区与文教、办公建筑

居住用地是城市建设用地中最大的一类，居住建筑数量极大，所以居住区色彩实际上构成了城市色彩的基调。

从居住的功能要求出发，居住区色彩环境、居住建筑的配色应能够让人产生温馨、轻松、愉悦、安全的感受。总体来说，在一个居住区内，同类型的住宅建筑色彩宜一致或相似，不能各自为政，否则会形成花哨、混乱的局面。为创造和谐、亲切的色彩效果，大面积墙面宜采用同一色相，不宜以栋为单位使用不同的色相。当然，为了避免大量相同楼栋的色彩单调、提高建筑的辨识度，可以在阳台、楼梯间等部位使用不同色相、或不同明度、彩度的色彩作为点缀色，形成区别。在同一个居住区内，大片居住建筑的色彩与配套公共服务设施的色彩宜区别开来，便于识别。这两种建筑性质的建筑的色彩可具有一定的色相、彩度或明度上的对比，但对比不宜过于强烈或夸张。

城市中的居住区须随着其所处位置（老城区、新城区）、居住区周围的环境（人工色彩环境、自然山水等色彩环境）等不同而具体分析，但应当避免黑、深灰色这类令人心情低沉、压抑的色彩在居住建筑上大面积出现。

行政办公、金融商务等建筑功能要求特殊，基本都位于城市中心地段，且高度高、体量大，其建筑色彩对城市形象影响较大。为了体现理智、冷静、高效率的工作性质，办公建筑形象应当沉稳、庄重，往往选用稳重、大气的中性、偏冷或无彩色为主的复合色。沿街道一侧的色彩宜以浅色系为主，可用米色、浅灰色、浅褐色等。不宜采用太多鲜艳色作为对比，以保证整体统一、宁静庄严的气氛。另外，高校区的色彩应雅致含蓄，能够展现当地的文化特色，适于营造安静、舒适的学习环境。

尤其是一些大学校园，因为远离城市中心区，周围没有历史文化遗迹，其建筑色彩处理应注意以保证校区在色彩上完整、一致为主，以建筑之间的色彩协调为原则，不必过分强调地方特色。色彩的使用上，可适当突破城市整体色彩基调的范围，只要不产生大的冲突与矛盾即可。区域内色彩的变化可以不

同的功能分区为界定,将教学区、宿舍区、行政区、生活区等的建筑色彩区分开来。

3.7.2 商业街区与工业园区

从使用功能上来说,商业街区的色彩应当烘托出热闹、繁荣的商业气氛,从而达到刺激消费的目的,因此商业街区的选色、配色应具有醒目、悦目、明快的现代感。相对于居住区的温馨、平和色调,商业建筑的色彩是城市中最为热烈、活跃的部分,是大面积基调色中的强调色、点缀色。商业建筑、商业街的商品陈列、广告招贴更换频繁,色彩多变,很多都是高彩度的鲜艳颜色,所以建筑本身宜采用中性色,色彩变化差异不必很大。对于高层商业大楼,其主体部分的立面造型设计力求简洁,在色彩搭配上也不需要太多的变化,但在接近行人活动的地面上数层范围,在色彩上运用多彩设计手法,则可以更加突出商业的热闹气氛。

工业区占地面积大,工业建筑单体体量大,所以工业区的色彩也会影响城市的整体色彩。工业区的设计以满足生产需要为基本目标,不需要过多考虑功能限制之外的因素,所以不需要把历史人文背景作为重要参考,因此色彩限制比居住区要小一些。一般来说,工业区色彩应与城市色彩基调呼应,即从其范围图谱中进行选色。

工业类型大的有重工业、轻工业之分,小的有 11 个行业的分别,这些不同类型的工业区宜具有不同的色彩风格。比方说,食品工业、电子工业等都要求较高的卫生环境,相应地,厂房通常选用白色和低彩度、高明度的色彩做基调,给人洁净的感觉。而煤炭工业的原料、产品等都是深色,此时,选用浅色显然不合理,应使用一些颜色深、耐污染的建筑材料,如质感粗糙、深色的砖块、混凝土等。

总体来看,工业区的建筑造型要求简洁大方,色彩一般应简洁、明快,不宜使用过多、过艳的色彩,避免色彩堆积造成杂乱无序的视觉感受。宜以稳重的灰、白色为主色,沿街色彩突出连续性和平缓过渡,结合绿化色彩形成亲近的感觉。

建筑色彩配置是一个复杂的课题,需要更加专业的理论研究才能说得清楚。但在城市风貌规划设计中,还是应该把握住基本的配色原则。合理的色彩设计首先要以所在城市、区域或地段的地形条件、气候特征、山水环境等为基础,同时要考虑建筑自身的使用功能、规模尺度、服务对象等,更要考虑不同色彩在人们心理上引起的不同反应,色彩的选择不能违背大多数人的认知。例如,在建筑上大规模地使用黑色、蓝色、绿色等高饱和度、心理感觉沉重的颜色,会造成大多数人心理上的压抑、不适感。现实生活中,已经出现了不少高层住宅建筑配色追求所谓"现代工业风",大量使用深灰、黑色、高亮度金属板等色彩配置,使得住宅建筑本该有的亲切、温馨的环境气氛不仅没有,反而让人感觉压抑、冷漠。大量黑乎乎的高层建筑集聚在一起,对城市风貌也是一种破坏。

对于专业技术人员来说,在电脑屏幕上、图纸上看到的建筑材料、色彩等,只是尺度很小的图像,效果图也并不能完全准确地呈现建筑建成的形象。一旦大面积出现在真实的场景中,图纸上的材质、颜色等可能会与设计者心目中想象的情况有很大的差距。所以,一定要在施工现场进行打样试验,考察在真实的场景、真实的尺寸之下,不同色彩配置给人的感受是否符合预期,效果不好就应当及时调整。

3.8　典型建筑风格

中华人民共和国成立后的工业化以及近40年来的快速城市化,大部分中国城市的风貌已经形成了多元风格并存的现状。无论如何评价,这都是一个客观事实,对城市风貌的规划设计与管控都不能脱离这个现实,那种认为城市已有现状一无是处、只能推倒重来的设想既无可能、也无必要。对于城市风貌现状中那些品质不高的空间形态、景观环境,确有必要改造时,也应该遵循国家提出的"城市双修"的策略来提升和改善。如前所述,以小地块、单体建筑、街道为对象来管控城市风貌,就是现实而有效的手段,准确理解城市中的各种建筑风格类型,"城市双修"工作更有针对性、效率更高。

在内陆城市的风貌规划、改造中常见的建筑风格类型数量有限,其现状大致是:城市的大部分区域中属于现代主义建筑风格,特别是办公、商业等公共建筑均为现代的、简约的外形特征;在一些历史建筑、街区周边可能有一定规模的仿古或"新中式"建筑风格,以体现地方历史文化背景;此外在局部地段还有一些在房地产业大发展时期建成的仿西洋"欧式"建筑风格的住宅小区或楼盘,以及一些地方特色建筑如工业遗产风格建筑等。

3.8.1　现代主义建筑风格

现代主义建筑又称为现代派建筑,产生于19世纪后期,成熟于20世纪20年代,在50～60年代风行全世界。现代主义建筑理论强调建筑应同工业化社会相适应,注重实用功能和经济问题,主张积极采用新材料、新结构,吸收视觉艺术的新成果,倡导现代建筑美学。

现代主义建筑风格(现代风格、现代建筑)是工业化社会的产物,具有鲜明的理性主义色彩,广泛适应各种功能要求,是现代城市中基本的建筑风格形式。

现代主义建筑风格的特点是建筑形体和使用功能的协调、表现手法和建造手段的统一、纯净的体形表现清晰的结构逻辑、灵活均衡的构图手法。建筑外部形式多样，单体建筑之间高低错落，有利于形成丰富的城市空间层次。

外立面材料多为现代材料，以面砖，石材，钢结构，玻璃，人造板材为主。对于沿街商业建筑的广告位，应进行统一设计。

现代主义建筑设计的基本原则是功能决定形式，摒弃无功能的纯粹装饰部件，但经历了漫长的发展后，其建筑形式也从简洁到向个性化转变，表现出形式多样化的倾向。当城市中为数众多的现代主义风格建筑并置一处时，各不相同的外观形式就产生了一个问题，即如何使街道的整体面貌保持和谐，这也是在城市风貌管控中需要重点加以把握的方面。

为解决这一问题，可以借鉴欧洲城市在长期建设中形成的成熟经验。观察欧洲很多城市的街道可以发现，尽管整条大街由若干栋建筑组成，建筑规模不一，功能有别，形式也有错落，却经常能给人浑然一体的感觉。这首先得益于按舒适比例严谨控制街道尺度、建筑高度，同时也对单个建筑在形式上变化的自由度有约束，使其临街立面互相之间有对话而不是截然对立、产生冲突。图 3-14 ~ 图 3-16 所示为街道两侧建筑的外立面设计，在竖向分段、底层形式、窗口韵律、装饰色带、屋顶高低变化等方面，都采用大致相同的设计手法，看起来有个性差异但总体基调一致，形成了统一连续的街道界面。

图 3-14　德国城市街景

图 3-15　英国城市街景

图 3-16　法国城市街景

考虑到现代主义风格建筑在城市空间形态中所占的比例很大，在"城市双修"的实践中，在条件允许的情况下，应当采用上述风貌管控手段去改造外形面貌较为凌乱的街道、广场，不仅现实可行，也是符合现代城市中人们的审美心理需要的。

3.8.2 批判地域主义

中华人民共和国成立初期的30年间，在特殊的政治环境影响下，中国的建筑理论发展进程一波三折，总的来说建筑理论界并没有完整理解源于欧美国家的现代主义风格的文化背景、精神内涵，对其社会意义认识不深刻，更没有产生与之相适应的中国本土建筑理论。等到改革开放打开国门之际，国内建筑理论界学习到的多种西方当代建筑理论中，提倡个性张扬的"后现代主义"思潮已经占据了主流，并且在工程实践上盛极一时。

3.8.2.1 "后现代主义"的问题

发源于美国的"后现代主义"思潮摒弃了现代主义建筑理论推崇的明确清晰的理性逻辑，反对固定的程式或风格，提出"注重装饰、符号拼贴、隐喻主义"等口号。这实际上是在个性解放的社会背景下，以"拿来主义"的思路，用东拼西凑的历史符号来设计新奇的建筑形象。

在中国快速城市化进程中，采用现代主义风格与大规模建设是适应的，而社会舆论又把现代建筑的方盒子外观称为"千城一面"，对整齐划一的城市形象不满。在本土建筑理论十分微弱，难以应对建设规模急剧膨胀的状态下，基层建筑设计人员面对多样化的社会审美心理和快速完成任务的压力，就很自然地把"后现代主义"这种看起来很时髦的理论当成"与国际先进水平接轨"的理由，作为自己的设计依据，借用其理论和实践案例，向从业主到政府官员的各层级决策者进行解释论证。在此背景下，"后现代主义"建筑风格迅速在中国各地铺展开来，建了不少此类风格的建筑，有的还是位于城市重要地段的重要建筑（图3-17）。但因理论素养、文化背景的巨大差距，他们难以对其"戏谑""拼贴"等做法进行理性分析并批判地借鉴，只能采取片面模仿、快速仿制的手法，由此导致有很多标榜自己为"后现代主义"风格的建筑格调不高，影响了城市风貌的品质。

"后现代主义"思潮的理论含混、模糊，片面强调形式的变化、新奇，很多以此为理论设计的建筑案例对中西方的国情现实、历史文化、审美意识的不同都未深入分析，借用传统文化时也不深入思考特定历史风格的隐含意义，风格定位"不中不西，不古不新"。加之立面材料、外观细节的粗制滥造，使得在中国内地城市的文化语境下，大部分"后现代主义"建筑显得形象突兀陌生、品质低劣，城市风貌由此变得更加混乱无序。

后现代主义建筑风格的产生、发展主要在美国，流行过一段时间后，也暴露出很多问题，脱离功能的操作外观设计、随意拼贴历史符号、造型荒诞等也都受到了尖锐批评，荷兰著名建筑师、理论家 Aldo van Eyck 甚至称之为"老鼠、海报和害虫"，说它们"荒谬、丑陋，令人不安"[19]。

图 3-17　后现代主义建筑实例

3.8.2.2　"批判地域主义"的理论与实践

众多有影响的理论家们批判了后现代主义常见的随意拼贴历史符号的形式主义做法，鼓励学习地方性建筑的独特风格，形成了"批判地域主义"思想。批判地域主义（Critical Regionalism）是美国建筑师弗兰姆普敦在 20 世纪 60 年代在《走向批判的地域主义》一文中提出的。其实质是对现代主义建筑理论的批判性继承，与现代主义不同的是，他强调基于地域材料和建构手段来抽象地、艺术地表达建筑的地域特征，这一点又与后现代主义强调形式的具象化、直接照搬传统样式是完全对立的。

中国地域辽阔，民族众多，各地气候条件差异极大，各地的建筑自古以来就形态丰富多样，这是城市建设中无法回避的历史文化背景。当快速城市化阶段结束，追求经济高质量发展的新时代来临时，展示民族自豪感和文化自信心就成为评价优秀建筑作品的重要标准了，也是城市形象塑造中极为重要的影响因素。但今天，继续采用"装饰""拼贴"这种后现代主义的肤浅手法来继承和发扬优秀历史文化传统，已经行不通了——几十年来的城市建设实践已经证明了这一点。

批判地域主义思想的特征为深入思考地域环境、气候生态、场所情感等要素对建筑设计的影响，把地域所属的建筑设计传统与现代设计手法相结合。亚洲、美洲等地区发展中国家的著名建筑师如巴拉干、巴克里希纳·多西等人的作品都通过这样的设计实践获得了国际声誉。近年来，被业界誉为"建筑界诺贝尔奖"的普利兹克建筑奖的获奖名单中，越来越多的发展中国家建筑师上榜，这表现出作为杰出建筑师的评委们面对全球化潮流，更加重视吸取来自不同民族、国家的地域建筑文化，并用这些特色的文化来丰富现代主义建筑进程。

批判地域主义思想为解决当下城市风貌规划设计中的现实问题提供了一个好的借鉴，已经有一批优秀的中国建筑师在这方面进行了可贵的探索，积累了经验。近年来，中国国内的新一代建筑师，以王澍为代表，在批判地域主义建筑风格的实践中也取得了很大成绩，得到社会各界的好评和重视，还获得了国际建筑理论界的认可（图3-18～图3-20）。从这个意义上来看，"地域建筑"等建筑风格是大有可为的。但是，对于"批判地域主义"或"地域建筑"等风格，以下这些认识上的误区需要加以澄清。

图 3-18　中国美院象山校区

图 3-19　北川新县城博物馆

图 3-20　安徽绩溪博物馆

首先，在中国，当人们谈及继承和发扬传统建筑文化时，就有一个预设的目标即是地域的、乡土的建筑风格，而不是现代建筑风格。而所谓地域的、乡土的建筑风格，其含义是：该建筑风格是人们长期适应某地区范围内气候、物产、地形、生产与生活方式等环境条件形成的，它使建筑具有显著的可识别性，包括建筑形式、建造方式、建筑材料和空间布局特征等要素。而这些环境条件通常在一个较大的自然地域范围内是基本稳定的，即便发生变化，也是渐变而不是突变。

以四川为例，川西平原地区特有的气候、物产、生活方式产生了"川西民居风格"这一乡土建筑风格，广泛分布于川西平原范围内的各个城市。在川西平原生活的人们在各地都见到几乎相同的建筑风格时并无异样感觉，但却并没有"新都民居""简阳民居"这样的说法。因为虽然这些是不同的行政管辖区域，但自然环境条件的变化却不会随行政区划分界线的改变而发生突变，民居的表现形式也自然不会变。在特定的环境条件下，人们希望城市风貌在一定程度上表达本地区的地方特色是可以理解的，但若非要按照行政区划范围去精准分离出"德阳地方特色""江油本地风格"，既不合理也无法操作，川西平原地区城乡共享"川西民居风格"才是合乎逻辑的。

其次，无论是业主、政府官员还是设计人员，都需要认识到，上述风格不是对本地传统建筑外观的具象、简单模仿，而是对地域建筑文化内在气质的提炼和抽象表达。批判地域主义的建筑仍然是现代主义建筑，只不过是以抽象的、艺术的方式去再现了"地域特征"的现代主义风格建筑。而追求抽象文化内涵的建筑，很可能既没有大飘板，也没有装饰花纹，并不是市场上习见的这种流行风格，其形象反倒时常是朴素、简单、低调甚至有一点"笨拙"的。要对这样的建筑形象做出客观的评价，不仅需要决策者有鼓励、宽容创新的勇气，也需要参与城市风貌建设的专业人员具备较高的理论修养，才能理解、欣赏隐形的内在美。

3.8.3 "新中式"建筑风格

为了克服上述矛盾，设计者们又提出来一种以抽象形式表现中国传统建筑文化的"新中式风格"，在房地产市场上广泛流传。"新中式风格"建筑与重现古代风貌的"仿古建筑"不同，其做法是提炼中国传统建筑风貌符号，再结合现代设计手法，创造出既满足现代生活功能要求又具有传统建筑气质的新形象。

在地理、气候与社会心理、文化等方面的影响下，中国传统建筑以土木、砖瓦为主要材料，承重结构体系以木构架为主，由四柱构成的小尺度"间"为空间基本单元，沿横向组合形成大规模的建筑空间，具有横向延展而不是竖向升高的组合特征，其梁架式的结构体系逻辑清晰。除了满足使用功能要求之外，中国传统建筑的空间组合还遵循一定的道德伦理即"礼制"的规定，由此而表现出了独特的精神气质。因此，"新中式"建筑的规划设计，宜以规模合宜的小体量建筑单元组成建筑群体，并配以传统园林景观或绿化，要兼顾建筑空间的内与外而不是仅仅靠拼贴各种文化符号，才能传达出中国传统建筑文化的内在精神。所以，在如低层或多层住宅组成的居住小区、旅游酒店、风景区、乡村住宅等项目类型上，"新中式"风格往往能够取得良好效果。若用于大型公共建筑、大体量单一建筑或高层建筑，则必须要精心提炼中国传统建筑的精神内涵并在形象上创造性地表达。

实例如成都川剧艺术中心改扩建项目（图 3-21），包括悦来茶园和川剧艺术博物馆，是对原址的将改扩建。"浓烈的红色是成都味道与川剧风格的现代诠释。屋顶重檐起翘，兼具官式建筑的端正与川西民居的自在，呈现更具亲和力的表情。"[20] 其外观设计提炼了戏台、大屋顶、重檐等传统建筑元素，加以适当变形后应用在体量单一的大尺度公共建筑上，并通过色彩、形态的组合变化赋予了建筑一定的象征意义，对传统建筑文化的气质把握较好。

成都远洋太古里（图 3-22）也是近年一个较好的"新中式"风格工程案例，在社会上获得了普遍好评。设计方案秉持"以现代诠释传统"的理念，重视大慈寺片区的历史和文化价值，保留了一些古老的街巷和建筑，再融入 2 ～ 3 层的独栋建筑，在肌理上延续了原有的人文风貌。以古典穿插现代的手法再现川西民居质朴素雅而又开敞自由的建筑形态，青瓦坡屋顶与格栅配以大片玻璃幕墙的外形与现代商业零售空间结合得很自然，营造出一片开放自由的城市空间，使传统的商业区重现往昔的生机与活力，相比于其他的购物中心更具观赏价值。

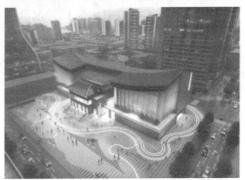

高层住宅建筑是城市中常见的高层建筑类型，数量众多，因此在城市风貌管控中地位重要，但由于在体量、高度上与传统民居建筑之间的巨大差异，也是"新中式"建筑设计的难点所在。因为传统民居建筑少有三层以

图 3-21 成都川剧艺术中心改扩建项目

上者，并与传统园林配合同时规划设计，才能达到室内外流通、"天人合一"的美学境界。高层建筑的比例尺度与传统中式建筑差异极大，要在高层住宅建筑中表现传统民居的美感，设计难度很大，需要从整体到细部的精心推敲。

图 3-22　成都远洋太古里项目

　　一个较好的实际案例如天津格调竹境项目（图 3-23）[21]。这是一个全高层住宅小区，建筑从 18 层板式到 26 层点式，类型多样。项目占地 5.54hm²，规划总建筑面积 14.4 万 m²；其中住宅建筑面积 14.24 万 m²，公共建筑面积 1600m²。容积率 2.6。

　　设计者在建筑造型设计中提炼了中国传统民居的形式符号和元素如传统山墙和马头墙的穿插、组合以及窗花格纹理等，利用现代的构成手法设计成为具有现代建筑几何特点的构图元素，与居住建筑的外观形态较好地结合在了一起，高层住宅顶部正面墙面上的大块"回"字花格窗图案是民居四合院正房多扇通透的花格门窗的反映。用工字钢做成的山墙脊线，用双层钢管交错排列形成的"瓦屋面"等，都在形似与神似之间找到了恰当的契合点。在外形设计处理中，用现代材料来表达传统建筑中对应的语汇，并内涵一定的传统文化意象，既是设计中的难点，也是巧妙构思的精彩之处 [21]。

　　总之，对"新中式风格"项目的规划与建筑设计，不仅需要选择合理的项目类型与规模，也必须摒弃简单类比或细节放大的粗放设计方法，否则极易造成尺度、比例的不协调，变成格调低俗的随意拼凑物，带来弄巧成拙的感受，反而降低了建筑的审美价值。这是"新中式风格"建筑有待突破的瓶颈之一。

图 3-23　天津格调竹境项目

3.8.4　"欧式"建筑风格

在房地产市场迅速发展的十几年来，全国各个城市的住宅设计中都出现了名为"欧陆风"或"欧式"的建筑风格，其外形特点是：模仿石材的外墙材料、立面划分和转角设计，在立面采用西方古典建筑的标志性符号如山花、拱门、柱式、檐口、线脚、窗框、壁柱等作为装饰，屋顶部位经常出现穹顶、陡坡等造型。

其实，从西方建筑发展的历史来看，并不存在一个名为"欧陆风"或"欧式"的建筑风格，这只是一个市场营销用词，无法予以准确定义。从其外形特点来看，大多都是对欧洲各个历史时期不同建筑风格的模仿和符号化的拼贴，引用时不严格区分时代、地域及建筑风格，呈现经典构图片段的任意组合，比较类似于19世纪末和20世纪初在欧美流行的"折中主义"建筑风格。

3.8.4.1 理性评价"欧式"建筑风格

"欧式"建筑风格最初是从受到港澳地区影响的沿海城市的房地产业开始，以住宅建筑为多，随着房地产的迅速发展传到内陆城市，并波及一些公共建筑类型。在一段时间内模仿者众多，以至于在相当多的地方，"欧式"建筑风格已经在一定程度上影响了城市风貌的走向。但是学术界的专家学者们对这种不纯正的建筑风格的蔓延却忧虑颇多，批判、质疑者众多，肯定、接纳的意见很少，有人甚至将这种风格从美学形式上升到政治高度，称为"空间殖民主义"了[22]。

而普通市民对此却并不以为然，如，1999 年上海市"建国 50 周年上海经典建筑评选"活动中，在齐康、罗小未、谢晋、陈逸飞、余秋雨、何镜堂、刘太格等专家投票中没有入选的国际会议中心被市民选为了金奖第 3 位（图 3-24）。的确，从建筑专业眼光看，国际会议中心就是一个欧式建筑风格的案例，算不上是个好作品，但老百姓却喜欢它的外形热闹，不认为有什么不好[23]。这说明对于欧式建筑风格，大众与专家之间见解差距不小。那么，该如何认识欧式建筑风格的流行？

中国的传统文化从来都是兼容并蓄的，并不简单排斥外来文化。80 年前，毛泽东在延安文艺座谈会上就讲到："……我们必须继承一切优秀的文学艺术遗产，批判地吸收其中一切有益的东西，作为我们从此时此地的人民生活中的文学艺术原料创造作品时候的借鉴。……所以我们决不可拒绝继承和借鉴古人和外国人，哪怕是封建阶级和资产阶级的东西。但是继承和借鉴绝不可以变成替代自己的创造，这是决不能替代的。文学艺术中对于古人和外国人的毫无批判的硬搬和模仿，乃是最没有出息的最害人的文学教条主义和艺术教条主义。"[24]欧洲

图 3-24　上海国际会议中心

古典建筑风格经过了漫长的历史检验，被证明是全人类的优秀文化遗产，值得学习研究。因 此，中国在城市建设中学习西方风格，借鉴其建筑形式是正常的，以民族、国家差异为理由，拒绝学习其他文化不可取。

何况，欧式建筑的形式特征所依据的欧洲古典建筑风格，尤其是其建筑形态、立面构图、细节设计等方面，在理论分析和实践应用上都经受了不少考验，众多艺术家为之贡献了智慧，形成了一套稳定的、成熟的、具有很强艺术表现力的建筑形式语言。就是在19世纪现代主义建筑风格兴起之后，也还有很多服务于现代生活的建筑采取了一些"古典复兴"的设计手法，通过在各种功能类型建筑上的继续实践，探索了新旧风格融合的新形象，其中也不乏优秀案例[25]。欧式建筑风格在一段时间的盛行只能说明当时中国本土的建筑风格无法满足人们的精神审美需求，只能借用异国风情为市场服务。

其实，不只是中国的传统建筑文化，很多其他国家或民族的传统建筑形式都已随着现代社会中人类经济、社会生活的趋同而逐渐没落甚至消失，但欧洲古典建筑风格体系的适应性却很强，能够不断与社会同步进化发展，是值得学习和借鉴的。

与沿海城市相比，中国内陆城市在历史上受到的殖民影响很小，"欧风"建筑是近年来随着房地产开发的热潮才形成风潮的，所以欧式风格建筑以成片的住区为多见，后来也逐渐扩散到一些公共建筑中（图3-25）。因为缺乏人文历史背景的衬托，内陆城市中，"欧风"建筑显得与环境较为冲突。不管属于什么功能类型，这些"欧风"建筑通常外形品质不高，其原因很复杂。尽管专业人士认为其形象突兀，但"欧风"建筑已经作为内陆城市风貌的一部分存在并将长期持续存在下去，而且可以预见，这类建筑今后会继续出现。那么，应当如何认识这种异域建筑风格在内陆城市的风行？能否找出专业人士与普通市民都认可的表现方式？这需要加以深入分析。

图3-25　内陆城市绵阳的"欧风"建筑

3.8.4.2 "欧式"建筑的市场分析

长期以来，对建筑造型、城市风貌等的审美判断与选择都是由专业人士进行，不会受普通市民的影响，但房地产市场的快速发展壮大使得普通民众能够以购买力来投票，从而间接地影响建筑风格取向。在非专业人士看来，欧式建筑风格源于经济发达的欧美国家，具有财富的象征意义。对于一部分先富阶层来说，这种特别的形式与风格能够暗示自己社会地位和身份的"高贵"，他们愿意为身份、地位的心理需求付出更高的价格，由此形成了市场需求。

以庞大的市场需求作为经济基础，欧式风格建筑在房地产市场上大量出现，形成潮流，这是市场选择的结果，无可厚非。但大部分项目的形象品质不高，主要是因为业主或主政之人对欧式建筑风格了解很少。为房地产产品大作广告的媒体宣传并不进行学术考证，一些设计人员也缺乏应有的艺术鉴赏能力，加上施工、材料的粗放，本应严谨细致的设计变成了简陋的模仿，其结果是虽有"欧式"之名，却无"欧风"之美。欧洲古典建筑中应有的比例组合、结构逻辑都没有了，代之的是胡乱堆砌的符号，有的杂糅不同风格、简陋粗俗，有的极尽烦琐之能事。

基于这样的社会现实，从建筑学术角度去评价这些所谓"欧式"建筑，其形象就流于粗陋、俗气，难以表现欧洲古典砖石建筑的美感与气势。但这些形象糟糕的"欧式"建筑基本上都是因为设计人自己不熟悉西方古典建筑艺术形式，只是停留在粗糙地模仿其外观形态而造成的，其深层次原因则在于开发商对"欧式"建筑的定位不同于设计人员。不管建筑的风格如何，对于开发商来说只是商品。在利益动机下，开发商更愿意接受低成本的制成品，通过使用预制构件、采用轻型材料、简化装配工艺等工业化制造手段，"欧式"风格从其厚重的石砌、雕刻原型变成了不同符号化部件的复制、拼贴，快速生产出大量同质化商品，以求在市场获得高溢价。这显然是成功的商业经营模式，如果市场环境没有变化，开发商是不会主动改变做法的。

但是，市场是在变化的。2019年，在由中国城市规划学会和重庆市人民政府主办的中国城市规划年会上，住房城乡建设部副部长黄艳表示，我国的城镇化率已经接近60%，城市建设的重点已经转入对存量的提质增效阶段，对城市建成区的改造提质，已经成为主要工作内容，要落实好城市规划建设管理的"绣花功夫"的要求，不断提高人居环境质量。黄艳表示，以问题为导向，找到问题和找准问题是关键，并以此为依据持续不断地解决城市病。以城市体检为例，必须要深入调查研究城市真正的问题和短板，从现象到原因和根源，解决城市问题需要，实现多专业、跨专业的协作[26]。

3.8.4.3 合理引导"欧式"建筑风格

在房地产大发展的时代建设的"欧式"风格建筑存在诸多问题，降低了城市风貌品质，是今后城市风貌改造中无法回避的现实。但既然"欧式"风格建筑是市场条件下一部分人的选择，就不能仅以美学价值方面的不足为由粗暴禁止，应合理引导，争取呈现出好的风貌。为此，从规划方案审批阶段起，就应注重以下问题。

（1）"欧式"建筑风格在美学上的主要特点是庄重、华丽、典雅等，有一定的适用对象，条件不合适则不可滥用。其表现力完全依赖于恰当的比例构图、精致的细部、造型元素的组合与过渡设计，如果在这些方面缺乏深入细致的推敲研究，就不能很好地表达其应有的意境和内涵。欧洲在不同时代、不同地域产生的各种风格也自有其规制与结构逻辑，虽无法禁止剪裁拼贴，但也应符合其原有构图的组合逻辑。

这就对建筑师的专业素养提出了更高要求，在提出设计方案之初就必须对欧洲古典建筑艺术做深入研究。

（2）欧洲古典建筑所用材料基本都是石材、砖砌体，不论是材质还是肌理都给人带来厚重、沉稳的心理感受，应该尽可能以石材、砖砌体建造，如果改变材料，也应当符合人们对材料的审美心理预期，不应采用薄弱、轻质、不耐久、易污染的石膏、GRC（玻璃纤维增强混凝土）等预制构件如柱头、柱础、窗饰、门饰等作为外墙材料（图 3-26）。

图 3-26　英国欧风建筑细节

（3）在规划方案审批环节，对规模大或位置重要的建筑，可要求设计人员对其"欧式"设计做出关于风格来源、同类建筑实例或设计意向方面的论证说明。建议规划主管部门在方案评审前咨询一些专业从事西方建筑历史研究的专家学者，对项目方案中欧式风格的设计是否合理给出意见与建议，同时规划审批中也应对外墙材料提出较为具体的色彩、材质等细节要求。

在审美观念多样化、市场导向明确的环境中，管控建筑风貌的是一件既需要很强专业素养，也需要较高政策水平的工作。在此过程中，行政机关的作为应遵循"权力法定"原则，不能仅凭自己的好恶而随意裁决，即便对于"欧式"风格建筑这样的"异类"，只要没有法令明确禁止，就要有包容的雅量。

因此，对于并无殖民历史背景的内陆城市，虽然不可无理禁止"欧式"风格建筑，但因与城市文化背景存在冲突，应当限制其应用。建议将其建设范围限制在已经事实上有连片欧式风格建筑的区域内，其他地区则应尽量少建，如果必须建，则应对项目深入论证，确保其规模合宜且建筑设计具有高品质，建筑材料宜以干挂石材、玻璃、钢材为主，以便保证细节的精致。

3.8.5　Art Deco 建筑风格

Art Deco（也叫装饰艺术）建筑风格源自法国巴黎，其初期基本是新艺术运动的延伸和发展，后期则结合了新古典主义与现代主义两种风格的特点，在20世纪30年代的美国纽约达到兴盛，当时上海也建造了大量 Art Deco 风格的建筑。近年来，在城市高层住宅的市场上，Art Deco 建筑风格广受开发商的喜爱，已经成为事实上的主流风格。可以说，这是市场自发形成的结果，因为无论是地中海、托斯卡纳、英伦风、中式等各种开发商用以大肆宣扬的风格并不适合在高层建筑上使用，简洁的"国际主义"风格又很难满足用户对高品质、识别性的要求，于是观感不错而施工难度不大、造价可控的 Art Deco 风格得到大量应用。

3.8.5.1　Art Deco 建筑风格特征

Art Deco 建筑风格的主要特征是用简单、干净的几何线条做装饰，强调建筑物的高耸挺拔，给人以拔地而起、傲然屹立的非凡气势，因此，Art Deco 风格的设计在以下几方面与其他风格不同。

整体布局上，要讲究严整的构图秩序，比如，体型设计上的对称格局，横、纵三段式的立面构图等，这样才能表现宏大的气魄。无论外立面还是室内装饰，大量运用几何造型、纵向线条来展现建筑的挺直、高峻，才能适合现代城市建筑向高度方向发展的要求。Art Deco 建筑的外立面通常都采用单色或者同色，比如接近天然石材的黄灰色、灰白色等，装饰材料大多都是干挂石材，造价不菲。随着 Art Deco 风格广泛应用，建筑高度增加，也有以轻质高强的玻璃幕墙、金属线条作为装饰结构与材料的，常用真石漆、亚光釉面陶瓷砖等外墙材料控制以建造成本。

Art Deco 建筑风格十分强调形体高耸感，立面上应适当配实体线条，减少开窗洞口，所以其采光比一般建筑差，通透感不强，适合于采光要求不高的商务建筑如写字楼、旅馆酒店、普通高层住宅等。Art Deco 建筑风格外立面应当干净、简洁，住宅建筑不适合采用外挑阳台，应改为封闭的凹阳台。所以 Art Deco 建筑风格的外立面对户型平面有比较大的限制，要更好地协调立面造型与平面功能的关系，高档住宅户均面积大、占用面宽也较大，对采光量和通透感要求都高，更需要精心设计。

3.8.5.2 Art Deco 建筑的立面细节

事实上，Art Deco 装饰艺术的根本特点在于运用华丽、高级的材料（例如象牙和名贵宝石）和复杂工艺，来呈现当代艺术风格（比如立体主义、未来主义等）。在古代，古典建筑的装饰细节都出自手工，而 Art Deco 建筑则是用现代工业化生产手段来模仿手工艺的装饰细节。但不管采用何种形式、材料，要达到 Art Deco 风格的装饰效果，细部设计一定要精致耐看。

工业化生产方式具有高速度和高精度，但也应尽量将构件本身与装饰效果结合起来，使其具有装饰和功能的双重作用。"少就是多""建筑开始于如何将两块砖仔细的连接在一起"，对于密斯·凡·德·罗的这两句名言，意大利建筑历史学家 Francesco Dal Co 的解读是：我们的注意力不应该放在砖上，而应该探讨两块砖如何连接才能够产生我们想要的建筑意义，关注的重点应该在"连接"上面，可见细节之重要。图 3-27、图 3-28 是国外一些 Art Deco 风格建筑及其细部设计[27]。

图 3-27　美国、加拿大的 Art Deco 风格

图 3-28　Art Deco 风格的细节设计

　　中国城市中自称为 Art Deco 风格的高层住宅建筑，都仿自国外同类风格，但由于对此建筑风格的源流、发展历程并无深入了解，只看其外观轮廓和装饰线条，加上对使用功能与立面形象间的矛盾关系不重视，最后呈现的结果很难达到应有的美观效果。比较之下可以看到，上述自称为 Art Deco 风格的高层住宅建筑在体量布局、外部轮廓、装饰细部设计上，都与国外经典作品相差甚远，所以这些建筑实际上不过是模仿 Art Deco 风格的外观皮毛，且还没有模仿到位的低水平习作（图 3-29）。

图 3-29　国内 Art Deco 风格建筑的细节

　　可以设想，如果城市中充斥着这种外观粗糙、品质低劣的模仿建筑，城市风貌也就说不上好了。出于对城市整体形象和观感的考虑，Art Deco 风格建筑的设计应当遵循其特有的原则，从整体体量到细部设计都要经得起推敲，而不能仅模仿外观轮廓。

参考文献

[1] 蒯大申 . 文化发展与城市综合竞争力 [J]. 社会科学，2002（3）：66-70.

[2] 倪鹏飞 . 中国城市竞争力报告 [M]. 北京：社会科学文献出版社，2010.

[3] 未来的杭州有怎样的颜值和气质？杭州日报，2019-01-06.

http://www.hangzhou.gov.cn/art/2019/1/6/art_812262_29212955.html.

[4] 绵阳城市形象标识出炉 . 四川经济日报，2019-04-03.

http://epaper.scjjrb.com/Article/index/aid/2777103.html.

[5] 蔡晓丰 . 城市风貌解析与控制 [M]. 北京：中国建筑工业出版社，2013

[6] 中共中央、国务院关于进一步加强城市规划建设管理工作的若干意见 . 新华社，2016-02-21.

　　http://www.gov.cn/zhengce/2016-02/21/content_5044367.htm.

[7] 关于开展城市特色风貌调查和中国城市特色风貌区遴选的函

.http://www.planning.org.cn/solicity/view_common?type=4&id=1191

[8] 周岚，于春 . 省域尺度的人居环境特色塑造——江苏案例 [J]. 人类居住，2016（4）：28-38

[9] 唐子来，付磊 . 发达国家和地区的城市设计控制 [J]. 城市规划汇刊，2002（6）：1-8.

[10] 中华人民共和国住房和城乡建设部令，城市设计管理办法，2017-03-14

[11] 俞滨洋：新时期城市设计的理论与实践

https://www.sohu.com/a/159272576_99902302

[12]http://www.planning.org.cn/news/view?id=3698

[13] 中华人民共和国住房和城乡建设部 . 城市居住区规划设计标准：GB 50180—2018[S]. 北京：
中国建筑工业出版社，2018.

[14] 胡滨，曾九利 . 小街区，大战略 [J]. 城市规划，2017，41（2）：75-80.

[15]http://www.hopetrip.com.tw/news/201301/36549.html

[16]https://www.sohu.com/a/236669582_100012197

[17]https://www.163.com/dy/article/GHUMRR8B0516VC2M.html

[18] 刘颖欢 . 一种新型的石幕墙构造——上海金茂大厦石幕墙构造设计与施工 [J]. 建筑施工，
2001，23（1）：57-58，61.

[19]Aldo van Eyck, What Is and What Isn't Architecture; à propos of Rats, Posts and Other Pests
　　(R.P.P.), Lotus International 1981, no. 28, 15–20, World Architecture.

[20] 川剧窝子未来更美 . 成都商报电子版，2019 年 11 月 30 日 .https://e.chengdu.cn/html/2019-
　　11/30/content_665242.htm.

[21] 俞昌斌 . 源于中国的现代景观设计空间营造 [M]. 北京：机械工业出版社，2013.

[22] 吴家骅 . 论"空间殖民主义"[J]. 室内设计与装修，1995，2.

[23] 鞠培泉 . 追忆欧陆风 [J]. 南方建筑，2010，（4）：87-89.

[24] 毛泽东在延安文艺座谈会上的讲话（一九四二年五月）.

　　http://news.cntv.cn/china/20120518/112381.shtml，

[25] 吴焕加.关于建筑中的"欧陆风"[J].建筑创作，2000，（4）：58-62.

[26]2019 中国城市规划年会，http://www.upnews.cn/archives/64910.

[27]https://encyclopedia.thefreedictionary.com/art+deco.

4 城市风貌规划设计实践与反思

城市风貌的规划是一项理论与实践结合的工作，其应用性比理论分析更加重要。因此，不管理论分析如何深刻，都需要在具体的城市环境、社会经济背景和不同的服务人群中去加以验证。在世界范围内，有不少的城市在城市形象的规划、建设上都积累了相当多的经验，其实践结果也经过了历史的、现实的检验，有的城市还成为了人类历史文化遗产。国内的一些先进城市在这方面也进行了探索，取得了明显的成就。所以，本着"古为今用、洋为中用"的态度，学习、借鉴这些城市在城市风貌规划设计理论与实践上的成功案例，对于那些位于中国内陆的普通大中型城市是很有益的。

4.1　国外城市风貌规划概况

欧洲、日本的很多城市，其城市风貌是和谐并富文化韵味的，既赏心又悦目，是城市建设的典范之作。欧洲城市中的古老街区的传统风貌普遍得到了很好的保护，形成其城市风貌的最重要底色。这是因为政府制定了相关法律，要求古老的建筑在维修过程中，大到房屋的外观结构，小到房屋的门、窗、瓦的颜色等，都必须保持原样，这才使城市本来的面貌历经百年的变迁仍得以世代相传。如20世纪80年代，法国巴黎将色彩规划作为政府条例颁布，规定无论是历史古迹还是普通民宅，在其色彩规划部门的统一指导下，建筑墙体基本是由亮丽的奶酪色系粉刷，而建筑物的屋顶以及埃菲尔铁塔等则主要是由深灰色涂饰。因此，奶酪色系与深灰色系就成为了巴黎的标志色彩。

西班牙第二大城市巴塞罗那是享誉世界的地中海风光旅游目的地和著名的历史文化名城，巴塞罗那城市风貌独有特色，街道公共空间充满生活乐趣，使人流连忘返。传统建筑与现代建筑和谐共存，有9座建筑被联合国教科文组织列入世界文化遗产名录。巴塞罗那的规则方格网城市街道体系形成了特殊的城市风貌，源于著名的塞尔达（Idelfons Cerdà）规划，其核心理念是街区的平等。500多个街区，每个街区宽度都是 113.3m，建筑沿街长度 83.3m，街道宽 20m。道路的两侧是 5 层左右、高度与街道宽度相近的建筑 [1]。这样的街道空间，不会让行人觉得道路太宽阔，也不会让行人觉得两边的建筑太压抑，是比较宜人的尺度。路两侧有宽阔的步行道，人行道外侧的行道树在地中海炎炎烈日下绿树成荫。建筑底层有些沿街店铺，就在门口的绿荫里放上植栽，摆上自家商品和三两把椅子，吸引行人驻足。

京都是日本最负盛名的历史古都，为了维护其古老的历史风貌，从国家到地方都制定了若干详细具体的法规。这些法规不仅强化了对历史地段和城市格局的保护，还增加了对传统文化活动与历史场所氛围等隐性风貌元素（日本称之为历史风致，并在 2008 年颁布了《历史风致法》）的保护、提升等内容，对特别重要的地区实行了建筑规范调整、减缓原有规制等措施。据此，京都制定了建筑高度控制、建筑设计管理、眺望景观与借景维护、户外广告管制、历史街区保护五大方面的政策。

在城市规划管理上，对建筑高度实行严厉控制，对市区范围内的容积率和建筑高度做了大幅度下调，将原建筑控高区划由原来的 10m、15m、20m、31m、45m，改定为现在的 10m、12m、15m、20m、25m、31m。大幅下调开发强度（容积率）和建筑高度规划指标方案，得到 80% 以上物业相关者和多数市民支持 [2]。

与欧洲城市相比，京都城区并未把古城隔离开来，进行全面的整体保护，这与国内情况类似。但是，得益于保护措施得当，实施到位，其城市环境仍然充满传统文化气息，被日本人称为"心灵的故乡"（图 4-1）。

图 4-1　日本京都的街道

4.2　国外当代城市风貌规划案例

当代西方城市总结过去城市规划实践的得与失，城市风貌规划有了进一步的发展，主要表现在对生态、文化的高度重视以及公众参与，规划实践走向多元化，典型的案例如巴西的库里蒂巴、日本和欧洲的新城建设等。

4.2.1　巴西库里蒂巴生态城

库里蒂巴（Curitiba）是巴西南部巴拉那州的首府所在地。在 20 世纪 70 年代，库里蒂巴人口在 100 万人左右，与很多发展中国家的同类城市一样，存在人口暴增、交通拥挤、环境污染和贫穷失业等一系列的城市和环境问题。1970 年，建筑师市长杰米·勒那（Jaime Lerner）为首的规划设计团队认为，不能个别地、孤立地对待复杂的城市问题，要从规划阶段就把土地开发与城市问题结合考虑，协调处理土地利用、交通组织及经济发展、生态环境的关系。

经过几十年的发展，库里蒂巴已成为城市建设的样板。1990 年，库里蒂巴被联合国命名为"最适宜人居的城市"（该年获得此荣誉的城市有五个——温哥华、巴黎、罗马、悉尼和库里蒂巴，库里蒂巴是唯一的发展中国家城市）。该市城区面积 432 平方千米，人口已达到约 180 万人，是巴西第七大城市，是高科技企业在巴西发展的首选地。由于在发展过程中始终坚持可持续理念，并未出现与城市人口规模扩张相伴随的城市病，反而成为全球最宜居的城市之一，拥有巴西最高的人类发展指数。全市人均绿地面积 581m^2，2012 年被联合国授予全球绿色城市奖（Global Green City Award）[3]。

20 世纪 70 年代，库里蒂巴市政府就把公共交通作为城市可持续发展的优先目标。在城市空间规划布局方面，该市通过有条件地限制用地、开发的政策，使城市沿着五条主要轴线发展。每条轴线都是一个独立的道路系统，位于中央的是相当宽阔的、完全隔离的快速公交专用道，这条道路只有公共交通系统可以使用，这就是库里蒂巴的快速公交系统。两侧则是通向城市中心或市外区域的单行汽车道，来往市中心与工业园区都十分便捷。

沿着专用道每隔一段距离设置一座状如透明圆筒的公交车站，这也是库里蒂巴城市风貌中一个独特的标志性景观。快速公交系统内部的换乘是免费的，不出站，不买票，就可以直接实现换乘，大大加快了乘客上下车的速度。随着市郊工业园区学校、医院、商业等基础设施日益完善，越来越多的低收入家庭被吸引到工业园区居住就业，设施齐全、配套完善的现代化社区取代了环境恶劣的贫民窟。这样，库里蒂巴的公共交通体系解决了土地开发、城市拥堵、贫民窟等多个问题，还因为促进了"绿色出行"，达到了生态环保的目的。

目前在全球各大城市推广的快速公交系统（BRT）就源于库里蒂巴首创的整合公交系统，这套公交系统最大的亮点就是它的便捷性。公交车类型按照颜色区分，快速线用蓝色、红色表示，而区际线则用绿色，其他还有直达线、主干线、常规线和驳运线等。各条线路分工明确，提高了公共交通的运行效率。库里蒂巴的快速公交全部使用了生物燃料，还将逐步在所有公共汽车上使用生物燃料，减少污染物排放。

按照综合开发的理念，整合了公共交通网络规划与商业开发项目，把高密度的开发项目集中到公共交通主轴线周边，市政府只允许距离公交线路旁2个街区内进行高层、高密度的开发，鼓励新超市、新银行和其他服务业布局在公交车站旁，小汽车通行道路只布置在高密度街区两侧（图4-2）[4-5]。公交线路的布局与走向决定了城市空间布局的基本形态，彼此间互相依存。这从根本上增强了公共交通的使用效率和便捷性，为居民出行提供最大的方便。在公交线路2个街区以外的地区，离主干道越远，开发强度就越低，整个城市自然形成了在高度方向上阶梯状层次跌落的空间形态，规则简单、秩序明确。在城市的建筑风格上，除了很少的已有传统建筑被加以保护外，新建建筑都是现代主义的风格，表现出理性、简洁的审美趣味。

在城市规划决策过程中，政府通过浅显而具体的愿景描绘及贯彻"跨部门整合""公民参与规划""绿色城市"等策略，激发了公众的想象力和参与热情，规划实施的成果显著，在短时间内不仅保护了生态环境，还实现了城市可持续发展的目标。其成功经验主要包括：创意与执行力超强的政府专业机构及规划团队；以公共交通骨架建设为切入点，整合土地与交通网络的规划设计；以"垃圾换食品"的创意项目进行城市运营管理；全体市民积极参与政策设计等。

图4-2 库里蒂巴依托公交轴线的空间布局

我国社会正在转向建设生态文明和宜居环境的发展模式，很多城市问题，如人口膨胀导致的交通堵塞、生态破坏、垃圾围城等，将是未来很长时间内我国新型城镇化过程中面临的主要难题。地处发展中国家巴西的库里蒂巴，发展经历与我国大量的中小城市的发展非常类似，但其在短短几十年内就很好地解决了上述问题，实现了可持续发展，是最接近中国国情的、极可借鉴的榜样之一。

4.2.2　日本东京都多摩新城

一战结束后，日本经济高速发展，在东京都集聚了各级政府机关、大公司总部、商业服务设施，城市交通拥挤、人口高度密集。从 20 世纪 60 年代起，为缓解中心区的人口和交通压力，日本政府把新城建设作为解决日益严重的城市问题的对策之一，期望从规划上把过于集中的城市结构调整为多中心型结构。大都市外围的新城从最初自发形成到后期政府主导，体现了日本城市规划理念的演变，政府有明确的目标和要求，开发建设从一开始就是在当时极为先进的城市规划理论指导下进行的，其成功与失败的经验都很有借鉴意义。日本的新城建设集中在东京都市圈附近，其中具有代表性的如多摩新城、千叶新城和筑波科学城等。

多摩新城位于东京西南方向丘陵地带，距离东京新宿副中心 20 ～ 35km，其地形为东西长 14km、南北宽 2 ～ 4km 的丘陵地带，规划面积为 29.8km^2，人口达 34.2 万人，1965 年开始建设，1971 年第一期开业。初期，由于东京市区与多摩新城间无轨道交通，人口流入很少。1974 年，新宿与多摩新城之间的轨道交通开始运行，降低了往返东京的通勤时间，入住多摩新城的人口数量逐渐增多。多摩新城开业 20 年以后，实际人口仍未达到规划数量，政府调整了最初的"卧城"的规划目标，改为建设职住平衡的城市，东京将生物医药、电子等新兴产业导入该区域，促进该区域成为一个高科技产业城。

新城沿轨道交通呈带状布局，设三个轨道交通站点，采取公共交通引导开发（TOD）的模式，在站点周边高强度开发，建设新城商业中心及居住区中心。多种城市功能的高度重合，带动了地价升值，并增加了就业机会。经过多年建设后，多摩新城已有了完善的商业、文化、娱乐、教育、医院等公共服务设施。这些公共服务设施的档次、标准可以与东京都相媲美，甚至更优。高品质的公共服务设施，对新城吸引人口和产业入驻至关重要。

多摩新城为居民提供了优美的居住环境和多元化、高质量的住宅产品，对东京都的居民具有很强的吸引力。多摩新城实际开发了 21 个住区，平均每个住区占地面积约 100 公顷，人口规模约 12000 人。每个住区原则上有一所初级中学、2 所小学、2 个幼儿园、2 个保育院，设有诊疗所、商店、邮局、图书馆、储蓄所、体育设施和儿童乐园等公共设施。步行道把各个住宅片区同近邻住区中心、幼儿园和学校等连接起来。每四到六个住区构成一社区，每一社区内设有社区中心、综合医院、公园等，便利居民日常生活。各社区再组合为新城，形成"邻里—社区—新城"的结构。多摩新城有两条主要的商业步行街（图4-3，图4-4），贯穿城市中心地区，沿街布置有大型的综合性超市和品牌购物店，满足居民多方面购物需求[6-7]。

时间进入20世纪90年代后，多摩新城的建设更加讲究环境品质，以吸引更多客户入住。在15住区规划设计中引入了新的组织方式，即由一位总建筑师全面负责总体规划，从宏观层面来考虑住区的城市景观定位；在中观层面，他要协调不同街坊之间过渡、衔接的规划设计；对组成住区的居住街坊，他要制定单体建筑设计原则。而居住街坊的规划设计则由多位不同建筑师或多家建筑事务所负责，在各自设计范围内自由发挥（图4-5）。这样，在每个街坊的建筑设计层面上有多样化的个性表现，而在总体规划上也有统一性，达到整体和谐、个性变化的景观效果。

在城市风貌的规划设计上，这种设计方式的成效很明显，在总体风格一致的前提下，各居住街坊的设计方案虽然有变化，建筑布局和造型设计都很好顺应了原有丘陵地形的起伏，把绿地景观与建筑环境融合起来。各个街坊的建筑外观保持大体一致的风格，如都采用了相同坡度的坡屋顶，统一了外墙面上的开间规格、开洞比例；为了达到建筑外观高品质，通过试验选定与本地气候、自然环境相适应的外墙材料，外墙面砖、屋顶瓦的颜色和质感、基调色彩都保持一致，由专业供应商提供；在建筑体量设计上重视凹凸变化，细部设计精细，以创造丰富的立面形态。

图4-3　多摩新城的步行商业街

图4-4　多摩新城第15住区

多摩新城的建设时间晚，其采取的TOD规划理论思想、住区规划中总结出来的总建筑师负责制等方法对城市功能的完善、城市风貌的提升都已被证明是很有效的新城开发措施，值得中国城市在提升环境质量的建设活动中参考。

图4-5　多摩新城居住街坊

4.2.3 斯德哥尔摩的哈马碧生态城

现代主义建筑运动和规划理论起源、发展于欧洲，规划设计师曾抱有通过规划城市改造社会的理想。但在二战后建造的新城市，经过几十年后有不少都因产生了严重社会经济问题而衰落，成为批判反思、更新改造的目标。欧洲的城市规划又在向着按照人的尺度设计回归，强调亲近自然，甚至是将人工环境作为自然环境的点缀，而不是大片改造自然。

位于瑞典首都斯德哥尔摩的哈马碧生态城（Hammarby Sjstad）始建于1996年，曾是一片土壤污染严重的工业区。为了申办2004年奥运会，瑞典政府以"低碳城市"为目标，在空间规划、生态环境方面都采取了很先进措施，建设了一座宜居城市。经过20多年的建设，哈马碧生态城已达到了其规划时确定的绝大多数可持续发展目标，从资源的低消耗到废弃物的循环使用，从绿色低碳的城市交通网络到深入人心的环保理念，成为全世界可持续发展城市建设的典范。2015年全部建成后，有约3.5万人在这个地区居住和工作，接待了全世界游客约百万人次，为当地的经济发展提供了强大的支撑。

哈马碧生态城虽小，但在空间规划、功能构成上是很完善的。哈马碧新城的总体规划围绕着哈马碧湖及其河道展开，分为三个区域，每个区域的分区规划布局以各自的中心公园为中心展开，图书馆、商店和社区服务设施被分别布置重要交通节点上，以方便公众汇集。

生态城的土地利用采用了集约紧凑的开发模式，土地利用与交通组织相结合，形成紧凑的空间形态。土地开发策略的集约特征表现为小尺度的街区开发、用地功能混合、TOD开发模式、层级化的公共设施布局。沿交通干道、邻近公交站点集中了商务、文化娱乐功能，其开发强度、密度最高，形成公共中心（图4-6），建筑物一般高七到八层，而在其他区域，建筑物的平均高度是18m（6层）[8]。

哈马碧生态城的绿化系统和滨水地区的设计，强调生态和可持续发展理念。建筑高度、密度向滨水面渐次降低，城市空间、步行路网、开放绿地、与水面间保持开放通透的视廊，景观相互渗透。社区内的步行道路与滨水步道以及水上栈道直接相连，人们可以在社区绿地及水畔芦苇之间自由行走。

居住社区的规模都控制在较小的尺度上，道路体系大部分为规整的方格网，间隔不超过100m，缓解了机动交通的压力，还能够提供更多的临街面。主要街区平面为围合式，尺寸在50m×70m～70m×100m，街区肌理简洁清晰，建筑高度多为四到六层。不同建筑的配色、外形设计尽量统一在简洁、理性的现代主义风格基调上，外形符合其功能，辨识度高。建筑材料也都采用可循环利用的材料如木头、玻璃、石材等（图4-7，图4-8）[9]。

因注重城市用地功能的混合使用，沿街建筑功能类型多样化，有小尺度的住宅，也有多层公寓加底层沿街店铺和办公空间，还有学校、医院等各种公共服务设施。商业、交通、服务等公共设施的安保通过技术手段管理，从而将建筑外部的空间全部开放给公众，具备了对内面向社区和对外服务城市的双重属性。社区内外不设围栏或围墙之类的硬隔断，用绿化景观等空间要素模糊内外界限，保持内外连通。社区内除了适当的人车分离设计，还通过围挡、起伏路面、铺地变化以及合理的港湾停车，来减慢在社区道路上的车速，营造安全的慢行空间，减少快速交通对儿童活动的干扰[9]。

图 4-6 哈马碧生态城滨水区

图 4-7 哈马碧生态城住区尺度

节能和环境的可持续设计与建筑紧密结合，如雨水通过建筑屋顶和表皮收集，所以，建筑绝不采用会释放有害物质的材料；景观设计与雨水收集、净化、处理等过程相结合来实现；屋顶花园有太阳能发电器；路边有垃圾收集设施，收集后转化成电能或生物能；雨水会被层层收集净化，最终排放到湖里；所有剩余建筑垃圾，都会在场地附近分类收集，然后进行再利用或处理。

图 4-8 哈马碧生态城临街建筑风格

如今，"哈马碧模式"已经作为一个国际典范被很多城市学习和效仿。在我国，有不少城市，如天津、无锡、烟台等都有一些在建的城市社区项目，引用了"哈马碧模式"的理念与技术开发。

4.3 国内城市风貌规划实践

20 世纪 90 年代以来，随着城市化进程加快，城市面貌日新月异，很多城市都开展了城市风貌规划的编制和建设落实，如哈尔滨、南昌、福州、柳州等城市都完成了城市总体风貌规划，并经过了一段时间的实施，其风貌规划思路及实践都对其他城市开展城市风貌规划设计工作具有借鉴意义。

4.3.1 时代典范：河北雄安新区

党的十九大报告指出，"经过长期努力，中国特色社会主义进入了新时代，这是我国发展新的历史方位。我国社会的主要矛盾已经转化为人民日益增长的美好生活需要和不平衡不充分的发展之间的矛盾。"在这一新的历史时期，需要探索经济社会发展的新路径，从原来注重高速增长过渡到讲究高质量发展，城市建设领域也是如此。2017年4月1日，中央决策设立了地处北京、天津、保定腹地的国家级新区——河北雄安新区，其规划范围涵盖河北省雄县、容城、安新等3个县及周边部分区域。

雄安新区是一项重大的历史性工程，将是一个实践新发展理念、高质量建设的典范城市。中央对雄安新区的规划提出了坚持"世界眼光、国际标准、中国特色、高点定位"的要求，与深圳特区模仿当时西方大都市的规划相比，雄安新区的规划将是充分展现文化自信的中国特色的规划。因此，对于其他的大中城市来说，雄安新区的规划、建设的指导方向与实践具有示范意义。

首先是对生态环境保护的重视。雄安新区毗邻面积达300平方千米的白洋淀启动建设后，生态优先、绿色发展是其重要指导思想。雄安新区的规划坚持把"山、水、林、田、湖、淀、城"作为一个系统加以统筹设计，白洋淀的治理和修复规划中将按照环白洋淀、环起步区、环新区等功能区，形成"一淀、三带、九片、多廊"的生态格局，把作为生态空间的水域白洋淀和滨河、滨淀植被缓冲带，与大尺度的自然森林斑块和生态缓冲带等结合，形成新区城市建设的底色，建成蓝绿交融、疏密有度、水清岸绿的生态城市风貌。

其次，在文脉传承和格局保护方面，在新区总体规划原则指导下，对现状已有大量人口聚集、基础设施健全的雄县、安新等城镇，以渐进式更新为指导思想。在分析自身特色、现状问题和未来发展需求的基础上，对历史文化和传统空间格局等进行深入研究，保护城墙与护城河等遗迹，传承、延续古城内有价值的传统街坊格局和历史文化景观。对于需要更新的地段，提出适应当地实际条件的多样化更新模式，通过拆除新建、改造更新等手段打造新旧融合的城市风貌，塑造公园等高品质开放空间，不仅要提升环境品质、完善公共服务设施体系，同时也要考虑满足产业升级和产城融合发展需要，以实现可持续发展的长远目标。

在新建城市方面，继承和发扬了传统的平原筑城的规划设计理念，充分利用地形的天然起伏，高地筑城，低洼排涝蓄水，以水域、绿地空间为城市骨架展开城市布局。起步区及主城区的布局将形成为三个密切联系的部分[10]。

北城：充分利用北部区域较高的地势，建设功能相对完善的城市组团，组团之间由绿廊、湿地和水域分隔。

中苑：在地势低洼的中部区域，营造与城市和谐共存的生态景观、湿地。

南淀：在临近白洋淀区域，利用燕南长城遗址文化资源，建设特色的滨水岸线。

城市道路的规划设计的总布局采取秩序严谨、平直方正的传统思路，建设"密路网、小街区"的方格体系。非交通性将街道按照人的尺度来设计，不搞宽马路、大广场，基本的街区单元尺寸控制在150m见方以下，力求把街道空间还给人们。

城市风貌设计原则是将当代地方传统、现代技术、传统文化通过创新的设计手法有机结合在一起，而不是仅仅停留在对大屋顶、斗拱、白墙灰瓦这些外形符号的简单模仿上。在风貌设计时把城市划分为一般地区、重点地区、特色地区，对特色地区的规划格局、空间形态方面做深入设计，风格上坚持中西合璧、以中为主、古今交融，塑造具有"中华风范、淀泊风光、创新风尚"的城市形象（图4-9）[11]。建筑色彩则以暖色和浅色为主，注重整体协调、清新雅致，不强求城市色彩所谓的丰富多样而选取太多的色彩组合，以免造成杂乱无章。重点地区的规划布局则以公共交通枢纽为节点，设定不同的开发强度和建筑高度，按城市功能需要组织建筑布局，强化生态空间与城市空间的相互渗透，形成城绿交融的空间肌理。对占地规模较大的区域如园区、大学、公司总部等则应单独进行城市设计，研究如何表达其城市空间形态的标志性。对广大的一般地区以人性化的街道、公共空间为基础，建筑布局疏密有致，外形风格质朴简洁，构成城市空间肌理的底色（图4-10）[12]。

图4-9 雄安商务服务中心

图4-10 客东片区安置房

在建筑高度的控制上，雄安新区规划做了很明确的规定。在起步区各组团外围和水域周边，建筑物要低于 25m；城市一般地区的建筑，高度要低于 45m；东西轴线两侧、各城市组团中心，高度在 100m；金融岛、企业总部等特色地段，最高可到 150m[13]。这样，高层建筑适当集中布局于节点处，留下大片的高度较低区域，有利于形成主从分明、重点突出的天际线，对于营造城市整体风貌有积极影响。

4.3.2 古今辉映：扬州

江苏省扬州市地处长江与京杭大运河交汇处，是长江经济带重要节点城市和商贸港口旅游城市。2020 年，全市规划城镇人口 390 万人，中心城区 210 万人（现状 149.5 万人），中心城区城市建设用地规模 230km²，属于Ⅱ型大城市[14]。

为了建设良好的城市风貌，在全市范围内统筹规划了城市空间格局，对城市重要区域、地段如江淮生态走廊、"三河六岸"景观带、瘦西湖—古城—古运河文化带等特色区域的功能定位、空间形态、建筑风貌等进行全要素管控，优化居住小区和建筑的设计水平，提升城市品质。针对生态保护、公共服务与市政设施等方面的突出问题，以"城市双修"工作为切入点，设立综合整治、生态修复等示范区，通过整治老旧小区、建设社区公园、增补公共设施、完善基础设施，改善片区风貌。

对于城市中的建筑形象设计与管控、城市设计与实施等方面的工作，扬州采取了很多扎实、具体的技术措施，使得优化城市形象的设想从纸面文字变成了现实。比如：

为了在城市与建筑形象中突显扬州地域文化特色，政府组织开展对传统建筑、传统建造技艺的调查研究，制定传统建筑修缮技术导则，提炼出其中的传统设计要素，对城市空间和建筑的地方特色塑造提供指引。对城市街区设计，制定了《扬州街道设计导则》，通过"小街密路"的规划与建设，塑造人性化街道空间，结合古城丰富的水岸资源提升滨水绿化，完善滨水慢行道并串联起城市绿地，形成畅通、怡人、富有活力的城市滨水慢道系统。

扬州市城市建设主管部门编制了《城市和建筑设计导则》，用于指导城市设计和控规项目的编制、地块设计条件的下达和建筑方案的审查等工作。在城市空间形态层面对建筑高度、临街界面、公共空间、立面风格提出要求，展现和谐统一的视觉效果，形成舒适健康的心理体验；在建筑单体层面，对建筑底部、中段与顶部，色彩和材质，高层建筑玻璃幕墙、建筑附属设施、景观与公共环境等方面进行控制，提倡表里如一、避免奇形怪状和低俗的建筑造型设计，同时树立精品意识，立面细节加强精细化设计。

为了克服在城市建设中出现"政府一换届，规划就换届"的弊病，2019 年

9月，扬州市人大常委会通过了《关于打造永恒城市经典若干规矩的决议》，作为具有法定强制力的文件，为重点区域规划管理定规则、立规矩，约束不当建设行为，以确保良好城市风貌的实现。其中的一些规定密切贴合城市实际，详尽具体，具有很强的指导性和可操作性，如：

"沿重要道路、重要开放空间、重要桥头空间的重要建筑工程，须请三家以上具有建筑甲级资质的专业设计公司或采用邀请招标方式发包给顶级设计大师或团队进行方案设计，提供实景三维模拟。"

"江广融合区核心区远景蓝绿空间占比不低于40%；廖家沟东岸沿线控制宽度不少于200m的生态保护用地，西岸控制宽度不少于100m的生态保护用地。"

"三湾片区内的规划建设，实行总规划师、总建筑师负责制，全程跟踪项目建设。重要地段的建设项目严格执行控规和城市设计导则要求，其中形态标准作为刚性管控要求。"[15]

经过修补、提升后的扬州，人居环境得到改善。城市空间尺度宜人、建筑精美，使"人文、生态、精致、宜居"的城市形象成为鲜明的特色（图4-11）。扬州为此在2004年获得"中国人居环境奖"，在2006年获得"联合国人居奖"，城市风貌建设成效显著。

图4-11 扬州城市面貌

4.3.3　山水古城：福州

福州市，别称榕城，福建省省会，是一座滨江滨海生态园林城市，建成区面积416平方千米，常住人口为829万人。福州政府部门为了提升城市环境品质，加强城市风貌的规划管理，制定了有关设计导则，其主要措施为：依据城市原有的自然风景资源、山水格局，协调组织城市功能布局和交通体系，在规划结构上形成"一核、六星、两江、六带、多节点、多廊道"的总体风貌，具体内容如下[16]。

一核：闽都古城历史建筑景观风貌区。

六星：六个历史文化名镇名村的历史建筑景观风貌区。

两江：闽江、乌龙江两条滨水建筑景观廊道。

六带：六条沿水系、生态休闲线路的建筑景观廊道。

多节点：多个城市中心节点、市民活动节点、交通枢纽节点建筑景观风貌区。

多廊：多条沿交通主干道、内河水系的建筑景观廊道。

为了保护自然山水的起伏轮廓不被破坏，建筑高度要形成有序的层次起伏，特别是在滨水、临山及临城市重要干道一线，同一项目地块或相邻地块之间，要对建筑高度轮廓进行设计，形成合理的高度层次。同一地块建筑布局6栋以上，至少有2个建筑高度层次（不含裙房），布局10栋以上，应当至少有3个建筑高度层次（不含裙房）。对于相邻建造的建筑，其高度应当有适当起伏变化，如高度在24m以下的，相邻高差值不小于6m，且最高建筑栋数占比不少于总栋数的20%，不大于总栋数的80%；建筑高度在24m以上的，相邻高差值不小于15m，且最高高度建筑不少于2栋；100m及以上的高层建筑连续布局3栋以上的，应有差值不少于25m的高度梯度。高层建筑面宽和建筑高度的比值采用1∶2.5～1∶3为宜。

在建筑形态控制方面，依据建筑所处位置控制高度、面宽、贴线率、通透率等。要求天际轮廓线应起伏有致，建筑界面应通透、留有视线通廊。按照建筑的不同高度控制其面宽（最大连续展开面宽的投影尺寸），如高度在24m以下，不得大于80m；高度在24～60m，不得大于70m；高度在60m以上，不得大于60m。

城市临街建筑的界面设计，要针对不同城市地段对面宽、退距等做出要求。按照贴线率控制，临城市主干路者应在80%以上；滨水、临山者控制在50%～80%。对于建筑高度在24m及以上的建筑物，其最大连续展开面宽的要求是，临城市主干路者不得大于其规划用地临路一侧宽度的60%；临江一线的，不得大于其规划用地临江一侧宽度的50%；临水、临山地区一线的，不得大于其规划用地临湖、临山一侧宽度的 50%。

外墙装饰材料选用上，鼓励采用福州本土生产的特色石材、青瓦。在色彩搭配上，首先要与自然山水的环境底色协调，其次以淡雅明朗的色调为主，相邻的同类功能建筑物应选择同一色系，一座建筑物的主要色彩不宜多于三种。位于山脚等低洼部位的建筑，还要考虑从俯视角度观察时，屋顶色彩应具有装饰点缀效果。

4.3.4 蜀风雅韵：成都

成都是有两千多年历史的国家历史文化名城，文化资源丰富，自然风景优雅，还是重要经济中心、科技创新中心。成都的城市规划中把风貌塑造和景观建设的特色定位于"蜀风雅韵、大气秀丽、国际时尚"的城市形象。

成都地处平原地带，自然山水是城市中的稀有资源，需要特别加以保护以改善城市生态景观风貌，规划划定了"三线"，以此为据对山体、水体、植被绿化等进行规划管控，并细化了山体保护范围内的禁止性规定，明确山前区域建筑高度控制要求，塑造和保护城市天际线和观山视域廊道。对于自然水体，保护河流的生态廊道功能是重点，为此划定了城市蓝线并细化保护范围内的禁止性规定，统筹岸线景观建设，明确滨水建设项目高度控制要求，强化河流水系管理和开发利用的风貌保护要求。

对于建筑的形象设计问题，在出让和划拨用地环节就明确了风貌管控要求。严格控制建筑高度、密度、体量、色彩等，保护重点地区天际轮廓线和重要观山视域廊道，依据总体城市设计中确定的城市色彩体系，强化既有建筑风貌整治和新建建筑风貌管控要求，在临街建筑尤其是公共建筑的外墙维护、改造时，规范了建筑外立面材料的色彩、品质，提升临街界面的风貌。

在人文景观、城市公共空间的建设或保护方面，细化了城市公园建设要求，以主要山脉、河流、湖泊以及历史遗迹等为载体，规划建设各类保护性公园；以城市中心、产业功能区中心等为依托，规划建设综合城市公园，在散布各处的居住区范围内，也科学合理地规划建设社区公园。通过以上措施，达到城市处处可见绿的目标。

精心设计的公共环境艺术品是提升城市风貌品质的有效手段。为此，要首先优化大型城市雕塑等艺术品的配置，明确规定在航站楼、火车站、用地面积一万平方米以上的广场和公园等场所应当配置公共环境艺术品，同时制定具体措施，明确公共环境艺术品的建设和管理要求，引导和规范建设项目配置公共环境艺术品。对其他景观环境如夜景照明、市政工程设施、公共服务设施、城市家具等，也有具体的风貌管控要求，在公共设施、管线的管理等方面也提出了配套处理措施。

最后，为强化城市风貌的管理和保护，在规划条件提出、工程设计方案审查等环节要加强对建筑形象、环境景观设计方面与城市风貌导则中的相应要求是否符合的审查，保障城市风貌规划得以切实贯彻。

4.4 城市风貌规划现状与反思

改革开放 40 多年来，我国的城市建设取得了巨大成就，新建了大量城市住宅，公共建筑类型也日渐丰富，城市功能更加完善，环境景观日新月异。但在城市快速发展过程中暴露出一些问题，比如追求空间和建筑形式"新、奇、怪"的倾向，被社会舆论诟病的"千城一面"现象，以及伴随着改革初期建设的建筑老化退役而来的旧建筑改造与保护等问题，成为当下在城乡风貌治理中迫切需要反思的方面。

4.4.1 城市风貌现状问题

随着城市生活水平提高，市民对城市环境、城市风貌等城市的外部形象及其品质也提出了更高的要求，迫切希望环境的美化。由此，城市风貌的改善与提升就成为大家都关注的话题，也是全国城市都面临的现实问题。对于大城市，因土地紧张，建设密集造成城市高度的无序发展，对于县城或小镇，因缺乏规划管控制度有力支撑，村民自建房等因素导致建设重数量、轻品质，导致城市形象不佳。上述现象已经构成了我国城市发展过程中"疑难杂症"，也是影响我国城镇化质量的突出问题。

根据住房城乡建设部对全国试点城市所做的调查情况来看，这些城市都曾经编制过风貌规划或做过城市设计，其城市规划主管部门对有关城市风貌的规划设计和实施管理工作应该是很有经验的。有系统编制的各种规划，加以严厉的行政管理，但对这些城市风貌的社会评价仍然免不了有"千城一面"的负面评价，这是一个令人困惑的现象。很多有出国经历的人的感受是国外似乎并没有我国那么严密完整的规划体系，对于城市风貌的行政管控也并不严厉，但城市风貌的实际效果却是不错的。如美国纽约市只有一部区划法条例来指导规划，休斯顿市没有地区性的法定规划，更没有风貌管控专项规划，旧金山市市区法规中也只有"城市设计导则"一部约束性手册。但是，这些城市的空间风貌却得到了全世界旅游者的赞叹 [17]。

那么，是不是我们的城市规划设计能力不足，需要再提升理论水平？还是我们对城市风貌内涵的理解有偏差、社会实际脱节，而导致结果难以落实？理解以下几方面差异也许有助于准确认识当前城市风貌现状问题的根源。

4.4.1.1　认识角度差异

从城乡规划学科自身的特色出发，规划编制者习惯于采用结构主义的方法去分析空间布局问题，用空间图表呈现分析结果和指导实施行为，城市风貌规划也是如此。很多风貌规划成果本身都是以"上帝视角"去观察城市，做出的理想化形式，规划设计的思路都是空间从大到小分层分级，用轴、带、节点、圈等抽象概念突出规划结构，将街道作为城市的骨架，以此为依托来塑造空间形态、城市特色。

很明显，规划师编制规划时的视角与市民观察城市风貌的视角存在极大不同，总览全局的规划和观察者在运动中的体验不是一回事。普通市民对城市风貌的感受来自于对各种现实场景的认知、理解后组合成的片段、模糊的印象，"×轴×带"这样的形象是规划设计者在图面上所强调的，与现实的城市形象相比，"轴""带""圈"这些结构性元素过于抽象，也难以划定明确的边界，是多数观察者既看不到也不能理解的城市空间结构。很多城市都按照这种抽象的形态来规划空间，在图面上看起来结构清晰可辨，主次分明，但市民对实际建成后的城市空间感受却并非如此。

以古代的北京城市风貌为例，北京的中轴线上分布着故宫和一系列重要的礼制建筑，其体量庞大，形制高级，色彩艳丽，而除此之外就是大面积的灰瓦顶的小型民居，散布在大大小小的胡同街巷之间，它们合在一起占到了城市用地总面积的一半以上。华丽的中轴线以胡同大院和居住小区的风貌为底得到衬托，才形成了梁思成所说的"都市计划中的无比杰作"。市民对北京城市风貌体验的主体恰恰是众多的胡同街道、居住区等，因为这些空间才是北京城市风貌的底色。

一般情况下，城市风貌规划都把作为空间结构骨架的"轴""带""圈"当成设计与管控的重点，而忽略对城市普通区域风貌的设计与管控。实际上，位于城市干道、广场等重点地段的建筑，由于其位置重要，事关城市形象，外观必然是经过精心设计且多方论证的，风貌不会差到哪里去。但是大量的一般城市地段、街区、建筑就难以受到如此重视，其外观风貌的问题不少。所以许多城市风貌规划的设计愿景很好，但忽视作为风貌底色的普通地段，结果就难以尽如人意了。实际上，相比于有限的结构化要素，让城市的普通地段风貌变得美起来，才能给观察者造成更加深刻的印象。就如北京，故宫、长安街的形象虽好，却只是城市的一小部分，不是整个城市。

4.4.1.2　管控重心偏差

结构化的图形表达方式造成了规划管控"抓重点"的惯性思维，但实际上，在风貌规划中强调的主轴线、核心区、历史文化区等这些城市"重点片区"，基本上都是一个城市的商业、文化等活动聚集的黄金地段，人气鼎盛、经济繁荣，是城市的视觉焦点，从事经营的业主们有极大的动力自发地提升其物业的品质，就算不严加控制，城市形象和风貌也不会太差。在商业逐利动机的推动之下，如今国内各大城市和国外大城市相对比，其中心区风貌差距并不大，甚至有的城市已超过国外，但在其他不是重点的城市普通区域，风貌感受就差了。

所以，从这个角度看，恰恰是这些通常被认为是非重点的地区才是决定城市风貌感受的关键，当前把城市风貌管控的重心过分偏向于核心区的做法应该修正。

另外，城市规划编制中，影响地块开发的因素极其复杂，规划师无法精确测量计算，诸如建筑高度、密度等控制性数据多源于经验判断，作为依据的科学性不足。在规划现实中，某个地块的容积率控制与建筑高度限值之间的对应关系也常有不能闭合的问题，即按照政府部门给的规划技术条件规定中的建筑高度限值设计，对应的地块容积率却无法达到规划上限值。在各种因素影响下，开发商为了做足容积率，会找各种理由来突破限高规定，而由于规划条件限值的科学性不足，规划管理部门在技术上也很难给出有力的反驳，很多时候被迫妥协，从而使得风貌规划落空 [17]。

建筑密度、高度、容积率等众多的规划指标，不管采用哪种或者其组合来控制城市风貌，都无法脱离开我国的土地所有制、城市建设制度（如法定的日照保证时数等）这样的国情现实，不能与社会制度不同的国家地区简单类比。因此，要把城市风貌设计好、管控好，要深刻理解国家的有关法规、制度，并认识到在当前的制度安排下，会出现哪些不以个人意志为转移的结果，从而制定切实可行的管控策略。

4.4.2 城市风貌问题的根源

4.4.2.1 规划指标管控方式

我国实行土地的社会主义公有制，城市土地基本由城市政府处置，所以开发项目地块几乎动辄几十公顷，与其对应的规划控制指标也是针对整个地块，限高能控制高度，但却控制不了高度组合方式。所以，在中国各个城市，不约而同地出现了采取"高低配"组团模式来开发大地块的设计方案，如某城市地铁站前地块竟然出现了别墅，但却是符合地块规划控制要求的，这种品质不高却合法的规划设计方案使政府部门很难管控（图4-12）[17]。

相比之下，国外很多城市实行土地私有制，开发地块规模很小，不需要以地块为控制目标而是直接控制建筑形态，就极少出现类似问题。

"高低配"式的楼盘规划布局形成的城市风貌明显不佳，其原因就是对大面积地块进行整体限高。实际上，既要控制整个地块的高度，同时还要其风貌也合理，规划管理部门就只好为规划技术条件再打政策补丁。可现实情况千变万化，为了得到"理想的"城市风貌，规划管理部门不停地打补丁，规划的科学性、严肃性都成了问题。要从根本上改变这种情况，就必须从地块规模入手，把大面积地块切分为小地块，把规划指标管控直接落实到单个建筑上去。

4.4.2.2 法定的日照间距

对比城市的简化总平面图可以发现，欧洲、美国的城市肌理细密、紧凑，除了街道、广场外就是建筑，建筑之间的距离很小，几乎没有开阔的空地，高层建筑也集中在中心地带。而我国城市在近几十年来发展起来的区域，其肌理都表现为沿城市道路的松散的行列式，有明显的共同朝向，建筑之间留有大片空地，高层建筑则在大范围内呈现散点分布。这两种城市肌理的差异很大，很易辨识（图4-13，图4-14）[18]。

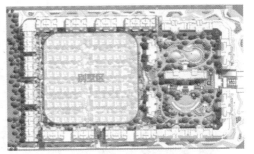

图 4-12 全国各地的"高低配"楼盘规划

图 4-13 欧美城市肌理

图 4-14 中国城市肌理

造成这种差别的原因就在于，在我国城市规划法规中通过设置强制性条款来确保住宅等建筑类型的最低日照（以冬至日或大寒日的有效日照时数为判定标准，见《城市居住区规划设计标准》）。为了满足法律规定，中国城市中的各种住区的总平面布局都要按日照间距留出足够的空间，建筑的排列就自然表现为以行列式为主流的形态。实际上，在建筑密度、容积率和建筑高度、日照标准都有明确的限定的条件下，住区空间布局的解决方案几乎是唯一的，都会变成"兵营式"，这不会因设计者不同而有重大区别，住区形象的区别主要表现在立面设计手法、材质配色等的不一样。

进一步来看，特定的土地制度与城市建设法规导致了特定城市风貌的形成，二者之间的因果关系直接、单一，这种直接的因果关系甚至不会因为城市处于不同的国家或不同的民族、文化背景下而发生改变。最好的案例如东西柏林，东柏林的城市风貌和我国城市类似，而西柏林却都是欧洲小住宅的风貌特征（图 4-15）[17,19]。

图 4-15 东西柏林的城市风貌差异

4.4.3 正确认识城市风貌

4.4.3.1 反思"千城一面"现象

从很多新闻媒体的报道上看，社会各界人士甚至很多从事城乡规划专业工作的技术人员、官员，在谈到对当前中国城市风貌的印象时，经常用"千城一面"

或"千楼一面""火柴盒""兵营式"等很明显的负面评价用词来表达自己的看法。实际上，不同人从不同角度来观察城市，对其形象的评价应当是有差异的，但这些负面评价用词在社会上的广泛流传，表明很多人已经接受了这种评价。但是，有多少人能说得出"千城一面"或"千楼一面"的确切内涵呢？从学术上也难以找到准确的定义。所以在分析以"千城一面"为特征的城市风貌问题之前，需要对其含义有所解释。

虽然难有公认的、准确的定义，但联系"千城一面"或"千楼一面"这些用词出现的语境来分析，其含义通常包含以下几方面内容：

城市或建筑外观没有鲜明的、突出的个性特征，识别度不高或配色纷杂混乱等；

总图布局如街道、住区等采用了行列式、兵营式这种"单调、呆板"的组合方式；

为数众多的普通建筑在外观上表现出的火柴盒外形、平直且无装饰的水泥墙面、无变化的屋顶天际线等，而且彼此外形相似；

……

在这些含义中，最普遍的理解是指城市和建筑在外观形态上的类似、个性特征不突出，可识别性不强。那么我们的城市风貌实际情况是否如媒体报道的那样，是"千城一面"或"千楼一面"？如果存在这个问题，又如何解决？

对此，需要从横向和纵向两个维度来加以比较说明。从横向看，世界上的其他城市比如在美国、加拿大等发达国家，其城市的"千城一面"，建筑的"千楼一面"从某种程度上看也非常普遍。图4-16所示的城市街景照片分别来自于华盛顿、旧金山、迈阿密、洛杉矶、加拿大温哥华，可以看出几个城市的街道两侧建筑风貌几乎难以区分。在欧洲，不同国家、不同城市间的街景风貌差异也并不大，如图4-17所示的城市街景照片分别来自于德国、意大利、法国、英国等不同国家的城市，其城市形象、建筑风格也非常相似，不特意说明几乎无法区分。

回到国内来看，人们普遍认可的城市风貌优秀案例如北京（老城）、苏州、平遥、丽江等，也无一不是认可其遗存的古旧建筑、城区的风貌。而中国古代建筑，从官式建筑到普通民居，建筑风格差异并不大，与现代建筑相比，这些城市的形象显然也是"千城一面"的。但是社会舆论在评价欧洲城市、中国古代城市遗存时则并不认为它们是"千城一面"，这种"厚古非今"的意见其实是一种选择性无视的"偏见"。

图 4-16　华盛顿、旧金山、迈阿密、洛杉矶、温哥华街景

图 4-17　欧洲城市街景

　　那些对"千城一面"现象提出批判意见的人，也许在他们心目中认为城市风貌的理想状态应当是"一城一面"或"一城多面"，但城市发展的历史证明这是

不可能的。因为城市空间形态是环境、气候与技术、人文因素互相作用的结果，城市风貌更是由多种深层结构共同作用、交织形成的。片面强调城市形态的人不自觉地认为存在物质空间环境的"理想状态"，按理想去规划设计就能带来好的城市形象，进而带来好的生活，产生社会和经济效益，这是一种误解。实际上城市空间形态的形成是历史的、动态的过程，后代对前代的建设遗产有继承有废除，城市环境是经过一代代建设成果的更替、叠加而成，因此不能机械看待城市空间形态与政治、经济、文化的关系，更不能假设一个"理想状态"的城市风貌模式，并将其作为固化的目标来实现。在现实生活中，一些形式主义的规划设计从纸面看可能理论依据充分，外观形式醒目，体现了理想的风貌，但建造出来的结果却很可能是空荡的街道、凋零的商业和毫无生气的城市生活，国内外不乏这样的失败案例。

以巴西利亚和印度昌迪加尔为例，这两个城市都是按照当时人们心目中的"理想城市"模式来设计的，表现为以方格网道路承载快速机动交通、功能分区单纯明确和以高层建筑为主体、层级分明的大面积绿地为特征的现代化城市格局和形象。但城市建成后几十年的现实表明，其基于单一功能主义的规划设计过分强调形式、构图等的理想化，却忽视了城市居民多样和复杂的需求，在塑造具有人性尺度的城市空间、创造有活力的城市氛围、便利的生活与交往等方面令人失望，评论家甚至将其视为"失败的城市规划"的典型案例，引发了不少反思。

从纵向的、历史的视角看，不难发现我国的城市建设进展最迅猛、建设量最大的时期都集中在改革开放后，尤其是20世纪90年代以后的30年间。而在这段时间里，从生活方式来看，经济全球化的背景促使世界各地文化日益趋同，中国也不例外；从技术进步层面来看，建造技术、建筑材料的变化都不明显（钢、玻璃、混凝土的历史已经有200多年了）；就建筑设计理论而言，现代主义建筑以功能决定外形设计的理论基础并没有出现颠覆性变革。所以，在此期间迅速发展起来的城市及其建筑，基于相同的技术经济基础、相似的社会生活方式，产生了彼此类似的城市风貌，这是生产、生活方式形成的市场力量塑造社会生活环境，也是人类历史发展的必然结果。实际上，从19世纪后半叶开始，美国各大城市在迅速的开发建设中，情况也相同。

当前，各个城市都处在经济全球化的潮流中，城市中生活方式日渐趋同，文化、信息交流频繁。在这样的现实情况下，具有鲜明本土特色的城市风貌必然走向没落，能够保护下现存的特色，使其不至于消亡已是不易，要想再规模扩张就更不可能了。强行建设也并无意义，因为新建出来的从本质上说就是"假古董"，没有原真性、也没有携带个体独有的历史信息。

中国传统文化植根于农耕社会的生产和生活方式，并由此产生了传统的城市风貌，历史久远。但当今社会的生产生活方式已经发生了彻底改变，传统文化与现代生活需要有一定的矛盾，需要现代人协调二者的关系，在此消彼长中寻求动态平衡。将本土特色与现代风格结合，以创新方式实现现代建筑的本土化，这是在中国特色社会主义理论下的城市建设的必经之路。这也是一个城市规划的决策者、建筑设计者甚至作为旁观者的普通市民互相协商、沟通并达成共识的过程。城市风貌特色的营造无疑是城市治理中的价值取向选择，从满足人民对美好生活的愿望这个意义来看，取向本土或非本土都不重要，只要是能够给城市带来经济社会繁荣和文化自信进步，那就是我们所需要的好的城市形象。从事城市规划设计的专业技术人员要以城市发展的客观规律作为判断标准，不能盲目追随社会舆论，随意地贴"千城一面"这样的标签。

4.4.3.2　理解国情现实

自鸦片战争以来的中国近代历史告诉我们，只有社会主义才能救中国，才能把中国建设成为富强的现代化国家。中华人民共和国成立后，全国人民对中国的经济建设进行了长期反复的探索，教训和经验都十分深刻，最后确定了改革开放的基本国策，取得了举世瞩目的重大成就，中国由此成功地走出了一条中国特色社会主义道路。

中国特色社会主义源于马克思恩格斯创立的科学社会主义，其基本原则包括在生产资料公有制为主体的基础上组织社会化生产，政府对经济建设进行一定的指导和调节，按照按劳分配原则来分配社会产品等，并通过宪法明确规定了国家坚持公有制的主体地位和按劳分配的基本原则。

在公有制制度中，最基本和核心的即为土地国有和集体所有制。《中华人民共和国土地管理法》第二条规定"中华人民共和国实行土地的社会主义公有制，即全民所有制和劳动群众集体所有制。全民所有，即国家所有土地的所有权由国务院代表国家行使。任何单位和个人不得侵占、买卖或者以其他形式非法转让土地。土地使用权可以依法转让。"这一制度与全世界大多数国家，尤其是基于西方政治制度的国家，确实很不一样，这种差异自然也会表现在城市建设活动中。

正如中国选择的社会主义道路是人类历史上前所未有的实践一样，中国的城市建设也是基于特殊的国情条件进行的，这也是准确理解中国的城市规划、风貌设计的前提。何况，中国还有城市人口密集、人多地少、城市基层组织"居委会"、历史悠久的"大院文化"等西方城市建设中完全没有的特点。因此，在对比中西方两种截然不同政治制度下的城市建设时，应该认识到其城市风貌特色类似的程度，从概率上说，要远小于其差异的程度。

党的十九大报告提出，全党要坚定道路自信、理论自信、制度自信以及文化自信。习近平主席在会见外宾时曾经多次谈到，中国有漫长的文明史且是唯一的文明没中断的国家，从古代传下来的一些优秀文化传统，至今我们还坚持认同。中华五千年的文明史，生生不息，也就决定了我们的道路、制度、价值观等跟其他国家不一样[20]。这是一个政治家对民族文化的深刻认识。如果回到城市建设史来看，回溯到唐长安、北宋汴梁、元大都等城市，其人口规模、市民生活品质、城市文化远胜于西方世界同时代的城市，是古代都城建设的辉煌范例，保持自信显然是有理由的。

基于上述认识，我们对自己城市建设中所表现出来的、与西方文化下的不一致的特殊城市风貌，首先应当理解其必然性的一面，其次还应该自信一点，不能认为现在的城市都是问题，想象把现有的城市面貌"推倒重来"，再去接近别人的特色。

当然，西方文化下的城市风貌有其值得学习的方面，中国的城市风貌也确有可以提升改善之处，但也并非一无是处。何况，借鉴人类文化共同的优秀遗产，比如引入"小街区""城市设计"等规划制度和居民社区"共同缔造"等组织形式，即便是在技术层面上探索、尝试，做得好，也确实可以明显改进我们的城市面貌。如厦门曾厝垵片区城市风貌改善提升就是一个较为成功的案例。

曾厝垵片区位于厦门本岛最南端，片区内现有 8 个村落，户籍人口近 4200人，1310 户，面积 354 公顷。2003 年，原曾厝垵村委会实现了"村改居"的转变，成功转型为城市社区，但其特殊之处是土地性质仍属于集体所有，这为渔村的发展留出了灵活空间。2009 年，随着社交媒体的发展，其独特的经营模式在网上大热，成为"网红打卡地"。从名不见经传的小渔村，迅速发展为旅游胜地，靠的是城市规划和社区组织上的创新。厦门市思明区发动公众广泛参与到曾厝垵提升改造的过程中来，共同探索城中村改造、社会治理的好模式。

在政府的引导下，借助香港理工大学、中山大学、厦门大学组成的"工作坊"团队的专业力量，突出了"用户自治"的工作方式，住户参与曾厝垵空间环境整治，大家出谋献策，为提升曾厝垵文创村空间环境提供了具体可操作的建议，对曾厝垵未来的发展形成了很好的愿景和引导。规划设计前经过实地调研，多次征集公众意见，反复完善修改。重点是入口界面的整体规划及建筑设计，以村口的古庙福海宫为起点和参照，巧妙利用 4 幢新建建筑，将福海宫和已有的海鲜排档所形成的沿路立面补齐，塑造出具有闽南地域元素标识性的入口界面（图 4-18）[21]。

曾厝垵空间环境整治不是简单的改造工程，是由政府组织，市民主动参与规划的共同缔造。规划理念、解决方案集合了群众智慧，实施很顺利。建成后迅速吸引了大量餐饮、购物人流，真正意义上带动了曾厝垵井喷式的高速发展。

4.4.3.3 管控建筑风貌

在我国，城市土地为国家所有，不允许个人拥有土地所有权。在土地公有制的基础上，可用于城市建设的地块规模远比土地私有制度下要大。所以，类似曾厝垵的城市风貌、建筑形态在我国城市是极少数，不可能大量出现。从全世界来看，大多数国家都是私人自建住宅为主流，市民就是城市建设的业主单位，风貌管理可以直接落实到户，易于形成一致的风貌。而我国实行社会主义土地公有制，采用"统规统建"方式来解决国民住房问题，并制定了配套法律规定确保市民拥有相对公平的居住环境条件，比如居住区规划设计必须要保障住户享有合理的阳光权，这是法律的强制规定，也是城市建设的基础性条件。居住区形态是城市风貌的基础，日照间距的规定使东西朝向无法充分利用，我国城市中的居住区就不太可能出现欧洲城市中的围合式街坊风貌，而不可避免会出现"千篇一律"的行列式空间形态，呈现"兵营式"效果，这是中国城市形象与别国不同的基本原因[17]。

但与此同时，欧洲、日本的很多城市在城市风貌规划、管控的实际成效、市民满意度方面，依然有值得中国城市参考的工作方法，学习和借鉴一些风貌管控的成功经验也是有可能的，比如合理确定城市风貌管控对象的规模以取得效果。

图 4-18　厦门曾厝垵城市风貌

以日本为例，城市规划的管理对象是私人宅地，规模不大，规划也只控制容积率指标，按照规定的容积率建造的住宅普遍在 2～3 层高，称为"一户建"。由于私人宅地面积足够小，城市风貌管控实际上就容易落实到建筑本身，这种情况与我国乡村的农户自建房类似，居民在各自的宅基地上，规划可以直接管到单个建筑，能够收到很好的效果。厦门市在曾厝垵按照这种模式，即以户为单位进行建筑形象的管控，也达到了类似日本城市的街景效果。

从前述分析可知，以建筑为对象进行管控是可以改善城市风貌的。从国外经验来看，法国巴黎在 19 世纪推动的奥斯曼"城市美化"运动就是成功案例，这个运动就是通过对一栋栋建筑（而非地块）的改造而形成了今日巴黎城市风貌的基本面。我国当今正在大力推进的"城市双修"运动,以专项城市设计为改造的手段,其基本思路与奥斯曼"城市美化"运动在效果上是相似的。

近年来,当中国的城市化进入提质增效阶段后,城市的风貌问题是从中央领导到普通市民都非常关注的。因此,城市设计在 2015 年底被提升到前所未有的高度,中央城市工作会议提出"要加强城市设计,提倡城市修补,加强控制性详细规划的公开性和强制性。要加强对城市的空间立体性、平面协调性、风貌整体性、文脉延续性等方面的规划和管控,留住城市特有的地域环境、文化特色、建筑风格等基因。""城市双修"中的一项重要工作就是"用更新织补的理念,拆除违章建筑,修复城市设施、空间环境、景观风貌,提升城市特色和活力。"2017年 6 月,住房城乡建设部颁布《城市设计管理办法》,可以视为城市风貌管控工作切实可行的工作方向。

4.5 经济全球化下的城市建设

伴随着中国城市化进程的是一个以"经济全球化、信息全流通"为特征的国际环境,探讨城市建设问题也要在这一宏观背景下展开。

对于经济全球化的定义,国际货币基金组织(IMF)认为:"经济全球化是指跨国商品与服务贸易及资本流动规模和形式的增加,以及技术的广泛迅速传播使世界各国经济的相互依赖性增强"。而经济合作与发展组织(OECD)认为,"经济全球化可以被看作一种过程,在这个过程中,经济、市场、技术与通讯形式都越来越具有全球特征,民族性和地方性在减少"。从根源上说,经济全球化是随着生产力和国际分工的高度发展,要求贸易、投资、金融、生产等活动跨越民族和国家疆界的产物,即生产要素在全球范围内进行配置达到最佳效率的结果。

从历史发展来看,经济全球化古已有之,其进程可以追溯到 15 世纪末哥伦布发现美洲大陆,迄今已经历了 500 多年的时间。

15 世纪末至 16 世纪前半叶,地理大发现打通了世界各国、各地区交往的通道,西欧国家在世界各地建立殖民地,为经济全球化打下了基础。18 世纪中后期,以英国为中心的第一次工业革命波及欧美国家,大量廉价的、过剩的工业产品涌向世界各地,推进了国际分工和世界市场的形成,促进了经济全球化的发展。

19 世纪后半叶至 20 世纪初的半个世纪是经济全球化发展最快速的时期,西方发达国家在这一时期发生了第二次工业革命,从蒸汽机时代进入电气化时代,西方列强凭借工业优势在世界范围内进行殖民扩张和直接投资,标志着经济全球化进入了新阶段。在此期间,尽管发生了如两次世界大战、经济大萧条等重大挫折，打乱了原有的节奏，但是经济全球化进程并未因此停止。

到 20 世纪 90 年代初苏联解体、东欧剧变，经济全球化程度更进一步，以微电子、生物工程的大发展为标志的科技革命进一步深入发展，西方发达国家开始从工业社会向信息社会转变，世界经济融合程度空前提高，市场经济成为涵盖整个世界的经济体制。以信息技术革命为核心的第三次工业革命已经使人类生活在一个"地球村"，世界经济运行日益规范化和规则化，实现了物流、资金流、信息流和知识流全球畅通。目前人工智能、大数据等新一轮科技革命还在继续推动经济全球化的发展。

中国自从加入 WTO 以后，国内的经济发展已经深刻地与世界融为一体，并因此而迅速成长为世界第二大经济体，可以说中国的发展已经与世界保持同步。在世界经济复苏困难，并面临以英国脱欧、特朗普发动中美贸易战为标志的"逆全球化"挑战，经济全球化进程受到质疑之时，中国最高决策层仍然坚定地推行"一带一路"的国家战略。习近平同志在党的十九大报告中仍然强调要"坚持社会主义市场经济改革方向，加快完善社会主义市场经济体制""要坚决破除制约使市场在资源配置中起决定性作用、更好发挥政府作用的体制机制弊端"[22]。

城市是人类经济、社会生活的主要载体，其发展方向必然被全球化的大趋势所塑造，中国城市的风貌、建筑风格也无法摆脱全球化的影响。参与城市建设的专业工作者应当正确认识和适应这一背景，并力求与地方实际相结合，创造出美好的城市环境。

4.6 建筑风格的同化与异化

在世界建筑历史上，随着各民族间不断的文化交流，各种建筑风格、形式之间也逐渐相互影响，最后呈现出一定程度的趋同现象。

4.6.1 建筑风格的同化

中国古代木结构建筑对于东南亚地区建筑风格的影响自不必说，西方建筑风格的演化也同样如此。希腊化时期地中海沿岸的殖民和罗马帝国的扩张，都使得希腊和罗马的建筑文化广泛传播，成为欧洲古典建筑风格的源头，也使得整个欧洲的建筑风格有一定的同质性，后来的哥特式、文艺复兴、巴洛克等建筑风格也都在欧洲范围内广泛流传。

19 世纪中叶之后，欧洲古典建筑风格伴随殖民侵略活动向世界各地输出。西洋建筑形式、风格也在近代进入中国众多沿海、沿江城市甚至部分内陆城市，虽然伴随着掠夺、战争的文化传播在当时给接受地区造成了很大痛苦，但如今这些

"殖民地风格"的建筑遗迹已经成为一些城市如上海、天津、青岛等的文化遗产，被当地人倍加珍视。当初被强迫接受的异质文化，在历史发展中也逐渐被吸纳、改造，成为了本地文化的一部分，这是建筑风格同化的结果。

对于中国来说，自鸦片战争之后，国家长时期的落后、屈辱，使人们习惯了接受"西风东渐"的改造，却忘记了文化的交流从来都是双向的——中国文化也曾经影响过欧洲。

17至18世纪，在欧洲文化史上曾经有过"中国热"，就是因为当时中国的瓷器、壁纸、刺绣、服装、家具、建筑等风靡了以英国和法国为代表的欧洲国家，欧洲各国自主地引入了中国风格的园林和建筑。短短几十年间，在欧洲各国建造了不少中国风格的建筑，甚至为此造出了chinoiserie（中国风）这样一个新词。中国风格的园林深刻影响了欧洲的造园艺术，使之发生了巨大的变化，著名的英国皇家植物园林——邱园及其中的各种中国风格建筑自不必说，欧洲的城市中也出现了一些充满异域风情的中国风格建筑（图4-19～图4-21）[23]。这种现象与近些年来在中国内地城市中"欧式"风格建筑的流行一时也颇有类似之处。

图4-19　法国卡桑城堡的中国亭

图4-20　斯德哥尔摩卓宁霍姆宫中国楼

图4-21　比利时家皇家博物馆中国馆

进入20世纪，在人类工业革命完成后的全球化潮流中，现代建筑运动是一次建筑风格的重大革命。适用于机器大生产的一整套技术和美学体系迅速地传遍了全球，形成了所谓的"国际式"风格，也造就了今日世界大多数城市风貌的基础。随着"国际式"风格由兴盛到泛滥，20世纪中叶逐渐出现对"国际式"建筑的反思，许多建筑师也各自有了不同的风格和立场，甚至如20世纪60年代后期出现的后现代主义，以否定、颠覆现代主义建筑审美观念的为主要思想，建筑风格走向多元化。

4.6.2 建筑风格的异化

在审美观念多样化的时代背景下，从前在全球流行的单一的"国际式"建筑风格走向没落，多元化的建筑风格兴起，不同的建筑风格各有其鲜明的美学特征。在高度专业化市场的支持下，各种成熟的风格成为面向不同项目的类型化解决方案，如可选择以KPF样式或HI-TECH为特征的风格来设计高层商业建筑，可选择以Art Deco为特征的风格来设计高层住宅，可以选择以非线性造型为特征的参数化设计方法来设计大型交通、文化建筑等。在世界范围内的不同项目，都可以看到这种类型化的流行，相比于旧的"国际式"风格，这种潮流或可称之为新的"多元国际式"风格 [17]。

在新的"多元国际式"风格中，"地方性"或"在地化"风格是广受重视的一种取向。但在经济全球化大趋势下，这实际上是在现代主义建筑设计的普遍原理基础上对个性化特征的强调和突出，而个性化特征则根源于地方性的类型、材质、建构等手法，"地方性"特色因此成为一种主动的、有意识的审美追求。但一些限于一时一地，与特定地域、特定文化相伴而生的"地域性"特色，在经济全球化的影响下，却逐渐流布于世界范围内，"地方性"建筑风格异化为了一种新的"国际式"风格，这是很多提倡本土特色的人未曾想到的。明显的事例如一些被称为地域主义倾向的建筑师，在其业务市场全球化时也会将其地域性特色推向"全球化"。

例如瑞士建筑师博塔（Mario Botta），他的设计语言源于家乡瑞士的本土建筑传统，如砌筑红砖、对称构图手法、限定的长方形广场、横线条的半环形或圆筒体等。他的建筑作品经常用这些手法来表达纪念性主题，形成了自己个性化的风格。当他以此成为知名建筑师后，就把这一标签似的手法组合和建筑风格也输出到世界各地不同的建筑项目上去，如图4-22所示的瑞士莫格诺小教堂、韩国三星Leeum美术馆、旧金山现代艺术博物馆。他设计的小教堂地处瑞士，其手法自然是地方传统文化的表现，但在旧金山现代艺术博物馆、韩国美术馆的设计也基本上照搬了瑞士风格的材料、色彩和细部惯用做法，这在旧金山、韩国的现代化城市中显然失去了其地域性的依据。建筑师习惯性的地域主义设计思想，导致了反地域性的结果[24]。

从建筑风格发展历史的角度来看，提出"地方性"或"在地化"设计理论是对"国际式"风格无视地域差异的反对。从建筑师个人对设计创作方向的判断和选择来看，都希望建筑作品能够凸显自己的理想或个性，没有人愿意自己的设计与别人的设计混同为一体，所以追求建筑风格的个性化、多样化是他们的职业习惯甚至偏好。为了达到"于此时此地，惟此物而已"的理想效果，"后现代主义""地域主义"等设计理论也应运而生。在这些鼓励个性创作的理论支持下，作为个体的建筑在形式上变得更加丰富多彩，这本身既无可非议也难以阻挡。但是从城市的角度看，正是这种几乎所有建筑个体都追求"个性化""多元化"的趋同倾向，一方面使得建筑形象杂乱无章，在城市整体层面上表现为建筑风格的"异化"，城市风貌也因此变得混乱无序；另一方面是在不同地域频繁出现近乎相同的建筑风格，城市变得面貌日益相似，造成了人们时常抱怨的"千城一面"现象。

图 4-22 博塔的"地域主义"风格建筑

建筑物是城市的细胞，其形象是构成城市特色的最重要部分，因而建筑形式与风格是城市特色塑造的主要内容。而当今中国城市的建筑形式与风格，是在多方面的力量的互相博弈和影响下形成的。如今，中国的城市开发建设越来越多地表现为房地产资本运作下的商业开发，房地产资本的审美倾向在很大程度上决定了商业开发项目的形式与风格。此外，随着公民民主意识的觉醒、参政议政热情的提高以及依靠网络技术参政门槛的日益降低，市民对自己身边的城市环境必将越来越多地发出自己的声音，进而影响到城市的面貌。

对于城市环境来说，不管一个单体建筑的形式与风格选择什么样的方向，由谁来评价，都要意识到，建筑不仅仅是建筑本身，要从城市整体的角度来思考问题。对于城市风貌的塑造来说，个体建筑在形式风格上的"同化"或"异化"都是可能的解决方案，但如何选择最终要取决于其与城市环境之间的对话关系。城市规划行政主管机关对城市风貌的管控负有主要责任，理应当协调参与各方的关系，其决策应在市场选择、公众舆论与专业价值间寻求平衡而不偏向一方。

4.7 历史与现代的关系

目前，人们已普遍认识到，在城市建设中应当保护具有较高文化价值的历史街区或建筑。不仅从事规划设计的专业人员会谨慎对待，而且行政机关在审批程序上也有相应的审察环节。对于保护级别较高的对象，社会各方都会很重视，其保护方案也会经过多轮协商，最后取得一致意见。但是，在城市规划实践中，遇到更多的情况是：在部分地段中存在一些老旧建筑或遗迹，但其历史文化价值的高低、是否应当保护或如何保护等却没有定论。在这样的地段进行城市建设，如何处置老旧建筑与新建筑之间的关系，没有专项研究做基础，是很难做出准确评估的。在工程实践中常见的现象是，规划设计者、行政主管机关的技术人员极易受到"保护历史文化""延续历史文脉"这种含糊说法的影响，用"和谐、统一"这种内涵宽泛、所指不明的标准作为处理二者关系的依据，最后结果几乎都是新建筑在形象上必须模仿老旧建筑，否则就是"不和谐、不统一"。

这实际上是把保护和建设对立了起来，似乎谈开发建设就是破坏，而保护的做法最好就是原封不动。这种观点似是而非，忽略了即便是"保护"也有不同的处理方式，而城市要发展就需要进行环境整治，一些适应时代发展需要的新要素引入是必要的。需要打破"协调、统一"等常规认识，拓宽思路，接纳更多、更新的设计手段，才能创造出好的建筑形象和城市风貌。

对于城市中具有一定历史文化特征的环境要素，应评估其形态是否仍具备原真性特色，其历史文化信息是否仍然保留、价值几何；应评估其是否值得保护以及新功能和现代元素的介入是否破坏了本区域的风貌特征，这是在处理好老旧建筑和新建筑关系的前提条件。在历史地段中引入现代元素，并使之维持良好对话关系的途径很多，可以通过对建筑形体、比例、尺度细节的模拟、类比等方法，使新与旧、传统风貌与现代元素产生某种相似性，至少不产生冲突，才可被社会接受。

著名的建筑师迈耶设计的乌尔姆市展览馆（图 4-23），是一个以形象反差求文化共生的典型案例。他将现代建筑与历史建筑并置一处，在古老的城市中心创造了新景观。该项目处在一个建筑含有历史信息的城市地段中，但并非关键节点，其选址距离被誉为"上帝的手指"、世界第一高的哥特式教堂——乌尔姆敏斯特大教堂和乌尔姆市政厅很近。新建筑的总体形态是现代风格的，与传统样式没有任何相似，也并不刻意加装饰，但新建筑的屋顶模拟、类比了该片区的传统建筑标志性元素——高耸的双坡屋顶。为避免屋顶体量过大，把整个屋顶分解为三个小坡屋顶再加以组合，以便与周边建筑相适应。新建筑的屋顶设计为玻璃材质，使体验者可以从室内看到乌尔姆敏斯特教堂，即历史与现代有了视线上的贯通与联络。

图 4-23　历史环境中的乌尔姆市展览馆

　　另外一个案例是大卫·齐普菲尔德（David Chipperfield）设计的柏林博物馆岛上的 James-Simon 画廊（图 4-24）[25]。该画廊在地面上与佩加蒙博物馆连接，在地下，画廊通过地下室的考古长廊与柏林新博物馆连为一体，是很典型的新旧建筑相邻问题。设计方案在体量和比例上主动地与周边古典建筑风格保持一致，并提取了希腊神庙的列柱围廊这一典型的古典立面构图元素，用现代设计手法重新加以塑造，以"缝合"街区的方式诠释"新与旧"的关系并融入环境之中。材料选择上，将重建石材与天然石材混合，石灰石与砂岩打造外立面，而室内空间则选用了光滑的现浇混凝土。综合了上述设计手段，画廊本身既保持了现代简洁的时代属性，又很好地回应了历史文脉。

图 4-24　柏林博物馆岛的 James-Simon 画廊

　　由美国建筑师罗伯特·文丘里和丹尼斯·斯科特·布朗设计的英国国家美术馆塞恩斯伯里翼楼，2016 年获得了美国建筑师协会"25 周年金牌奖"。2018 年 5 月，塞恩斯伯里翼楼被正式列入到"英国国家遗产名录"，并作为一级建筑被保护（图 4-25）。它在入选时得到的评价是"是一个高度个性化的建筑设计……展示了两位建筑师对现代条件复杂、但是有讽刺意味的认知，他们彻底重新探索了古典建筑给出的规制。"[26]

　　该建筑位于伦敦市的特拉法加广场，旁边就是国家美术馆旧址，它是在 1830 年由建筑师威廉·威尔金斯（William Wilkins）设计，有着 19 世纪新古典主义的建筑风格。扩建项目采用"相似调和"手法，在新建筑上仿制原有建筑风格符号，与原址产生相似效果。面对特拉法加广场的立面形式、尺度、肌理上均与旧馆呼应，也使用同比例的科林斯柱式，使旧馆立面在视觉上延续不断。但是，在另一侧面，新馆的立面则是现代主义的釉面墙、多色的铸铁柱等，与所面临的街道呼应。

图 4-25　英国国家美术馆塞恩斯伯里翼楼

此外，还有强调对立、反差，采用当代材料、构成方式、美学特征与旧建筑形成鲜明对比的设计方法。新旧对比在某种程度上保护了旧史料的原真性与可读性，使人对旧的历史文化氛围有更强烈的感受。新旧对比可以在几何形体、材料、色彩、尺度、结构技术等多样化的层面上展开。如法国巴黎的"新卢浮宫"，就采用了新旧对立的设计理念，建筑师在四面围合的院内设计了一个十分显眼、风格非常现代的玻璃金字塔，与周边古典主义建筑形成了简单几何形体与复杂体型、光洁玻璃与粗糙砖石的强烈对比，体现出传统与现代在空间和时间上的距离感。

从上述著名的建筑案例可以看出，在具有一定历史文化特征的城市地段甚至是在历史文化建筑旁边的新建筑，也有多种不同的方式来处理二者之间的关系，新建筑外形也有多种设计手法，也能够取得好的效果，得到社会普遍认可。所谓

"和谐、统一"这样语义模糊的设计原则既不能适用于所有场合，也不意味着新建筑外形一定非要与老旧建筑相同或非要拼贴一些明显的文化符号。单纯在外形上模拟旧建筑的思路是对继承和延续历史文脉的很片面、狭隘的理解，并不利于良好城市风貌的塑造。

4.8　公众参与城市风貌规划

中国的城市化进程已经进入稳定期，提升城市环境品质的工作十分重要，这需要精细化管理，更要考虑到市民真正的生活需求和心理感受。但我国城市规划中的公众参与环节显得很薄弱，尤其是对于大量中小城市，要在技术性内容较多的城市风貌规划与设计中推行公众参与更有难度。为此，可以从公众对城市形象塑造的意愿和公众对城市规划政策感知程度的调查工作开始，进而开展城市风貌设计策略的公众咨询，再求提高公众参与的深度和广度。

4.8.1　国外实践与经验

行之有效的城市风貌规划设计成果源自设计者对于城市的自然、社会、历史和文化等要素特征的深刻理解，其设计策略应当既要分析自然环境条件和建成环境特征，又要调查公众意愿、分析广大公众的认可程度和感知效果。

为了保证城市设计的实施，在发达国家和地区，会在规划申请之前设置一个非正式磋商（pre-application consultation）环节，有助于规划管理机构和开发者达成共识。为了使开发者以及一般公众都能够理解城市设计的控制意图，城市设计导则会用图文并茂的形式给出相应的解释、建议和示例。

如在美国的波特兰，为了有效地实施 1988 年的中心城区规划，特意编制了"开发者指南（Developers Handbook）"，以易于理解的图文并茂形式，解释各种规划、政策和法规，建议如何应对设计导则，特别强调了满足设计导则具有多种可能对策，鼓励富有想象力的设计方案，而不是规定采取一种设计结果。在旧金山城市设计策略的基础研究中，进行了公众感知和公众意愿的调查。在香港城市设计导则的第一轮公众咨询中，大部分的设计控制议题取得了广泛共识。在方法上、法规上和机构上都提出了多种设想，征求公众意见，并且鼓励提出新的建议 [27–28]。

4.8.2　国内实践与经验

国内有一些发达城市如广州、厦门、沈阳等城市，开展了以"共同缔造"行动为载体的城市品质提升行动，在公众参与城市环境营造方面做了很好的尝试，其经验可以引入到城市设计策略的环节中来。

2013年以来，福建省厦门市实施了"美丽厦门共同缔造"行动，推进新形势下以社区治理体系创新为基础的城市治理现代化的实践，取得了较好的成效。在城市建设和环境治理上进行制度上的创新和尝试，成立了社区"共同缔造委员会"，成员涵盖了社区的居民、媒体、街道、人大代表、政协委员及专家等各方面。在委员构成上，以居民为主，比例占了一半以上，再包括几位专家、社区规划师、利益相关方、一位人大代表、一位政协委员，还有街道负责人等等，总共25位。在这个平台上把各方诉求摆出来进行讨论，才能够在这个平台上面达成一定程度的共识。通过不断地达成共识、不断地实现共识，最后可能就会使整个改造项目和社区生态出现很大的改善[29]。

"美丽厦门共同缔造"行动的关键是激发群众参与、凝聚群众共识；路径是以群众参与为核心，实现美好环境与和谐社会共同缔造。方法是以培育精神为根本，以奖励优秀为动力，以项目活动为载体，以分类统筹为手段，决策共谋、发展共建、建设共管、成效共评、成果共享。通过完善群众参与决策机制，激发群众参与城市建设管理的热情，充分利用各种社会资源，从与群众生产生活密切相关的实事和房前屋后的小事做起，凝聚社区治理创新的强大合力。

另一个例子，如广州恩宁路历史文化街区改造工程。规划项目组对逐个建筑和逐条街巷进行深入调研、实地勘察，在针对历史文化街区进行了充分的公众参与调查后，确定了保护对象，划定了保护范围并提出保护要求，同时对城市规划提出调整建议。

该工程实现了市—区—社区三级联动，从方案编制到实施阶段开展的共同缔造，以求把握社会公众的多元诉求。市国规委、市更新局等部门负责技术协调和组织统筹；区政府负责实施统筹，面向现场进行建设协调和后期运营管理；社区、居民及未来实施运营主体联合推动保护更新与微改造。荔湾区委区政府制定了配套文件《荔湾区恩宁路历史建筑保护利用试点工作方案》，推进建立规划设计、建设监管、公众参与等专家委员会制度。恩宁路历史文化街区改造中的多主体多角度实践共同缔造，创造了一种适于老城区、复杂现状小地块上，以渐进式更新实施的动态管理模式[30]。

在我国各级城市，将城市规划成果面向全社会公示来吸引公众参与，是一个法定程序，该项工作已展开多年，但是公众的参与程度并不广泛，对城市风貌的影响度也低，还应当大力推动。在城市旧区环境的提升改善、棚户区改造工作中，公众参与具有天然的基础，城市风貌好与不好、品质是否真有提升，应当以公众的意见为准，不能只依靠图纸、文件来判断。在这方面，青岛、广州、杭州、天津等地的成熟经验完全可作为榜样来借鉴参考。

4.9 提高专家评审工作质量

城市规划与建筑设计都是涉及面很广的技术工作，有关技术人员的理论素养和实践经验都要足够，才能做出好的设计成果。而要评价这样的成果，就需要具备长期的工程实践经验或理论研究经验的从业人士才能胜任。为此，各地城市规划主管部门几乎都会在城市规划委员会下设专家委员会或小组，吸纳本地高校、设计院内从事有关工作的专家、教授作为评审人员，对各种建设项目的规划设计方案进行专业评价，对于重要项目还聘请外地更高级别的专家，以投票打分的方式做出评价，提出具有专业深度的意见，以供政府决策时参考。这也是一种公众参与城市规划管理的很有效的方式。具体到城市风貌管控及建筑设计方案的审查，可能各个城市都有一套制度和做法，但不论具体安排如何，都应当注重坚持"政府主导、专家领衔、技术统筹、部门协作、公众参与、科学决策"的原则。

以下，将以内陆城市四川绵阳市的专家评审工作为实际案例，总结该工作的成功经验和改进措施。

绵阳市的城市规划行政主管部门十分重视通过提高项目设计方案质量来改善城市风貌，为此建立了专家组主导审查过程、提供决策参考意见的相关机制，政府部门在专家充分论证和初步遴选的基础上进行决策，保障政府的科学决策。这一工作机制经过多年的实践，取得了良好的效果，但在以下方面还有改进空间。

4.9.1 优化评审会议流程

4.9.1.1 函评预审环节

由于各种原因的影响，专家现场评审会一次都要评审多个项目，从拿到设计文件到提出意见，时间并不长，不利于深入分析总结。实际上，有些项目规模大、功能复杂（如建筑面积 3 万平方米，病床数 200 余张的综合性医院项目），也要尽快拿出意见，对专家来说也并不容易。由于难以在极短时间内全面理解设计意图，专家们只能将精力集中在对设计方案是否违背规范硬性规定的判断上，而对建筑形象设计、与城市环境的对话关系等主要问题较少顾及，而且专家也并不可能精通所有规范，于是评价结论偏于技术层面，对建筑形象、城市风貌的贡献不大，偏离了专家评审工作的主要方向。另外，实际工作中常常遇到某些项目因急于过审，将分析论证不足、图纸深度不够的材料提交评审的情况。其中有些方案质量很差，导致专家意见集中于图纸质量而非评价方案本身的优劣，违背了设置专家评审环节的初衷。这类项目在面对面的评审中，是有可能受各种因素影响而被勉强放行的，为城市规划管控留下了遗憾。

为避免此类现象发生，建议管理部门建设"建设项目设计方案专家预评审"网页，增加函评预审环节，即将评审方案提前 1～2 天在网页上向抽取的专家公布，由 7 个专家给出自己的意见和评分。在 7 个专家中至少应有 5 个明确表示可"上会"者，方可进入现场评审。在召开现场评审会时，从参加函评的 7 个专家中，随机抽取 5 人到现场进行评审。经过函评预审环节，专家们对设计方案有更深入的了解，评价意见能更有针对性，再到现场会议去表达意见不仅节省时间，也有利于与业主、设计人员更好交流如何进行修改。采用网页函评预审方式还能够方便地借助外省市专家参与评审，有助于引入更多、更高的智力资源协助规划局进行设计质量管控。

4.9.1.2 现场评审会议

目前，在现场评审会议上，设计方案是否能通过专家评审以打分来判定，若平均分不低于 75 分，即可通过。但对设计成果优劣的评价依赖于专家的主观认识，而不是某种客观标准，虽然在大多数情况下专家间能够形成共识，但也难以避免发生意外情况，使评审结果存在争议。比如，在参与评分的 5 位专家中，多数专家不同意通过，但评分仅低于标准分一两分，而少数人不仅同意通过，还打出高于标准分很高的分数，结果是大幅度拉高了平均分数，并因超过 75 分而通过，反之亦然。这样的评审结果在实际上合法地否决了多数人的意见，从而违背了在打分制度中隐含的"少数服从多数"的规则，还是否可靠？这是值得思考的。

要想杜绝这种缺陷，寄希望于专家们自己统一评分尺度是不现实的。建议专家评审会采用"评分""计票"双控方式评价设计方案，评价结论设置"不通过""有条件通过""无条件通过"三个选项。5 人中有 3 人及以上明确表示"有条件通过"或"无条件通过"者，方可计算得分。计分标准为："不通过"应 < 60 或不计分，"有条件通过"应 ≥ 60，"无条件通过" ≥ 80，其中"无条件通过"表示设计方案无须修改。评审专家结论为"有条件通过"的，应列出明确的修改意见，并按照修改意见重要性打分（其总和为实际评分与 80 分之差）排序。

打分结束，由专家组长召集合议，汇总修改意见，按分值排序，形成专家组修改意见决议，交由规划局相关部门，反馈业主与设计单位，对设计方案做出相应修改并将修改对照图文交由规划局备案。

对于评审通过的设计方案，按照评审意见进行修改是理所当然的，但有些评审意见实际上并无可操作性，设计单位无从入手完善，最后也就不修改，专家评审将流于形式。对修改意见进行分值排序，可敦促专家聚焦于与城市风貌关系重大的问题，提出精准且具有可操作性的修改建议，也避免纠结于具体技术细节。这样，方能切实发挥技术咨询的作用。

4.9.1.3 统一评价标准

规委会专家的职责是对建设项目的规划布局合理性、对城市形象的影响等方面提出专业意见。对规范中有明确指标要求、安全等级规定的内容，应由甲方、设计单位自己对图纸负责，且有审图机构把关审查，不是规委会专家们的职责所在，不应该像审图一样指出其楼梯宽度不足、消防扑救面不足、结构布局不合理等技术问题。

现有“设计方案专家评审意见表”（图 4-26）的评价项目构成基本合理，但为了从源头提高设计方案质量，建议实行“城乡规划与建筑设计方案评审重点指引”（见本书附件），加大与城市风貌有关联的子项目的评价权重，同时取消“海绵城市、绿色建筑、图纸编制深度”等项目，因为满足国家强制的技术要求和图纸深度是准入条件，而不应该是评优的选项。

建设项目规划设计方案建筑专家评审意见表

项目名称	绵阳市成绵路小学改扩建工程	设计单位	信息产业电子第十一设计研究院	建设单位	绵阳欣诚建设有限公司

审查内容			满分	评分	评审意见
城市层面	空间	1. 项目布局肌理与城市肌理的衔接关系 2. 建筑与城市山水、空间格局的关系，建筑与城市周边建筑群体的体量协调关系 3. 建筑界面与城市界面的关系临街建筑的通透性，城市景观通廊的延续性 4. 建筑高度与区域城市天际线的衔接关系 5. 项目开敞空间、集中绿地与城市周边绿地、广场系统的衔接关系	15	12	总体评价：该项目位于成绵路小学院内，用地狭小，周边建筑全部围合，而建筑规模较大，设计受限。本方案比较研究了可能的 6 种布局方式，并对最佳布局方案做了深入设计。 方案一综合解决了教学用房的朝向、间距等问题，教室长边间距不能完全满足规范规定，但设计中也考虑了一些构造设计措施来解决噪声问题。 总体来看，本方案虽有无法满足规范之处，但有弥补措施，是在现状条件最为合理可行的设计结果。
	风貌	建筑色彩、材质、风格与周边环境的协调度	15	13	建议意见： 1. 总图布局上，地下车库入口位置不佳，致使路线过长，应再优化。地下室平面布局混乱，还设置厨房操作间，会带来诸多后续问题，应再优化。 2. 正立面设计尚有改进余地，主楼梯右侧与左侧同等处理为好，顶层竖向条形窗过密，应适当拉开距离，北向立面也有此问题。 3. 南端弧线形部分柱网布局不合理，应结合房间分隔整理柱网。电气井单独挂在走廊外，存在结构隐患，应放在主体框架范围内。 4. 六层设置了大面积报告厅，人流汇聚，但是没有考虑足够的集散空间以及附属服务房间，不合理，应减少大厅，补齐缺少的功能。 5. 因教室长边间距不满足规范要求，必须保证墙体隔声能力，应协调立面与隔声要求，装饰构架应与开窗对应，窗洞不宜过大。在构造设计措施中并未详细描述如何确保墙体、玻璃窗的隔声能力，应当补充，建议在装饰构架间嵌砌玻璃砖。 6. 屋顶部位设置的装饰线条，尺度细小、软弱无力，要么取消，要么就应加强。 7. 未考虑无障碍设计措施，每层缺开水间。
	交通	交通组织与周边城市交通的关系的合理性	5	5	
	市政	项目市政管网与城市市政管网是否衔接	5	5	
规划层面		1. 总图布局的合理性 2. 功能分区的合理性 3. 内部景观设计的品质、绿地结构的完整性 4. 人行、车行交通组织流线（出入口、道路系统、停车位等）的合理性 5. 消防专项设计的合理性	30	22	
建筑层面		1. 设计立意构思、设计分析的合理性 2. 建筑本体的文化内涵与城市文脉传承的关系 3. 外立面风格的整体协调，选材、配色的合理性；建筑造型（体块关系、虚实、韵律、比例等）的美观性 4. 建筑的采光、通风、供暖等建筑物理环境是否满足要求 5. 功能布局和结构选型的合理性	25	15	
其他		1. 海绵城市、绿色建筑、人防建设等方面技术要求 2. 编制深度是否符合规划要求，分项图纸是否完整、对应	5	5	
合计			100	77	
结论	通过☑ 不通过☐ （备注：75 分及以上为通过）				评审人（签字）：赵祥 2020 年 2 月 24 日

建设项目规划设计方案建筑专家评审意见表

项目名称	绵阳市成绵路小学改扩建工程	设计单位	信息产业电子第十一设计研究院	建设单位	绵阳欣诚建设有限公司

审查内容			满分	评分	评审意见	
城市层面	空间	1. 项目布局与周边自然环境、城市空间、肌理的衔接关系 2. 建筑与城市周边建筑群体的体量协调关系 3. 城市景观通廊的延续性 4. 建筑高度与区域城市天际线的衔接关系 5. 项目开敞空间、集中绿地与城市周边绿地、广场系统的衔接关系	15		总体评价：该项目位于成绵路小学院内，用地狭小，周边建筑全部围合，而建筑规模较大，设计受限。本方案比较研究了可能的 6 种布局方式，并对最佳布局方案做了深入设计。 方案一综合解决了教学用房的朝向、间距等问题，教室长边间距不能完全满足规范规定，但设计中也考虑了一些构造设计措施来解决噪声问题。 总体来看，本方案虽有无法满足规范之处，但有弥补措施，是在现状条件最为合理可行的设计结果。	
	风貌	1. 建筑色彩与自然环境、周边建筑的协调度 2. 立面材质的纹理、构造设计等与建筑性质、城市景观要求的符合程度 3. 建筑主要界面与城市环境的协调	25		修改意见	分值
	交通	交通组织与周边城市交通的关系的合理性	5		总图布局上，调整地下车库入口位置，优化路线。	4
规划层面		1. 总图功能布局、人行、车行交通流线组织的合理性 2. 景观设计的品质、绿地的使用价值 3. 停车位的数量与位置的合理性 4. 消防专项设计的合理性 5. 海绵城市设计与雨水利用的规划措施	30		正立面设计，主楼梯右侧与左侧同等处理为好，顶层竖向条形窗过密，应适当拉开距离，北向立面也有此问题。协调立面与隔声要求，装饰构架应与开窗对应，窗洞不宜过大。	3
建筑层面		1. 设计立意构思与城市文脉传承的关系 2. 使用安全性与功能空间设计合理性 3. 采光、通风、供暖等物理环境是否满足绿色环保要求 4. 建筑造型（体块关系、虚实、韵律、比例等）的美观性 5. 外立面风格的整体协调，选材、配色的合理性 6. 结构体系合理性与项目总体经济性	25		屋顶部位装饰线条尺度细小、软弱无力，要么取消，要么就应加强。	2
					南端弧线形部分柱网布局不合理，应结合房间分隔整理柱网。电气井单独挂在走廊外，存在结构隐患，应放在主体框架范围内。	1
合计			100	69	六层设置了大面积报告厅没有考虑足够的集散空间以及附属服务房间，不合理，应减少大厅，补齐缺少的功能。	1
结论	不通过☐ 有条件通过☑ 无条件通过☐ 备注：60—79 分为有条件通过，80 分及以上为无条件通过。				评审人（签字）：赵祥 2020 年 2 月 24 日	

图 4-26 建设项目规划设计方案专家评审意见表

4.9.1.4 提升评审专家水平

随着市民对城市风貌品质的要求越来越高，也间接地对评审专家的专业水准提出了更高要求，应通过业绩评估与考核的方式督促专家提高业务能力。建议由城乡规划协会主持，组织城乡规划主管部门领导或专业技术人员、业主（及设计单位）、公众代表等有关各方，在项目评审结束之后通过问卷调查、评分等方式，对评审专家的业务能力与表现做出考核，奖励优秀者、淘汰平庸者。也建议城乡规划协会组织有关职能部门、高水平设计单位、业内优秀专家等，不定期开展讲座、培训等业务学习。通过外部压力和引力的传导，使专家们更加努力学习，提升水平。

4.9.2 加强前期技术咨询

涉及到有关城市风貌在建筑设计方案中的问题诸如：建筑形象与城市整体及所处地段的风貌定位是否吻合？建筑外观形态、比例、尺度是否合宜？外立面的选材与色彩搭配、装饰细部与交接构造设计是否妥当？实际上是关于建筑形象、风格的审美价值判断，其标准因人而异，就算是专家们的意见也往往是难以统一的，优选方案应从多个不同角度进行分析才不会以偏概全，失之片面。对于比较重要的项目，要想经得起社会的、时间的检验，就需要针对设计对象做多方案比较，通过设计竞赛激发多种思路的碰撞，并在好中选优就是一个有效的手段，值得推行。

鉴于城市建设的现实条件以及项目自身的经济考虑，设计竞赛不大可能经常采用，但以多方案对比来寻求建设项目的最优设计仍是可以探索的工作方法。比如，对于地段显眼、规模大、性质重要的建筑，规划管理部门可以要求设计单位在初步设计阶段提供几套不同的方案，将重点放在建筑形象的推敲以及对城市风貌塑造的回应上。有这样的基础后，通过公众参与、规划设计专家在设计前期提供技术咨询、在规划方案提交审批时进行方案比较的方式，业主与设计单位可以与规划管理部门充分沟通、协商，政府部门也可以听取多方意见，把城市规划、风貌设计的意图更加有效地落实到建筑形象上去。

这样，对于业主，避免了因为对城市规划要求的理解误差、不得要领，被迫反复向政府管理部门申报方案而不能通过的困境；对于城市规划管理部门，也避免了总是以类似"建筑风格要现代化、要与周边环境协调统一……"等含糊要求去约束众多设计项目时的无针对性、无重点，以及设计单位提出反诘时陷入双方都自说自话、难以协调的矛盾之中。

图4-27～图4-28即为一个实例，某开发商在芙蓉桥头建设的某多功能开发项目，由于其所处地段位置显眼、社会公众瞩目，建筑形象对城市风貌的影响较大等原因，设计单位对其非常重视，在方案设计阶段就投入了相当多的精力，提出来三套不同的方案。在总体风貌大致确定的基础上，比较分析了不同高度、不同容积率、不同立面的三种做法，提交规划管理部门进行审查时的评价参考。提

供多方案对比评价方法，把符合总体设计方向的所有可行方案都提出来，其中能够得到专家一致认可的优选方案应该是在功能设计、形象设计上综合效果最佳的一个，业主的意愿及城市规划管理部门起到的引导作用，则协调了社会各方的利益诉求。在方案设计阶段就进行多方案对比、优选后，其成果是深思熟虑的。本项目在建成之后，社会反响也不错，对周边城市风貌也起到了一个很好的推动作用，因此这种工作方式是值得推荐的。

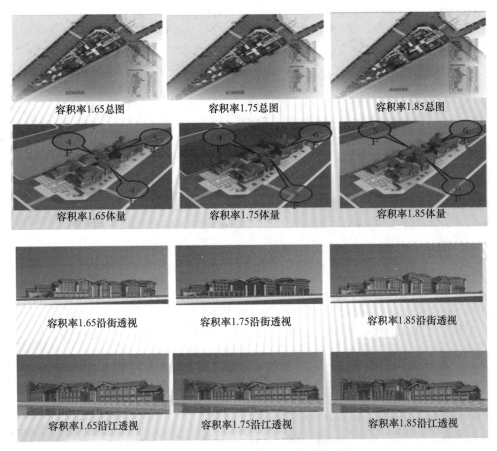

图 4-27 某开发项目的多方案对比研究

图 4-28 某开发项目的方案实施结果

参考文献

[1] 黄吉 . 塞尔达巴塞罗那新城规划思想及其系统研究 [D]. 杭州：浙江大学，2012.

[2] 日本京都对历史文脉的保护 . 中国文化报，2016-05-12.

https://nepaper.ccdy.cn/html/2016-05/12/content_178620.htm

[3] 顾晓焱 . "库里蒂巴经验"及其对武汉中法生态城建设的启示 [J]. 长江论坛，2015（4）：
43-47

[4] 穆祥纯 . 考察巴西城市建设及相关启示（上）[J]. 特种结构，2008，25（3）：1-5.

[5].https://www.sohu.com/a/258946895_275005.

[6] 顾永涛 . 日本多摩新城建得这么好 . 澎湃新闻，2014 年 12 月 15 日 .

https://www.thepaper.cn/newsDetail_forward_1286013

[7] 江平尚史，沙永杰 . 日本多摩新城第 15 住区的实验 [J]. 时代建筑，2001，（2）：60-63.

[8] 北京规划自然资源，瑞典哈马碧生态城规划理念解读 .

https://www.163.com/dy/article/FC7M3EDQ0521C7DD.html.

[9] 全球可持续发展生态城——瑞典哈马碧 .

http://www.retourism-cn.com/newsinfo/43-45-452.html.

[10]《河北雄安新区安新组团控制性详细规划》解读 . 人民雄安网 .2021-08-03.https://www.163.
com/dy/article/GGG8GQ2V0550V4X0.html.

[11]https://view.inews.qq.com/a/20220401A01R1V00.

[12]http://www.xiongan.gov.cn/2021-11/01/c_1211428718.htm.

[13] 周俭 . 雄安新区规划编制体系的创新实践——起步区控制性规划解读 [J]. 河北画报，2019，
（6）：26-27.

[14] 姜传刚 . 扬州未来城市新格局 [N]. 扬州晚报,2015-11-11.

[15] 陈跃，陆亮 . 为打造永恒城市经典定规立矩 [J]. 扬州人大，2020，12.

[16] 福州建筑风貌导则发布 . 城市规划通讯 [J]，2018.04

http://zygh.fuzhou.gov.cn/zz/zwgk/flfggfxwjjjd/201803/t20180330_2171523.htm

[17] 刘迪，千城一面是无法跨越的时代规律，规划中国 [OL]，2018-11-14

[18]https://www.bilibili.com/read/cv11934420；https://www.sohu.com/a/470254248_120498984

[19] 北京规划国土，柏林城市更新——从"宽街廊、大马路"走向"小街区、密路网"，https://
www.sohu.com/a/243464250_732956

[20] 习近平，坚定文化自信，推动社会主义文化繁荣兴盛，新华社，2017-10-18.

[21] 厦门曾厝垵城中村转型最文艺渔村 [N]. 光明日报，2014-10-19.

https://www.zgzca.com/newsview-455.html

[22] 习近平在中国共产党第十九次全国代表大会上的报告 [N]. 人民日报，2017-10-28

[23]http://k.sina.com.cn/article_3914163006_e94d633e020006lmz.html

[24] 蔡晓丰 . 城市风貌解析与控制 [M]. 北京：中国建筑工业出版社，2013.

[25]http://www.davidchipperfield.co.uk

[26] 文丘里与布朗事务所的经典作品 .

https://www.sohu.com/a/293314746_188910

[27] 顾宗培，王宏杰，贾刘强。法国城市设计法定管控路径及其借鉴 [J]. 规划师，2018，34（7）：33-40.

[28] 唐子来，付磊 . 发达国家与地区的城市设计控制 [J]. 城市规划汇刊，2002.6.

[29] 美丽厦门共同缔造 . 厦门网，2013-11-19.

http://www.mnw.cn/xiamen/sz/696491.html.

[30] 赵燕华 . 恩宁路打造最广州最国际的历史文化街区 . 金羊网，2018-11-15.

http://news.ycwb.com/2018-11/15/content_30133386.htm.

5　城市景观设计理论与实践

城市的空间环境组成要素，除了街道、广场、建筑物等人工环境之外，还包括自然山水、雕塑与小品以及园林绿化（含其中的建筑小品）等景观要素。这些景观要素虽然体量远小于街道、建筑物，但其分布广泛，具有浓厚的休闲、生活气氛，是城市生活不可或缺的组成部分，也需要高品质的规划设计。

5.1　城市景观构成要素

从城市风貌规划角度来看，自然山体是城市景观的背景和基础，而水体的灵动变化富于动态，建筑、雕塑可以点明空间主题，植物作为城市空间的生态本底，带来色彩、果实的季相组合变化，展示了城市与自然共生融合的风貌。

5.1.1　地形（山石）

古人居于山洞，捕捉走兽飞禽，采果伐木，都离不开依山傍水的环境。山承担着阳光雨露，风暴雷霆，供草木鸟兽生长。儒家甚至将山比作仁德的化身，有"仁者乐山"之说，对山赋予了道德价值。维护"山高水长"的自然山水景观，显然是塑造城市风貌的重要前提，但对于城市公共空间，还要注重地形的设计。

从景观设计角度看，地形变化无非是土丘、台地、斜坡、平地或因台阶和坡道所引起的高差及其组合，与高大山体相比，这类地形可称为"小地形""微地形"，如小块绿地中的高程起伏，是通过适度填挖形成的。地形的适当变化使空间富于层次而产生情趣，充分利用自然地形设计好阶梯、台地，或布置跌落景墙、高低错落的花台等，也有同样的景观效果。尤其在入口，地形高差的变化有助于界限感的产生。

地形影响可视景物和可见范围，将视线引导向某一特定点，可以形成连续的景观序列，可以完全封闭通向不雅景物的视线，可以形成阜障，遮挡无关景物，还可以对人的视域进行调整，这些都是景观设计需要考虑的。

5.1.2　水体景观

水是富于生命力和动态变化的环境要素，善加利用可以产生丰富的景观组合效果。"非山之住水，不足以见乎周流，非水之住山，不足以见乎环抱。"可见山水相依才能令地形变化动静相参，丰富完整。水体常见的四种基本形式为静水、流水、落水和喷泉，利用不同形式水体，可以布置形成各种水景观。

5.1.2.1　静水

如自然形成的静态水体（湖、塘）和水流缓慢的水体（江、河），以及各种人工水池。静态的水体可倒映周边环境，形成粼粼的微波、潋滟的水光，给人以明快、清宁、开朗或幽深的感受。静水一般需要有一定的面积规模，才能成为景观中心或视觉中心，平静的大片水面容易形成倒影，因此其位置、大小、形状的设计与它主要倒映的物体关系密切。

静水的池岸形式影响人对水体的感受。不亲水的池岸适用于水位涨幅变化较大的江河类水体，一般在水体边要设防洪堤或防御性堤岸，堤岸上临水设步道，用栏杆围成，在较好的观景点设观景平台，挑向水面，让人感觉与水更亲近。亲水性的池岸一般设计成可供游人坐的亲水平台，平台离水面高度，以让人手触摸水为佳，如果水浅，还可以走入水中嬉戏，也可以不规则的方式铺砌石块、石板，岸边石块可以供人就坐抚水，拉近人与水的距离，多见于旅游区或公园。

5.1.2.2　流水

以动态水流为观赏对象的水景，如自然溪流、河水和人工水渠、水道等。水渠形状，西方园林多为直线或几何线形，东方园林则偏爱"曲水流觞"的宛延之美。对于供人进入的流水，其水深应在30cm以下，以防儿童溺水，并应在水底进行防滑处理。对于溪底，可选用大卵石、砾石、水洗砾石、瓷砖或石料铺砌，以美化景观。

5.1.2.3　落水和喷泉

各种水平距离较短，用以观赏其由于较大的垂直落差引起的效果的水体，有瀑布、叠水、流水墙、喷泉、水帘等。

瀑布是一种较大型的落水水体，其声响和飞溅具有气势和恢弘的效果，水帘可与瀑布结合，在水帘后常设有洞穴，吸引游人探究，置身洞中，似隐似现，奥妙无穷。叠水是一种高差较小的落水，常取流水的一段，设置几级台阶状落差，以水姿的变幻来造景。叠水的水声没有瀑布大，水势也远不及瀑布，但其潺潺流声更添幽远之意。流水墙水势更缓，水沿墙体慢慢流下，柔性的水与坚硬的墙体相衬相映，墙支撑着水，水装点着墙，别有情趣，在夜晚灯光下，尤为迷人。可在墙体上配上仿生水盘或流水叠石，形成多叠壁泉的野趣。

喷泉是一种利用压力把水从低处打至高处再跌落下来形成景观的水体形式。是城市动态水景的重要组成部分，常与声、光效果配合，形式多样。

5.1.3　建筑

对于城市而言，建筑即指城市中的各类建筑物，它们直接影响一个城市的风貌，在本书的第3章已经做了详细阐述。在园林景观中，一些既有使用功能又能与环境纽成景色，供观赏游览的各类建筑物、构筑物、园林装饰小品等称为"园林建筑"，如亭、廊、桥、门、窗、景墙等小型建筑。园林建筑在城市景观、风貌塑造中的主要功能有点景、赏景、引导游览路线和组织空间等。

5.1.4　绿化景观

绿地、植物等是城市生态的主体要素，也是影响城市空间、环境风貌的因素之一。我国幅员辽阔、气候温和、植物品种繁多，特别是长江以南的地区具有全国最丰富的植物资源，这就为绿化景观的规划提供了良好的自然条件。在配植和选用绿地、植物时既要考虑植物本身的生长发育特性，又要考虑植物与环境及其他植物的生态关系，同时还应满足功能需要、符合审美及视觉原则。

5.1.4.1　植物的观赏价值

植物观赏价值主要表现在外形美、色彩美、芳香美、意蕴美、质感美等方面。

从其外形和生长特征上，园林植物姿态分三种：垂直向上型、水平展开型和无方向型。垂直向上型包括圆柱形、圆锥形、尖塔形等，引导视线向上，强调空间感，有高耸静谧效果，宜用于需表达严肃、庄重气氛的空间，适宜于高耸的建筑物、纪念碑、塔相配，陵园、墓地、纪念堂等空间多种植这类植物。水平展开型主要是匍匐形，给人安静、平和、舒展、恒定的感受，宜形成平面效果。无方向型以圆、椭圆、弧线、曲线为轮廓，包括自然式与人工修剪式，无方向性和倾向性，不易破坏设计的统一性。适合用于表现优美、圆润、格调柔和平静的环境，常用于调和外形强烈的植物，比垂直向上型植物使用更广泛。

在植物景观设计中，其姿态与地形起伏相关，例如为了加强小地形的高耸感，可在小土丘的上方种植垂直向上型植物，在土丘基部种植矮小、扁圆形的植物，借树形的对比与烘托增加土山的高耸之势，也可以减少土方量，减小地形起伏用法反之（图5-1、图5-2）；其次，合理安排不同姿态的植物也可产生节奏、韵律感，例如不同姿态的园林植物交替种植并重复，形成极富节奏感和韵律感的植物景观。最后，姿态独特的园林植物孤植点景，还可成为视觉中心或转角标志。

图 5-1　植物景观减小地形起伏

图 5-2　植物景观增强地形起伏

各种植物叶色不同，有些叶还能够随季节改变颜色。掌握植物叶色和季相变化特性，并运用于植物造景，是塑造城市色彩美的重要手法。园林植物枝干的颜色对造景起着很大的作用，可产生极好的美化及实用效果，进行丛植配景时也要注意园林植物枝干颜色之间的关系。

绽放的花、丰富的果实等是绿化景观自然生命力的表现，也是植物不同于人造环境的最吸引人的地方，具有很高的观赏价值。色彩效果是花、果最主要的观赏要素，花色变化多样，按照花色可大致可以将植物分为红色系花、黄色系花、蓝色系花、白色系花等，景观设计中要巧于搭配。在选择观果植物的时候，最好选择果实不易脱落而浆汁较少的，以便长期观果和保持环境清洁。

气味特征是植物造景区别于其他环境要素的特征，具有独特的审美效应。人们通过嗅觉感赏植物的芳香，得以引发种种醇美回味，令人心旷神怡。园林植物芳香变化较大，有浓淡轻重之分，花香有的恒定久远，有的飘忽变幻，有的花香有保健作用，有的还有杀菌驱蚊的功效，也有的花香有毒。充分利用园林植物的芳香特性，合理布置花期的园林植物，是园林植物景观营造的重要手段。

植物的外形、色彩、生态属性常使人触景生情，产生联想。通过植物的形、色、声等自然特征，赋予其人格化的情感和深刻内涵，从欣赏植物景观形态美到意境美是欣赏水平的升华。这些园林植物是中国古代诗人画家吟诗作画的主要题材，其象征意义和造景效果已为世人所接受。

5.1.4.2　植物风貌规划

城市绿地中对植物风貌的规划首先要满足其功能要求，并与地形、水体、建筑元素相协调，注意城市植物风貌整体效果，主次分明，层次清晰。重视植物的造景特色，随着季节的变换，植物的形态、色彩、风韵等季相变化；对乔木、灌木、藤本、地被植物、花、草、常绿树、落叶树、针叶树、阔叶树等各种植物类型和种植比重进行恰当的安排。为便利长期维护，要重视绿化树种的选择，以乡土树种为基础树种，适当搭配外来品种以满足造景的特殊需要。

绿化景观设计的基本原则是在普遍绿化的基础上，充分发挥植物景观本身特有的美化、香化、彩化特征，提高城市风貌品质。

5.2 城市雕塑

城市雕塑是指布置在城市公共空间、作为环境组成部分的室外雕塑作品，属于公共艺术范畴，能够彰显城市文化内涵。城市雕塑是城市整体形象的一部分，可以界定特定城市空间，在一定程度上反映了城市的经济文化水平，代表了城市的现代文明和建设成就。城市雕塑既可以作为公共空间的构图主体，形成艺术高潮，也可作为配角点缀烘托环境气氛，使其更具文化气息和时代风格，对提升城市公共空间品质作用很大。城市雕塑反映了城市文化以及所处的社会发展阶段、生产力发展水平及不同时期人们的审美情趣，让人在欣赏雕塑艺术的同时体验到历史留下的沧桑变化。

5.2.1 城市雕塑类型与功能

传统上，我国各城市在公共艺术品方面的建设基础薄弱，即使在中心城市也数量稀少。建国后相当长时间，城市雕塑开始逐渐增多，其主题以政治性、纪念性为主，面向市民的文化属性弱。20 世纪 90 年代后，随着城市建设发展，题材走向多元化，进入 21 世纪，我国城市化进程加快，推动了城市雕塑的普及。

5.2.1.1 城市雕塑功能

城市雕塑是城市环境的有机组成部分，不作为独立个体存在，既影响周围环境又与之协调。也就是说，城市雕塑一方面应当创造新环境，另一方面又要与周围的城市环境相融洽，受到某种程度的制约，而不是单纯地为艺术而艺术。所以，作为城市公共空间的重要组成元素，城市雕塑担负着一定的功能作用，要为塑造城市形象服务。城市雕塑是为特定的环境、特定的事件创作的，是否重视与城市环境的关系决定着一件城市雕塑作品成功与否。雕塑位置、主题、造型或者是尺度、色彩适合于其所处环境，才能成为优秀的作品。作为艺术品，城市雕塑提高了城市的精神气质，满足了居民的文化需求，是一种美观的公共艺术。但是其艺术形态特征以及所表达的精神内涵受到城市规划设计要求制约。

虽然城市雕塑是创作者的个人作品，但它根本上是为满足社会大众的需要而创造的。它的建造决策和实施不是个人行为，它的审美价值是在与社会公众交流、反馈作用中得以实现的，具有很强的公共性。同时，城市雕塑的公共性还体现在与周围环境因素有紧密的联系，不管是形式上还是在内容上，都要考虑当地的地理自然条件因素以及民俗、民风等人文因素，这样才能适应观者的审美心理意识，造就出有特色、有品位的雕塑艺术。好的标志性雕塑设计应当结合城市的地方文化，在艺术美观与精神内含上都达到高水平。

5.2.1.2 城市雕塑分类

雕塑是三维的空间艺术表现方式，涉及造型、色彩、材料、质感等多方面，其艺术表现力也比其他艺术小品强烈。在城市风貌中，城市雕塑作为艺术品，常见于公园等大型公共空间中。雕塑类型不同，适合的环境也不同。

（1）按造型分类

雕塑从二维到三维的立体化程度分为浮雕、透雕和圆雕。浮雕属比较平面化的雕塑，通常只能在其正面或略微斜侧的角度观赏。一般附在一定面积的实体表面，借助侧光和顶光来表现深度和立体感。浮雕常以墙体或面的造型出现在环境中，外轮廓简洁、凝练，注重细节刻画，一般需要近距离观赏，根据刻度的深度又可分为高浮雕和浅浮雕。透雕是浮雕形式一种立体化。除去浮雕衬底，保留形象主体即可得到比浮雕立体感更强的透雕形式。透雕形体有实有虚，空间上通透，形象更清晰，光影变化也更丰富，适合于环境设计中形成隔而不断、若隐若现的漏景效果。

圆雕属一种完全立体化雕塑，可从多个角度观赏，有强烈的空间感和清晰的轮廓。圆雕造型起伏多变，随天光或光源变化产生丰富的光影效果，表现力强，适合近距离和远距离观赏。圆雕设置位置应保证有一定空间，如广场中心、中庭、入口门厅等，也可结合在花坛、水池等设置其他配景小品中。适合远距离观赏的圆雕大多体量较大、形体简洁；适合近距离观赏的圆雕，体量较小、雕刻精致。布光是辅助雕塑表现的重要手段，可以突出雕塑主要观赏效果最佳面，可突出雕塑美和表现力强的部分而忽略次要部分。

（2）按材料分类

环境雕塑大多是在相当长一段时间不进行更改的艺术小品，要选择耐久性好、坚强牢固、耐腐蚀、耐气候变化的材料。如果雕塑尺度较大，还应考虑长期维护成本。

石材，石材是天然材料，且耐久性极好，其特点是深厚有力、坚固稳定，适合表现体积感和体块结构。花岗岩浑拙有力、深沉粗犷；大理石繁华优雅、细腻润泽。

混凝土，雕塑风格与石材相似，都以体块见长。混凝土没有石材的天然花纹和质感，但可以靠表面处理形成特有质感。混凝土雕塑坚固稳定、造价低廉而类似石材，作为石材代用品得到广泛应用。

金属，青铜材料可塑性好，表面特有斑驳色彩，适合表现纪念主题；铸铁材料沧桑古朴，适于细部表现，但耐腐蚀能力较差，不常用于室外环境；不锈钢材料及各种合金材料，表面光泽平整、质轻易拉伸延展，用于现代风格环境设计，光滑平整的表面，具反射强烈光和幻影效果，但很难表现细小变化，适于形体简洁的现代风格。

玻璃钢，这是一种高分子聚合材料，具有体轻、工艺简便的特点，可制作各种表面效果，塑造细致的局部，但在室外容易老化。

（3）按艺术手法分类

具象雕塑，塑造的形象是通过在客观形象的基础上提炼、取舍，再夸张变形处理后形成。由于形象与原形比较相似，而易于被人们所理解和接受。

抽象雕塑，没有具体客观事物特征，只是抽象概念的点、线、面、体等元素组合，观赏人的文化、艺术背景不同，对作品的理解也不同，其审美意义是多元化的。现代建筑形体大多简洁凝练，抽象雕塑往往能与之很好配合，相得益彰。

（4）按功能分类

标志性雕塑，往往代表着整个城市的精神文化，初来到这座城市的人看到这样的标志性城市雕塑，会立刻对这座城市有直观的印象感受。

纪念性雕塑，这类雕塑是为了重要的历史事件或人物，具有特殊意义，主题鲜明，与周边环境一起形成具有特定纪念气氛的场所，建造这类雕塑的意义往往在于弘扬一种积极昂扬的社会观念和态度。

主题性雕塑，主要体现时代的潮流，人们生活的理想和愿望，往往通过形象、符号和道德手法来表达城市的特定环境和主题。

陈列性雕塑，这种雕塑通过在室外展示的方法把各类雕塑作品如同画展一样陈设布置起来，以供大家集中观赏，表现手法多样，内容题材更为广泛。

5.2.2 城市雕塑与环境特征

城市雕塑所在的城市空间，是由建构筑物、道路、绿化等组成的街道、广场、公园绿地等人工环境，是城市居民及外来游客公共交往活动的场所。如果城市雕塑与城市空间景观缺乏有机的结合，如缺乏与之相匹配的环境、空间局促、尺度不当、周边环境要素杂乱无章等，就会削弱美化、提升城市形象的作用。因此，城市雕塑的选题与设计必须结合所处的空间环境特点。

5.2.2.1 广场与公园

公园是重要的城市公共开放空间，不同形式和功能的公园已经成为营造都市生活和公众福利社会的重要内容。雕塑作品独特的艺术美感和文化内涵在一定程度上促进了公园文化底蕴的形成与延续。中华人民共和国成立之初城市雕塑材质单一、形式简单，且大多以纪念碑形式出现在公园中，受当时政治环境的影响，雕塑作品在美感上、内涵上都比较单调。随着人们对城市环境和公共艺术的逐渐重视，城市公园的大量出现，为城市雕塑的建设和发展提供了更大的发展空间。

城市广场是展示城市风貌最重要的节点空间，也是城市最具人气的公共活动中心，也是城市雕塑的主要展示场所。相比于建筑，城市雕塑具有更强的艺术表现力，能够很好地延续广场历史文脉、提升广场文化氛围，并使广场成为城市中最具魅力的场所。市政广场、纪念广场一般采用端庄典雅的城市雕塑，或者根据某种主题需要设置一些主题性雕塑，并且体量可稍大，形成空间上的焦点；交通广场则一般采用标志性雕塑构成空间视觉中心，强调其视觉引导和标志作用；商业广场和休闲广场中的城市雕塑，无论是空间尺度还是形式都可以更自由；文化广场的城市雕塑则要突出一定的文化内涵，成为文化的重要载体。

5.2.2.2 城市道路

道路街巷空间中的城市雕塑尺度相对较小，且通过富有文化品位与生活气息的雕塑作品点缀在街道两旁或中央，丰富城市景观，也可以通过互动式设计增添街道活动内容。步行街的城市雕塑一般体量较小，与空间尺度和人的行进速度协调。步行街道人流量大，城市雕塑设计追求简单明快、一目了然，不能占据太大、太多空间，同时又要充分突出自身艺术气息。雕塑题材选择要和街道空间的整体气氛保持一致，起到一个提升环境文化意境的作用；其次，雕塑位置不能影响行人的正常通行；同时，综合性步行街的城市雕塑往往造型新颖、色彩饱和度高、使用新型材质，烘托街道氛围；还要考虑街区的文化背景，体现当地的精神风貌。

城市道路的主要轴线若同城市雕塑形成空间上的联系，可在较远距离上形成良好对景效果，能够起到很好的空间导向和方向标志作用，并面向更多外来者提示城市历史文化和地域特征。因而在设置雕塑作品时，需要充分考虑街道空间的总体布局情况和空间环境特点，再结合雕塑作品的类型主题来加以完成。

5.2.2.3 城市入口空间

现代城市交通形式多样，相应形成了不同性质的城市入口空间，如以公路、地铁、火车站、汽车站等的陆路入口，以河港、海港等为主的水路入口，以航空港为主的空路入口。城市入口是城市的门户，和城市的道路广场、街道等一起组成城市的空间体系，对城市风貌塑造起着重要的作用。作为形成城市第一印象的重要空间类型，城市入口空间需要具有标志性作用的承载物，突出城市个性与特色，形成良好的城市标识感。在城市入口空间处设置主题鲜明的城市雕塑，可以加深外来者对城市的认识。

5.2.3 结合环境的城市雕塑

对于城市雕塑设计而言，在城市公共空间环境中，地形元素显得非常重要。不同的地形，对雕塑内容、主题、艺术造型等方面都有着不同的要求。平地形是展示雕塑作品的最好场所，大多数雕塑作品都设置在平坦的绿地中或者铺装地上。但有的时候，高低不平、地势起伏的地貌环境，也能给雕塑带来意想不到的欣赏视角，使人产生特殊的视觉感受。如在高处设置立体感强、尺度适宜的雕塑作品，让人的观赏仰视视角加大而产生高大感；在四面围合的凹地形中设置雕塑，成为内向空间的视觉中心而增强雕塑的氛围感。

城市雕塑与水体结合可创造出丰富的城市景观。中国传统园林中，假山瀑布就是一种雕塑和水元素的完美结合典范，成为具有中国传统特色的经典景观；西方规则式园林中，雕塑与水元素共同构成各级轴线的艺术中心，也风靡了整欧洲大陆。与水体结合的雕塑应当考虑气候、水体的影响，使水景雕塑的整体效果能够长期保持下去。

城市绿地中植物种类繁多、形态各异，雕塑和植物元素搭配时，要全面考虑两者的比例尺度、形体对比、材质色调以及意境等方面关系。充分了解城市绿地空间环境中植物的特性，选择合适的雕塑材质和色调，植物色彩要为突出城市雕塑的形象而服务，使两者达到和谐统一。

5.2.4　城市雕塑系统规划

1993年，文化部、建设部联合颁布了《城市雕塑建设管理办法》，许多省、市也结合实际情况陆续相应制定了各自的城市雕塑建设管理办法，对城市雕塑的建设和管理做了明确的规定。但由于城市雕塑自身设计和建造的特殊性，并没有得到与建筑同等的重视。目前，我国还没有统一的城市雕塑系统规划编制条例。

建立城市雕塑系统规划体系，制定城市雕塑系统专项规划，是将其作为城市景观风貌整体的组成部分纳入城市空间规划，确保提升品质的有效措施。20世纪80年代开始，北京、深圳等地相继出台了当地的城市雕塑规划管理办法，明确了规划、国土部门为城市雕塑的管理部门，依据城市整体规划编制城市雕塑总体规划、区域规划，审查城市雕塑报建项目，核准城市雕塑创作、设计等单位或个人资格并颁发有关证书，组织城市雕塑竣工验收，拟定有关城市雕塑的维护及管理细则等。

为塑造更好的城市风貌，特大城市、大城市应当编制关于城市雕塑系统的专项规划，作为城市总体规划的一部分；中、小城市可以在城市公共空间规划中补充城市雕塑的专项内容。城市的雕塑系统规划主要解决雕塑主题策划、总体布局以及与城市空间环境吻合的问题。规划基本任务是确定不同层次、类型的城市公共空间的雕塑作品的纲要性指导原则与控制要求，为反映城市精神、特色风貌、文化环境服务，同时要确定纲要性的分类导引以保障可操作性，达到指导城市雕塑布局、建设和管理的要求，为实现高质量空间环境与高水准艺术环境的同步协调发展创造条件。

5.2.4.1　城市雕塑规划思路

城市雕塑的空间布局必须服从于城市结构形态、城市功能需求和文化传统习惯，包括所在城市的重点景观、水系山体、主要出入口、重点商贸区、文化历史名胜、交通节点、社区生活空间等。因此，在系统研究多种因素的基础上确定其合理的选址。城市雕塑主题及题材，应该尊重当地的自然、人文环境和历史背景，对城市的历史、现状和未来发展做深入细致的了解探索，研究值得继承、发扬的文化传统和风格特点，找出最有价值并被公众接受的城市精神。

雕塑系统规划工作中，可以将城市划分不同的功能区域和不同的层次片区，针对各区域、各片区制定相应的规划导则，强制性与指导性有机结合，规范化与可操作性有机结合。制定了科学合理的雕塑发展规划，才能按照规划制定的布局原则、分级分类原则，有序、系统地指导城市雕塑的健康发展。要鼓励创新思维在城市雕塑规划设计中的应用，注重增加城市雕塑的创新空间，注入新工艺、新技术、新材料、新形式，创造出富有鲜明特色的雕塑艺术形象，通过城市雕塑建设提升城市公共空间的品质。

对于城市雕塑的规划设计，不仅要注重专家评审程序，也要广泛听取不同方面的意见要求，建立起公众参与的规范体制，在决策过程中充分考虑公众意见。尤其在城市重要节点上的雕塑，应严格执行公众参与、专家评审程序，通过程序的规范使城市雕塑从规划、选址、设计到制作有一套科学完善的政策支撑。

5.2.4.2　城市雕塑系统规划编制

承担城市雕塑系统规划的编制单位，应当取得城市规划编制资质证书，并在资质等许可的范围内从事城市雕塑系统规划编制工作。为提高城市雕塑系统规划的科学性，编制前，规划编制组织单位应当对城市雕塑现状进行总结，对雕塑的主题选取、文化底蕴、空间环境等问题进行前期研究，根据前期研究结果提出编制工作报告，经审批机关的规划行政主管部门同意后方可组织编制。城市雕塑系统规划编制应该与城市总体规划同步，编制过程中注意多学科、多领域相协作。城市雕塑系统规划成果包括规划文本、规划说明书与规划图纸。其中文献综述与基础资料汇编等文件收入规划说明书中的附件，图纸比例由编制部门根据实际要求确定。

城市雕塑系统规划报批前，组织编制机关应该依法将规划草案予以公告，并采取论证会、听证会或者其他方式征求专家和群众的意见，并在报送审批的材料当中附上具体意见采纳情况与理由。经技术审查会通过后的城市雕塑规划成果，应按程序审批，上报审批工作一般由编制单位负责协助组织有关的技术文件，如有特殊要求的城市雕塑系统规划成果送审工作应另行委托。

城市雕塑系统规划批准后，城乡规划主管部门应当要求建设单位严格按照规划实施建设，各相关利益群体必须按照规划服从管理，任何单位和个人不得随意修改经批准的城市雕塑系统规划。

5.2.5　城市雕塑现状与艺术评价

从中国城市发展的历史来看，并没有城市雕塑创作的传统，雕塑都是附属于寺院等建筑的。直到近代，在西方文化影响下，城市雕塑作为一种艺术才逐渐传播开来。因此，城市雕塑在中国城市的建设中并不被重视。1990 年之后，随着经济发展和城市化进程的加快、城市公共空间的增加，城市雕塑在各个城市迅速发展起来。

5.2.5.1　城市雕塑现状问题

2009 年，据中国雕塑院的普查统计表明，在全国 661 个大中型城市，已立起 6 万多件雕塑中，有 81% 是近 30 年来所创作 [1]。但也因为城市发展过快，对城市雕塑等公共艺术品的决策、评价、建设没有形成相匹配的体制与制度，规范化管理工作更是缺位。在一般的大、中型城市，城市雕塑虽然数量大增，但目前整体面临着一系列问题，正如中国当代最负盛名的雕塑家吴为山所说"思想精神取向不明确；艺术性不高、创造性不够，相互模仿，题材形式雷同；工艺与工程制作粗糙；作品与城市社会文化历史空间、心理空间、精神空间缺少内在联系……"的那样。由于城市雕塑未纳入城市建设规划，建设和拆除都显得随意，建成的工程也是艺术品质不高、审美价值欠缺，无法满足市民对城市环境品质越来越高的期待。

目前，城市雕塑建设中的主要问题就是其艺术水平不高，这在广大的中、小城市中表现更突出。在建成的雕塑中，不少都是山寨手法下简单模仿的产物，充斥着粗鄙庸俗之气，有的甚至荒诞不经却自命为"艺术品"。在很多城市都可以看到雷同的城市雕塑如，几根柱子撑起一只球，名曰"×××区大有希望"，不锈钢飘带托起一只球，名曰"×××明珠"等。据媒体统计，全国至少有 4 个地方立起了"黄河女儿"，而"耕牛""奔马""火箭"造型的雕塑亦比比皆是。2004 年，太原市规划局对全市城市雕塑进行了一次普查，请专家进行评审。结果显示，太原市当时共有城雕作品 353 件，但其中超过八成属于劣质作品或平庸之作，仅有 17% 具备欣赏和保留价值 [2]。近几年来，网络媒体上不时地曝光"雷人"雕塑事件，就是真实的写照。例如，河南偃师龙华欢乐园的"大背头弥勒佛"、郑州"宋庆龄"雕塑、乌鲁木齐的"飞天女神"、荆州违法建设的"关公雕像"等，有的尚未完工就被拆除，有的先建好后拆除，造成巨大的浪费，对城市声誉带来非常恶劣的影响。

这些艺术水平低下的城市雕塑，引起了社会的强烈反响，在一段时间内甚至成为舆论焦点。搜狐网于 2012 年 8 月发起"全国十大丑陋雕塑"网络投票评选活动，入选城市雕塑均来自网络搜索引擎工具和微博，图 5-3 是由网友投票选的全国十大丑陋雕塑中的一部分。

图 5-3 网络评选的"全国十大丑陋雕塑"

从上述社会评价的结果来看，在这个大众传媒普及的时代，外形雷人、品质低劣的城市雕塑，无法逃脱被广大观众审视、议论的结局。社会大众通过发牢骚、说怪话、取绰号等方式讥讽、嘲笑，以表达对那些冒犯人们审美常识的雕塑的愤怒，也就很自然了。某些毫无艺术价值的城市雕塑以这种令人难堪的方式"因丑而火"，走红网络，对其所在城市的城市风貌、文化形象造成了负面效应，短时间内难以消除。

2020 年末，住房城乡建设部发布了《关于加强大型城市雕塑建设管理的通知》，指出要加强大型城市雕塑管控，严格控制建设高度超过 30 米或宽度超过 45 米的大型雕塑，严禁以传承文化、发展旅游、提升形象等名义盲目建设脱离实际、脱离群众的大型雕塑……一些饱受争议的大型雕塑，现已被拆除。通知中特别指出，雕塑是城市公共场所中的艺术品，是城市环境的组成要素，是城市文化品位的集中反映，是城市精神风貌的重要标识。这一对城市雕塑定位的明确表述，为设计创作的价值观和审美评价标准规定了方向。

5.2.5.2 城市雕塑的艺术评价

城市规划行政主管部门主管城市建设，无疑对城市风貌、城市形象塑造负有直接的、主要的责任，从事相关工作的专业技术人员、行政官员不仅要严格执行公共艺术品的决策、建设程序，更需要加强自身的艺术修养，学会明辨美丑，尊重民众的普遍共识，才能尽量避免发生这种"责任事故"。这就需要对城市雕塑的公共艺术属性、审美评价标准有正确的认识。

城市雕塑是城市公共空间的组成部分，是一种公共艺术品，处于全体市民的目光聚焦之下，越来越受到网络、媒体和公众的关注与热议。好的城市雕塑能够成为城市形象的标志性象征物，提升城市的文化品位，图 5-4 是国内知名的城市雕塑实例（从左至右分别为济南"泉标"，青岛"五月的风"，北海"潮"，深圳"拓荒牛"）；坏的则会败坏城市声誉。现实的城市雕塑中有很多大众既看不懂，也不知道美在哪里的雕塑，如果大众接受不了，那么这个雕塑就失去了意义。

图 5-4　国内知名的城市雕塑实例

那么，对城市雕塑这种公共艺术品的审美价值判断应遵循什么标准？评价它的美或丑，决定权在谁？

对上述问题的回答，有一种普遍的认识误区，认为艺术品是艺术家的创作，如何设计是艺术家的自由，所以由艺术家确立评判的标准就足够了。很多艺术家也据此观点自由发挥，创作的形象稀奇古怪，有的甚至挑战普通人的审美底线。对于被质疑的雕塑，作者往往以观众不专业为借口，一句"这是艺术，你们不懂"就轻飘飘地遮掩过去——这就是很多丑陋雕塑得以成形的理论基础。此外，由于决策、评审制度的缺位，一些城市雕塑是个别领导根据个人好恶、偏爱拍板确定的，变成了领导的形象工程、政绩工程，这也是很多城市雕塑艺术品位水平不高的主要原因。

实际上，在公共艺术品创作过程中，公众审美趣味和艺术家的理想之间永远有差距，需要在二者之间找到平衡点。既然是服务于社会的公共艺术品，那理所当然地应当接受公众的评判甚至批判。对于艺术家与公众在评判标准上的矛盾，艺术家可以用各种方式向公众解释自己的创作理念，如果意见尖锐对立，那艺术家就应当尊重公众批评，考虑修改设计，而不是跟公众意见对着干。实际上，无论西方经典雕塑，还是中国当代雕塑艺术的代表作品，无一不是大众看得懂的，有的甚至是喜闻乐见的。而那些故弄玄虚、故作高深的所谓艺术品，最终都会被大家唾弃，落得被拆除的下场。

因此，对于城市雕塑的决策、评判必须打破现有的错误观点。因为公共空间不是私人场所，处于社会关注之下，而且城市雕塑体量庞大，观者无法回避，是带有"强迫性"的审美对象，它与一般意义上的雕塑差别很大。正如中国当代最负盛名的雕塑家吴为山所说："一座城市的文化软实力和国际影响力是由诸多因素构成的。城市雕塑是其重要的元素，它是城市精神、城市灵魂的符号与象征。它的非实用性决定了其应有的纯粹以及应当承载的文化内涵和精神价值。"[1]

城市雕塑位于公共空间，是给社会大众欣赏的，其审美的个体性已经完成了向公共艺术性的转化。对公共艺术如何服务社会，毛泽东同志就在《在延安文艺座谈会上的讲话》中做了分析，提出了文艺要为最广大的人民大众服务。党领导的无产阶级文艺，要解决的核心问题就是文艺"为群众的问题"和"如何为群众的问题"。在我们进入中国特色社会主义的新时代后，习近平总书记对文艺工作发表了一系列重要论述，在文艺的性质上，也强调社会主义文艺的本质就是人民的文艺，要坚持以人民为中心的创作导向。一部好的作品，应该是经得起人民评价、专家评价、市场检验的作品。服务于社会大众的艺术，自然要接受大众的评头论足，更要尊重他们的审美判断。虽然把判断城市雕塑美丑的标准确定为"群众看得懂就是好的、美的"这样的单一标准并不妥当，但视觉的、直觉的、感性美是艺术美的基础，无视艺术创作的基础而故作高深，就违背了公共艺术品创作的基本原则。正确的社会主义文艺观对于城市雕塑建设有非常明确的指导意义，值得参与的各方深入领会并落实到实际工作中。

城市雕塑是公共环境艺术，而公共艺术品的审美标准和个体艺术是有区别的，它不同于室内雕塑。室内雕塑仅在室内或私人场所展示，艺术家自由创作的结果是好还是坏，对城市形象都不见得造成多大破坏。而城市雕塑虽由艺术家个人创作，但其具有广泛社会影响，其艺术形式可以表现为超前的个性，但不仅要符合创作时代的社会背景，也要反映区域环境的人文、产业、文化的美学内涵。雕塑的艺术形式一定要考虑社会公众的欣赏能力，要符合公共审美取向，不能违反公序良俗，更不能反社会、宣传低级趣味和暴力、色情，要考虑到超前的、另类的艺术形式在非专业人士心理上引起的困惑，不能打着艺术的旗号，去挑战公众对艺术品的审美底线。在这一点上，公共艺术家的创作自由是受到限制的，不能完全随自己的心意。

所以，城市雕塑的规划设计要立足城市的人文特色，延续历史文脉。在精神功能和审美评价上尊重其社会属性，将个人创作理念与大众对艺术的接受能力和审美趣味结合，让城市雕塑成为雅俗共赏的作品和形象展示城市特点的艺术媒介，使观者在潜移默化中得到艺术熏陶。

5.2.6　城市雕塑设计

5.2.6.1　城市雕塑创作主体

2016年1月以前，在国家文化部、建设部下发的《关于当前城市雕塑建设中几个问题的规定》《城市雕塑建设管理办法》等文件中，要求城市雕塑设计主体即创作人员必须是具备由国家文化部、建设部、中国美术家协会联合颁发的《城市雕塑创作设计资格证书》的人员。2016年1月，为了降低制度性交易成本、推进供给侧结构性改革而制定的法规《国务院关于取消一批职业资格许可和认定事项的决定》（国发〔2016〕35号）取消了这一规定。但城市雕塑创作具有较强的艺术性是客观事实，虽然政策要求降低了，但将其委托给具备专业能力的个人或机构，仍是确保质量的重要条件。

目前，我国城市雕塑创作设计人员主要来自雕塑生产厂家的工作人员，雕塑生产厂家跟市场接轨，从制作材料到施工可以衔接紧密，经济性和实效性较高，但在艺术性上有不足之处。较好的办法是将城市雕塑创作委托给具有声望的职业艺术家或开设了美术、雕塑等相关专业的高校教师及科研院所的专业工作者，由他们来提出设计方案。高校及科研院所人员的专业理论素养要强得多，有利于保证雕塑艺术性。所以，城市雕塑由专业性更高的后者设计，再由前者生产应该是更优的选择。

5.2.6.2　城市雕塑规划原则

城市雕塑不应只是在城市规划完成、建筑落成后对环境中剩余的空间进行填补，而应该在规划阶段就考虑到雕塑的设置，这样才能使城市雕塑在空间环境中不显得突兀。为此，对已建成城市雕塑作一次全面调查很有必要，只有对现状足够了解，才能使城市雕塑的建设跟上时代步伐。

城市雕塑处于建筑物、广场、绿地、街道等多种元素构成的公共环境之中，是城市景观风貌的一部分，能表达城市文化底蕴、提升城市形象、改善人居环境品质。城市雕塑与周围环境间相辅相成、相互影响。在规划初期就要注意城市雕塑所处场所的大小、人群的特征、周边的建筑物等环境因素，考虑和周边环境的协调关系。城市文化，无论是物质文化还是非物质文化都可以说是该地区的符号、城市雕塑的灵魂。一座成功的城市雕塑离不开对地域环境的研究，只有将地域文化完美地结合起来，才能发挥最佳效果，让城市居民和外来游客感受到丰富的城市文化气息。在创作时设计者不仅要讲究艺术风格、特点，还要与城市的人文环境相结合，才能创造出优秀的城市雕塑，突出城市的文化内涵，展示城市独特的历史风貌和文化氛围。

5.2.6.3 城市雕塑设计

城市雕塑的设计要考虑其主题、位置、内容、尺度、形式等多方面要素，应统筹安排，做好控制与引导，以促进城市雕塑品质的提升。

（1）主题与题材

城市雕塑主题是指体现区域文化特点或表现重大的历史事件，主题是创作的基石和灵魂所在，所有的形式与表现都要服务于主题。主题性城市雕塑表现特定主题的受到一般是形象的艺术语言、有丰富涵义的象征手法等，雕塑的艺术品位和思想内涵，补充了其他环境要素无法表达的思想性和主题性。

城市雕塑的题材是能为创作提供依据或灵感的并能体现地域物质文明与精神文明的相关素材。其来源很广，一般来源于重大历史事件、传说故事、重要历史人物以及传统民俗文化等先人留下的丰富历史资源，以及自然山水与生活休闲等方面。

主题和题材是相辅相成，不可分割，主题是从题材中凝练出来的核心精神，题材则为主题的表现提供了多种可能。创作者在确定主题与题材的时候应该充分了解城市及其具体场所空间的历史文化底蕴，准确定位城市雕塑的主题，塑造出这个城市精神的核心或公共空间的特质。

（2）功能与形式

分布在不同场所、地段的城市雕塑需满足标志性、纪念性、主题性、陈列性等不同的功能要求，创作者借助象征性、抽象性的手法，通过点、线、面的组合变化赋予其个性化的外观形式，以满足观者的心理需要和审美情趣。好的城市雕塑能够以视觉艺术方式表现深刻的主题思想，可以统御一定范围的周边环境，为塑造城市风貌提供闪光点，使观众印象深刻。

城市雕塑作品的表现形式多样，传统型雕塑以浮雕、透雕、圆雕为主体、以具象艺术手法展示，表现对象以人物、历史事件为主。现代型雕塑以新技术、新材料为载体，集雕塑、音乐、激光、灯光、水体等空间环境关键要素于一体，以抽象的艺术处理手法为主，形式多种多样。

（3）观赏行为特征

城市雕塑作品的规划设计要充分考虑观赏的行为特征，如车行或步行的动态观赏、静态观赏以及近、远距离观赏等。慢速行进或近距离观赏，可以欣赏雕塑细部及其材质等，而快速行进或一定距离之外，就不能看清雕塑的细部，只能欣赏雕塑轮廓及其态势变化所呈现的动感景观。因此，城市雕塑的位置选择、影响范围、形态设计、材料选用等都要基于观赏角度和行为特点，要符合人的视觉心理预期。

车行动态观赏要求作品形体简洁、外轮廓清晰、色彩明快，作品的造型设计、尺度、体量、色彩、位置等选择不当，往往会使机动车驾驶员分散注意力，造成交通事故，所以设计前期更应该好好勘探基地的现状情况。步行观赏往往要求作品具有"远眺近赏总相宜"的特点，这类雕塑在城市开放环境中为观赏者提供焦点，丰富人们对城市风貌的感受。也正因为能够静态、近距离地观赏，对作品的主题、题材、色彩、材料等要素要提出更高要求，主题内涵更是要经得起思考、琢磨，以免引发反感。

（4）环境与体量

城市雕塑与其所处空间背景形成了构图上的图底关系，二者的尺度、体量比例关系的不同组合可使人产生不同感受——或舒适、或畏惧等，城市雕塑所处空间环境制约了体量、尺度。如果城市雕塑处于狭窄空间时，尺度、体量过大会显得拥塞，高度过高使人感觉压抑；而开敞空间中雕塑可以适当放大体量，否则会显得十分荒疏。在规模较小、有明显界限的空间中，雕塑的体量、尺度及比例会直接影响到在这个空间中活动的人的具体感受，因此城市雕塑的大小与用地规模应整体考虑。

尺度与体量是寓于雕塑作品中的美感和比例感，表现雕塑与人以及雕塑与周围环境的关系。适当的尺度与体量能充分展示作品艺术表现力，符合广大观赏者的视觉要求。雕塑的尺度视其性质与所处环境而定，纪念性、较大主题性雕塑作品往往成为环境中的焦点和主导构成因素，要求较大体量，也适合放在宽松的环境中。作为装饰的雕塑作品所处空间不大，也不是空间主体，应与环境保持和谐，体量应较小。

城市雕塑无非具有自然的、亲近的尺度和超人的三种尺度。位于市民的日常生活场所的雕塑，应当具有生活性和娱乐性，采取自然的、亲近的尺度为好，比如城市居住区空间中的景观小品。而超大尺度、体量的雕塑强调的是其纪念性，适合布置在政治性强的公众集会场所。

（5）材质与色彩

城市雕塑处于室外空间，长期经受风吹雨淋、严寒酷暑，就必须使用永久性的材料。最常用的雕塑材料有石材和铜材，也常用不锈钢等合金材料和混凝土等材料，虽然随着新材料研发，玻璃纤维、合成材料等作为城市雕塑材料逐渐增多，但对于气候变化显著的地区，仍应慎用以免出现耐久性问题。

材料本身的质地、肌理、色彩、反光通过视觉、触觉甚至听觉传递综合信息，使人产生软硬、冷暖等心理感受。如金属、陶瓷、玻璃给人十分生硬、冷的感觉；木材、纤维、塑料等使人感觉温暖柔和。石头、混凝土等材料显得厚重、朴实，不同的表面处理方式造成不同的感受，光滑的表面会产生柔软、温和的效果，粗糙的表面和简洁的轮廓会给人坚硬和有力的感觉。

城市雕塑的色彩选择要与周边城市环境的基调色彩和谐，它应根据使用功能和人们的主观感受，或对比或互补，创造富于出和谐的色彩组合关系。色彩可以表达一定的情感，甚至信仰，城市雕塑色彩选择时，必须考虑地域民族特征以及色彩的象征性等因素，不能违背市民普遍的审美倾向。

不同的材料适合不同的雕塑形式和表现内容，熟知各种材质、色彩的性能和特点以及其引发的普遍心理反应，才能根据不同环境和主题的要求，选择合适的材料。

5.2.7 城市雕塑评审与建设

5.2.7.1 评审与备案

按照住房城乡建设部《关于进一步加强城市与建筑风貌管理的通知》等文件要求，将超大体量公共建筑、超高层地标建筑、重点地段建筑和大型城市雕塑作为城市重要项目进行管理，建立健全设计方案比选论证和公开公示制度，对于不符合城市定位、规划和设计要求或专家意见分歧较大、公示争议较大的，不得批准设计方案。

完善的法律、法规和规章，是加强城市雕塑建设管理的重要手段。应尽快加大管理的力度，建立完善的政策法规，将城市雕塑系统规划纳入法制的轨道。建议在城市总体规划中做城市雕塑系统的专项规划，并制定《城市雕塑系统规划管理办法》，不具备专项规划条件者也建议在城市绿地系统规划中增加相应的内容。

为了提升城市雕塑建设水平，可以在城乡规划行政主管机关内设专门的办公室或专业委员会，具体负责组织协调重大城市雕塑项目的规划建设工作，指导建设单位开展雕塑方案征集、评审等活动，对居住区、企事业单位等区域内部的城市雕塑项目建设进行指导、监督及备案。

城市雕塑必须由雕塑建设单位或个人向城市雕塑建设管理机构申请，由城市雕塑建设管理机构审批后方可立项实施。市级重要城市雕塑项目应在市城市雕塑建设管理机构指导下，按作品征集、评审程序组织实施，城市雕塑设计方案必须经过专家评审通过，未经核准及评审通过而擅自建造的城市雕塑，城市雕塑建设管理机构应根据具体情况，建议有关部门进行拆除或搬迁。符合审批手续的城市雕塑建设完成后，城市雕塑建设管理机构组织验收。根据当前城市建设的现实情况，建议验收以后的城市雕塑交由城市建设管理部门负责维护管理，以免业主变更造成无人管理。

5.2.7.2 建设与管理

目前我国城市雕塑建设资金主要来源为政府财政经费、企业出资或赞助、民间募集等几种。与此相比，国外城市的雕塑建设的制度主要是通过立法程序，从项目建设经费中抽取一定比例或由艺术基金会提供经费支持。可以借鉴国外经验，从城市建设项目资金中抽取一定比例作为城市雕塑建设基金，由城乡规划行政主管机关内设立的专门办公室或专业委员会管理，专门用于城市雕塑系统规划和具体城市雕塑的规划、设计、建设和管理。在这方面，浙江省走在全国前面，做出了很好的示范，值得其他城市学习参考。

2005年，台州市在全国首开先河，制定了城市公共艺术建设经费的百分比制度——"1%公共文化计划"，针对规定范围内的建设项目，在地面建筑项目工程造价中提取1%的资金，用于公共文化设施建设。自此之后，众多的优质城市雕塑落户当地，十年间筹集了近2亿元的社会资金，资助建成了120多座城市雕塑、小品，以及18个公共艺术示范小区，使台州的城市风貌为之一新。这些城市雕塑体现了台州地域的山海文化与多元现代文化融合，提升了市民对台州认知的深度。

台州的实践成果丰硕，从2006年开始的每一届浙江省城市雕塑评优活动，台州都有城市雕塑被评为优秀，台州市住房和城乡建设规划局荣获优秀组织奖。雕塑作品"朝耘暮栖"系列雕塑曾获全国雕塑评选优秀奖（图5-5）[3]。台州还建设了"2010中国·台州国际城市雕塑艺术创作营"系列雕塑，位于市民广场三期雕塑公园，共有35件作品。短时间内涌现出的众多优秀城市雕塑作品大大提升了台州的城市文化品质，产生了很好的社会效益。

图5-5 台州优秀城市雕塑作品

浙江省在 2018 年开始实施《浙江省城市景观风貌条例》(见本书附件),该条例为全国首部城市景观风貌专项立法,为破解城市景观风貌建设中的一些难题提供了制度保障。条例中规定:建筑面积大于 1 万平方米的文化、体育等公共建筑,航站楼、火车站、轨道交通等城市重要交通场站,用地面积 1 万平方米以上的广场和公园等建设项目,公共环境艺术品配置投资金额应不低于项目建设工程投资概算的 1%,建设工程造价超过 20 亿元的,超出部分的配置投资金额应不低于超出部分建设工程造价的 0.5%。同时要求,项目投资概算审批环节和审计环节均应当对公共环境艺术品配置情况进行审查,以确保公共环境艺术品配置落到实处。

该政策旨在引导示范,主要针对国有性质的工程项目,对社会投资项目不做硬性规定,但鼓励其配建公共环境艺术品,具体规定可由地方政府制定,以保证政策的弹性和可操作性。这一制度的执行将有效缓解公共环境艺术建设资金不足的问题[4]。

5.3 城市植物景观

在我的快速城市化进程中,城市植物景观的地域性特色减少,城市绿化景观同质化现象较普遍。如何营造高品质的绿化景观,也是城市风貌建设需要关注的内容之一。植物景观是城市风貌的重要组成元素,但只是在城市绿地系统专项规划中对总体景观类型有所要求,对如何配置植物景观风貌、如何有效管理方面就没有明确的要求了。城市植物景观如何体现地方特色,发挥城市绿地系统综合效益是城市植物风貌规划的重点内容。

5.3.1 城市绿地景观

植物景观风貌是城市绿地呈现出来的景观,是城市景观风貌的重要组成部分,不仅体现城市自然环境、植被特色,还有传承城市历史与文化的作用。城市植物景观中城市道路绿地、城市滨水绿地和城市公园绿地是市民和游客使用率最高的三类公共绿地。

城市道路绿地是指在道路用地范围内,作为栽培植物和造园布景的用地,包括路基边坡、取土坑、中央分隔带、分车带、防护带以及广场、人行道等处。道路绿地主要用以净化空气、美化环境、调节气候、防噪、防雪、防火以及遮阳、防眩、诱导驾驶人员视线等,其形式有行道树、林荫道、绿篱、花丛和条形草地等。

城市滨水绿地指城市河流流经区域或城市所毗邻湖泊沿岸的绿化带。其特点是地形狭长,呈带状分布。生态系统中的能量、物质和物种常沿着河流进行迁移，自然状态下的岸带常表现为连续分布的绿色植物带，在景观生态学中将其定义为"河流廊道"。从生态学角度看，滨河绿地因处于水陆交界地带，自然条件丰富多变，植物景观物种丰富且结构复杂，因此成为展示城市园林景观的重要窗口之一。

城市公园绿地率高，以绿化景观为主，其保有的绿地空间是达到城市乡村化的既有方法，可软化城市外观轮廓、美化城市市容。城市公园绿地可起到提供休闲游憩、集会社交、教育等场地的功能，可节制过分城市化、缓和相冲突的土地分区，并可作为公共设施保留地。城市公园绿地可协调城市生态系统的平衡状态，同时具有阻隔噪声、防尘等改善城市环境的功能，并且可作为防空、避灾的紧急避难场所。

5.3.2　植物配置设计

植物配置融合了植物的个体美和群体的组合美，完美的植物造景设计既要满足植物与环境在生态适应性上的统一，又要通过艺术构图原理体现出植物个体及群体的形式美以及内在的意境美。

5.3.2.1　植物配置设计原则

城市植物景观设计首先要考虑以安全性为前提，选择无毒、无污染的植物种类，尤其在老人或儿童活动区，滨水植物景观的营造，在满足人们亲水、观景等活动的同时，在水边设置栏杆或驳岸等，以保证游人游览的安全性。

植物种类搭配应遵循多样性原则，例如选择多种植物搭配，从植物种类上丰富植物景观，比一种植物重复使用可以达到更好的造景效果；乔木、灌木、草被（皮）三种层次结构搭配以丰富植物层次。同时在植物空间设计上运用空间引导、空间围合和树下空间界定等手法给游人带来多样且丰富的游览感受等。

植物配置还要坚持生态优先，选择适合本地生长的植物，以乡土植物为主，外地珍贵的驯化后生长稳定的植物为辅，并通过合理搭配形成颜色变化丰富的空间效果，突出景观主题。强调绿化景观视觉效果，达到"三季有花，四季常绿，季相鲜明"的目标。通过合理设计植物种植间距、速生植物与缓生植物种类搭配种植等方法，可以使植物健康生长。

5.3.2.2　植物配置的心理效应

色彩可以影响人的情绪。不同的色彩会给人们带来不同的感受，明亮鲜艳的颜色使人感觉轻快，灰暗浑浊的颜色则令人忧郁；对比强的色彩组合趋向明快，弱者趋向忧郁。植物配置设计应根据环境、功能、服务对象等对植物色彩进行搭配。

暖色调和深颜色给人以坚实、凝重之感，有着向观赏者靠近的趋势，会使得空间显得比实际的要小些；而冷色调和浅色与此相反，在给人以明快、轻盈之感的同时，它会产生后退、远离的错觉。暖色多应用于广场花坛、主要入口或门厅等庄严、热烈环境；冷色多用于空间较小的环境边缘，以增加空间的深远感。

色彩明度高的运动感强，明度低的运动感弱，互为补色的两色结合，运动感最强。在城市绿地中，可以运用色彩的运动感创造安静与运动的环境。如休息场所和疗养地段可以采用运动感弱的植物色彩，创造宁静的气氛；而在体育活动区、儿童活动区等运动场所应多选用具有强烈运动感色彩的植物和花卉，创造活泼、欢快的气氛；纪念性构筑、雕像等常以青绿、蓝绿色的树群为背景，以突出其形象。

冷色有收缩感，同等面积的色块，在视觉上冷色比暖色面积感觉小；亮度高的色彩面积感大，亮度弱的色彩面积感小；同一色彩，饱和的较不饱和的面积感大，两种互为补色的色彩放在一起，双方的面积感均可加强。城市绿地中，相同面积的前提下，水面的面积感最大，草地的面积感次之，而裸地的面积感最小。因此，在较小面积城市绿地中设置水面比设置草地可以取得扩大面积的效果，运用白色和亮色，也可以产生扩大面积的错觉。

现代园林中常采用大面积草坪或单种花卉群体大面积栽植的方式，形成大色块，但单一色彩面积过大容易显得单调，若在大小、姿态上取得对比变化，景观效果会更好，例如绿色草地中的孤植树，园林中的块状林地等。采用补色配合可以得到活跃的色彩效果，给人醒目的感觉。大面积草坪上配置少量红色的花卉，在浅绿色落叶树前栽植花灌木或花卉可以得到鲜明的对比。

多种色彩的植物配置会给人生动、欢快、活泼的感觉，如布置节日花坛时常用多种颜色的花卉配置在花坛中，创造欢快的节日气氛。类似色配合在一起，用于从一个空间向另一个空间过渡的阶段，给人柔和安静的感觉。园林植物片植时，如果用同一种植物且颜色相同，则没有对比和节奏的变化。因此，常用同一种植物近似色的类型栽植在一起使色彩显得活跃。

5.3.2.3 园林形式美规律

人们在长期的社会劳动实践中，发现了一些形式美的规律，普遍适用于造型艺术领域，在城市植物景观设计中也同样适用。其中重要的法则，如对立与统一、均衡与对称、韵律及节奏、比例与尺度等在绿地景观设计中也有表现。

城市绿地景观设计应整体考虑各种植物，达到形式与内容的变化与统一。植株形态、色彩、线条、质地及比例都要有一定的差异和变化以显示多样性，同时又要使它们之间保持一定相似性，达到统一感。

各类园林都普遍遵循调和与对比的原则。首先从整体上确定一个基本形式

（形状、质地、色彩等）作为植物选配的依据。在此基础上，进行局部适当的调整，形成对比。园林景观需要有对比能使景观丰富多彩，生动活泼，同时又要有调和，以便突出主题，不失园林的基本风格。植物造景中，应主要从外形、质地、色彩、体量、刚柔、疏密、藏露、动静等方面实现调和与对比，从而达到变化中有统一的效果。

植物景观的构图设计要利用植物单体有规律的重复、变化，在序列重复中产生节奏，在节奏变化中产生韵律。条理性和重复性是获得韵律感的必要条件，简单而缺乏规律变化的重复则单调枯燥乏味。如路旁的行道树用一种或两种以上植物的重复出现形成韵律。一种树等距离排列称为"简单韵律"，比较单调而装饰效果不大。配植两种树木，尤其是一种乔木与一种花灌木相间排列或带状花坛中不同花色分段交替重复等，可产生活泼的"交替韵律"。欧洲古典主义园林中绣花植坛的图案，形成如行云流水、自由奔放的"自由韵律"。人工修剪的绿篱可以剪成各种形式的变化，方形起伏的城垛状、弧形起伏的波浪状、平直加上尖塔形半圆或球形等形式，如同绿色的墙壁，形成"形状韵律"。或者两种植物作为绿篱，前者秋季变红，后者春季嫩梢红色，这样随季节发生色彩的韵律变化者，可称之为"季相韵律"（图5-6～图5-8）。

这种变化是逐渐而不是急剧的，如植物群落由密变疏，由高变低，色彩由浓变淡都是取渐变形式，由此获得调和的整体效果。花坛的形状变化或植物种类、色彩、排列纹样的变化，结合起来就是花园内最富有韵律感的布置。植物种类并不需要多，但按花期按季节而此起彼落，其中高矮、色彩、季相都有变化，如同一曲交响乐的演奏，韵律无穷。沿水边种植植物，倒影成双，也是一种重复出现，一虚一实形成的韵律。一片林木，树冠形成起伏的林冠线，与青天白云相映，风起树摇，林冠线随风流动也是一种韵律。

一般情况下，植物景观设置难以做到绝对对称，但仍然要获得景观上的总体均衡，包括各种植物或其他构成要素在体形、数目、色彩、质地、线条等各方面的量，要从各方面权衡以求得景观效果的均衡（图5-9），这种不对称均衡赋予景观以自然生动的感觉。城市绿地是人造的自然景观，构图稳定是基本的心理需要。因此，干细而长，枝叶集生顶部的乔木下应配置中木、下木使形体加重，使之成为稳定的景观。比如高大乔木在风雨中摇晃起来，不稳定感十分强烈，当有中下乔木的树冠相烘托时，其摇摇欲倾之势就大为减弱了，稳定感明显地增加了。

比例是指景物在体形上具有适当美好的关系，其中既有景物本身各部分之间长、宽、厚的比例关系，又有景物之间个体与整体之间的比例关系，这两种关系并不一定用数字来表示，而是属于人们感觉上、经验上的审美概念。从局部到整体，从近期到远期（尤其植物体量的增大），从微观到宏观，应当维持良好比例关系。

图 5-6　简单韵律

图 5-7　交替韵律

图 5-8　自由韵律

图 5-9　均衡的造景

尺度中既有比例关系，还有匀称、协调、平衡的审美要求，其中最重要的是与人所熟悉的对象间的大小比较。城市绿地尺度应按人的使用要求来确定，其比例关系也应符合人的视物规律，主景植物等景物设立在什么位置上，就有尺度和比例的要求。

5.3.2.4　植物造景手法

植物的造景设计对城市特定空间风貌的形成非常重要，现代城市绿地的植物景观营造手法主要有以下几种。

（1）建造空间

植物可以用于城市绿地空间中的任何一个平面构成空间，也能构成互相联系的空间序列，在不变动地形的情况下，利用植物来调节空间范围内的所有方面，从而能创造出丰富多彩的空间序列，最典型的就是街道上不同的要素，因为有了相同的植物配植而成为统一的街景（图 5-10）。

在户外空间中，植物可以借助本身截然不同的大小、形态、色彩、排列或与相邻环境不同的质地来突出或强调某些特殊景物（图 5-11）。植物的这些相应的特性格外引人注目，适合在出入口、交叉点种植以指出一个空间或环境中某景物的重要性和位置，使空间更显而易见，更容易被人识别和辨明。

图 5-10　植物统一室外空间

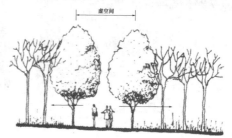

图 5-11　树干暗示空间

植物还能完善由建筑物所限定的空间，将围合的规则空间再分割成许多一系列气氛亲切、柔和的次级空间。如在老城区因建筑密度大使城市空间显得杂乱，通过拆掉部分老旧建筑，见缝插绿，配植适当的植物，或通过将建筑轮廓延伸至其相邻的周围环境中的方式而完善、统一空间。

（2）分隔空间

植物可以隔断部分视线，增加空间层次，使空间小中见大，丰富景观，常用的处理手法有障景与隔景（图 5-12）。"佳则收之，俗则屏之"是我国古代园林营造的手法之一。障景又称抑景，是直接采取截断行进路线或逼迫其改变方向的办法，将好的景致收入到景观中，遮挡乱差的地方。在游赏中凡是能抑制视线、转变空间方向的屏障物均为障景。植物如直立的屏障，利用植物材料能控制人的视线，将所需的美景收于眼里，而将不雅之物障于视线以外（图 5-13）。隔景是可以避免各景区的相互干扰，增加景观的构图变化。

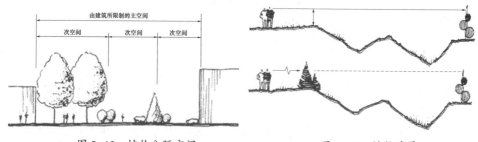

图 5-12　植物分隔空间

图 5-13　植物障景

（3）框景与漏景

植物的框景就是利用树干树枝所形成的框架有选择地提取另一空间的景色，使之恰似一幅嵌于镜框中的图画。以简洁幽暗的景框为前景，使观赏者的视线通过景框集中在画面的主景上，给人以强烈的艺术感染力。植物材料可以通过枝叶、树干等形成遮挡物围绕在景物周围，形成一个镜框（图5-14）。漏景是框景的延伸和发展，若隐若现、含蓄幽然。城市绿地植物造景的时候可通过树干、疏林空隙形成漏景。

（4）夹景与对景

城市绿地植物景观设计中常遇到远景在水平方向视界很宽，为了突出前方理想景色，常以植物或建筑等将两侧加以屏障，形成左右遮挡的狭长空间，这种手法叫夹景，夹景尽头被突出的景观称为对景。夹景是运用轴线、透视线突出对景的手法之一，可增加园景的深远感（图5-15）。当主景与远方之间没有其他中景、近景过渡时，为求主景或对景有丰富的层次感，加强园景景深的感染力，常做添景处理。添景的"景"常常是景观小品或园林植物，用植物做添景时，其形体宜高大、优美。创作设计植物景观题咏称为点景，点景能景观内涵，起到画龙点睛的作用。

图 5-14 植物框景

图 5-15 夹景与对景

参考文献

[1] 吴为山艺术问政：城市雕塑该立法，不要再雷人，人民美术网，http://www.peopleart.tv/38190.shtml，2014-03-04 09:32

[2] 城市雕塑的历史演变，山东商报,2012年08月31日. https://www.chinanews.com.cn/cul/2012/08-31/4148632.shtml

[3] 浙江省城市雕塑评选结果揭晓 [N]. 中国台州网 - 台州晚报，2015-02-27.

[4] 浙江省人大创制性立法提高城市"美感"，浙江人大杂志 [J],
http://www.jsrd.gov.cn/tszs/201712/t20171228_483315.shtml,2017-12-28

下　篇

6 绵阳城市概述

绵阳是党中央、国务院批准建设的中国唯一科技城、四川第二大经济体和成渝城市群区域中心城市、重要的国防科研和电子工业生产基地。绵阳市已有2200多年建城史，历来为州郡治所，目前的主城区建成面积167.58km²、常住人口141.97万人，享有全国文明城市、国家卫生城市、国家森林城市等荣誉称号。绵阳的发展优势源于其优越的自然资源条件和悠久的历史文化传统。

6.1 绵阳的自然地理

6.1.1 绵阳的地形条件

绵阳市范围内自然地形分布复杂，其中山区、丘陵区、平坝区分别占61.0%、20.4%、18.6%。地势西北高，东南低，地形起伏很大。其中涪城区的主要地貌类型为河谷冲积平坝和丘陵，前者地势平坦，海拔450～500m，且一般高出河面4～6m，地下水位高，水量丰富；后者主要是低丘和中丘，其上覆盖棕黄色亚黏土和砂砾卵石层。地带性土壤因成土母质多系易风化的紫色和紫红色砂、页岩，在环境的作用下，土壤发育多成幼年型，土壤特征与土壤母质接近，属紫色土。游仙区地势东北较高，西南、西部涪江及中部芙蓉溪、魏城河谷一带较低，属平坝浅丘相间地形，境内山丘连绵，但坡度平缓，最高海拔728m，最低海拔419m，一般均在500～600m之间。

6.1.2 绵阳的河流与水系

绵阳市江河纵横，水系发达，境内河流属长江流域嘉陵江水系。中心城区内的主要水资源为芙蓉溪、涪江和安昌河。涪江（图6-1）[1]，因流域内绵阳在汉高祖时称涪县而得名，长江支流嘉陵江的右岸最大支流，在绵阳市境内长约380千米，流域面积约20230km²，由北至南贯穿绵阳。

安昌河又名安昌江，属于长江流域、嘉陵江水系，流经绵阳市下的北川羌族自治县、安县、涪城区等，是涪江的一条支流，发源于龙门山地，于绵阳市区注入涪江，长度 76.24 千米，流域面积 1180 平方千米。

芙蓉溪，是涪江一级支流，河流全长 90.7km，流域面积 594.9 平方千米。在游仙境内，溪流全长 59.75km，流域面积 311.5km²。涪江、安昌江和芙蓉溪在绵阳市区汇合，汇合处形成的江面平静，视野开阔，绵阳人称之为三江湖，2020 年在三江汇流处建设成了国家级的"四川绵阳三江湖国家湿地公园"（图 6-2）[2]。涪江和安昌江交汇处称之为三江半岛，涪江和芙蓉溪交汇处称之为三汇绿岛，三江湖中有两个岛，桃花岛和中脊岛。

图 6-1　涪江风景　　　　　　　　　图 6-2　三江湖风景

图 6-1　涪江风景

6.1.3　绵阳的气象条件

绵阳市属北亚热带山地湿润季风气候区。年均气温 -5 ～ 17℃，年均降水量 806 ～ 1138mm。涪城区属于亚热带湿润季风气候，年平均气温 16.3℃，年日照 1298.1 小时，年无霜期 272 天，年平均降雨量 963.2mm，年平均空气相对湿度 79%，年平均雾日 51 天。由于地处秦岭南侧的四川盆地西北部，北有剑门山脉、西北有龙门山脉作屏障，阻挡来自西北方的寒冷气流，使得气候带有明显的地域性特点，冬无严寒，夏无酷暑，四季分明，雨热同季，终年风小，无霜期长。游仙区属亚热带季风气候，年平均气温为 16.5℃，日照 1298 小时，无霜期 280 天以上，年平均降水量约 990mm，降水多集中在每年 6 ～ 9 月。夏季多为偏南风，冬季多为偏北风。夏无酷暑，冬无严寒，四季分明，雨热同季，终年风小，无霜期长为区境气候的主要特征。

6.2　绵阳的人文历史

从汉朝起，绵阳就有很多留名史册的重大事件，众多历史名人在此留下故事，一些知名的文物古迹也存留至今，这些人物、事件、遗迹就是绵阳久远历史的记忆承载体。

6.2.1　历史事件

西汉高祖六年（公元前201年），鉴于蜀郡太大，从蜀郡中分出东北部建置广汉郡，郡治初设于绳乡，即乘乡，今金堂赵镇，后迁至梓潼。西汉王朝为加强了中央对地方的控制，在全国设立13个监察刺史部，将四川划属益州刺史部，四川由此被称为益州一直到宋末。益州州治先后定于今天的成都、绵阳、德阳黄许镇、广汉等地区。东汉时期，郡县设置沿袭西汉制度，但是将西汉后期所设的西部都尉改为汉嘉郡[3]。东汉末年，刘备据蜀，于建安二十二年分广汉郡北部地区设梓潼郡，建兴三年分广汉郡东部地区设东广汉郡。自此后，市境相沿各代均有州、郡、府等县以上政区建置。

东汉献帝建安十六年（公元211年），当益州牧刘璋畏惧曹操兵锋，派法正前往豫州请刘备出兵相助，法正献策刘备，请其取刘璋而代之。刘备细心筹备，率军进入益州，至于涪城，与刘璋会于东山之上，始有"东山之会"。宴会之中刘备一边表现得沉醉燕乐，一边将军队驻扎到了有利地点，对谋取成都，已胸有成竹。如此心情之下，"富哉，今日之乐乎"正是他借对山水风光的赞美，流露了踌躇满志的心态[4]。后来，刘备果然从葭萌关出兵占领了绵阳，并以此地为根据地攻占了成都，从而建立了蜀汉政权，魏、蜀、吴三国鼎立之势成。而在此次东山之会，刘备的一句赞叹之词，便成了如今富乐山名字的由来（图6-3）。唐显庆年间（656—661年），高宗皇帝李治敕令山上建坛，唐武宗会昌年间（841—846）又大兴土木，到了宋代，才兴建以山为名的富乐寺。后受到兵燹的破坏，于清末民国年间彻底毁坏，直到20世纪90年代初期，在富乐山新建富乐堂，以示纪念。

图 6-3　富乐山

刘备占据蜀国，身边有很多贤人义士辅佐，蒋琬为其中重要人物，生前被诸葛亮推崇为"社稷之器"。蒋琬病逝后埋葬于他驻军的水陆四通、蜀道咽喉的涪城，其墓及碑今位于绵阳西山风景区内。

历史上发生在绵阳境内的重大事件，在绵阳历史上留名的重要人物，均见后文及图表。

6.2.2 古迹遗存

留存于绵阳城区内，最有名的历史建筑遗迹是汉代子母阙，也称双阙。位于靠近芙蓉溪仙人桥 108 国道一侧，1961 年 3 月 4 日，双阙被国务院公布为第一批全国重点文物保护单位。主阙通高 5.45m、副阙通高 5.29m，宽 1.66m，由阙基、阙身、阙盖、阙檐、介石和阙顶六部分组成，全由条石和板石堆砌，其间无任何黏结物，严整坚固，整齐美观。正面有铭文，由于年代久远，今仅存"平"字清晰可辨、"汉"字（繁体）依稀可辨。《绵阳县志》载："今仙人桥侧所存石阙，刻有梁大通造像各种。阙上端并有'汉平'二字，如瓦当式隶书。第一'汉'字，第二坏烂，第三'平'字，谓之平阳府君阙。"著名古建筑学家梁思成 1939 年在考察和测绘绵阳汉阙时依据县志记载，将此阙命名为"平阳府君阙"。其后经过多次文史资料考据，证实最可靠的记录是"汉平杨府君叔神道"八字，说明此阙确实为汉代遗物 [5]。

越王是唐太宗李世民的第八子，在他任绵州刺史的时候，亲自监工，国库拨款 50 万两银修建以显王气的越王楼，既作为招贤纳士的招牌又作为防御吐蕃东侵的军事建筑。在《杜诗详注》中有记载，李贞来任，先建王宫，即州府，后修高楼，以楼助王宫的气象。天宝十四年（公元 755 年）发生"安史之乱"后，唐玄宗于天宝十五年被迫出逃西蜀，驻跸绵州越王楼，并将越王楼作为临时行宫。自越王楼完工之日起，天下文人雅士纷至沓来，留下了无数经典诗篇，历代诗人题咏越王楼诗篇多达 150 余篇，故有学者称越王楼为"天下诗文第一楼"。其中尤以诗仙李白的《上楼诗》"危楼高百尺，手可摘星辰，不敢高声语，恐惊天上人。"闻名天下。唐、宋、元、明、清历代画家也多有描绘越王楼的精美画卷。现在的越王楼是于 2001 年 10 月开始重建，几经波折经历了十年的风雨最终建成。新的越王楼主楼内外 15 层，底面东西宽 66m，南北长 88m，高 99m，主体结构为钢筋混凝土框架，外部为仿唐代风格，配套建筑有廊、亭、阁、榭、台、广场、商场、停车场、园林等。建成后的越王楼在高度、形态和面积上均属国内仿古建筑之最。

在唐玄宗出逃西蜀的过程中，身边一直有姜皎护驾，姜皎擅长画鸟，他曾在绵州督邮亭的墙壁上画过带角的鹰，并镌刻在石碑上，立于州堂之后。

绵阳有一名刹曾被誉为"涪江一绝"，即位于龟山之麓滨江而又陡窄的一带斜坡之上，可以俯瞰滚滚涪江的碧水寺。该寺的建造时间已经无从考证，但从旧志中记载可知，寺内的摩崖和金刚经和已经圮废的开元寺的石刻造像是同时，以此推断大概为唐朝所建，其规模起初只是一处小寺，如今也是错落有致的建筑群。碧水寺历经兴废，1985 年，市文管所开始对碧水寺进行维修保护，历经数载，建成了占地 60 余亩的碧水寺文物风景区。寺中最有价值的是"碧水寺摩崖造像"，1991 年四川省人民政府公布为省级文物保护单位，2013 年，国务院公布为国家级文物保护单位。

碧水寺北端建有一亭，原为唐代建筑，为接送来往官员长亭，称为北亭。文献上并没有载录北亭的位置，顾名思义，此建筑可能建在州城北隅或北郊。初唐四杰之一王勃曾游历蜀中，离川返京之前，在饯别宴上，他写下了《北亭群公宴序》。北亭屡经兴废，今不知其遗址所在。1990 年，绵阳卷烟厂捐款在碧水寺里重建北亭。为上下四层、基座以上层层有八角飞檐的八角亭，是以纪念王勃在此的一段历史，此亭目前位于碧水寺内。

绵阳有全国唯一的合祀李白杜甫的祠庙，即李杜祠。李白，字太白，生地今一般认为是唐剑南道绵州（巴西郡）昌隆（后避玄宗讳改为昌明）青莲乡。李白少年时隐居戴天大匡山（在今四川省江油市内）读书，后出游江油、剑阁、梓州（州治在今四川省境内）等地，增长了不少阅历与见识。杜甫于唐宝应元年（公元 762）秋天开始，流寓于绵州数月，包括现属绵阳市的三台县，即当时的梓州。清光绪年间，吴朝品在唐代治平院的故址上，修建了李杜祠。吴朝品秉承父志，经过自己的不懈努力，在亲朋好友的协助下，惟俭惟朴、不雕不镂地修成此祠。祠中"为位以祀"，即放置有李白、杜甫的牌位，还存有很多碑刻等历代遗物。

"西蜀子云亭"虽因与"南阳诸葛庐"同列《陋室铭》才广为人知，但子云亭早在唐朝就已经闻名遐迩，引无数文人趋之若鹜。现存的子云亭坐落于绵阳西山之上，《绵阳县志》中说到"前清里人建亭其上"。由此可见，子云亭也是经历了多次圮废重建 [2]。现在的子云亭于 1989 年竣工，其建筑形式和规模都之前的更大更雄伟。这里的子云亭不仅仅作为陈列室，还可以俯瞰绵阳全城，连涪江左岸的科学城、富乐山、安昌江之右的南塔、烈士陵园、城西的火车新客站，均可尽收眼底。

绵阳可观两江，即涪江和安昌江，唐朝时期除了碧水寺可赏涪江水外，曾经在绵阳旧城西南角的白衣庵后城墙上，望向安昌江的位置，还建有一座唐代名胜，即古绵州望江楼。后由于涪江河道改道，从唐朝到清朝，屡次复建的望江楼已不在原来的位置，将望向安昌江改成了望向涪江。《绵阳县志》有记载，该楼于同治元年有重建记载，后又于民国二十二年（1933 年）重建修成 [4]。

欧阳修出生于绵州涪城，其父亲曾任绵州推官，勤政清廉，爱民如子，可惜不幸早逝，母亲才携其回原籍。后来绵州人民为了纪念欧阳修，在绵州推官府（今绵阳一中内）东侧始建一亭，因欧阳修晚号六一居士，故此亭取名"六一堂"。20世纪50年代，六一堂被毁。1989年，绵阳市在南湖公园重建了"六一堂"，此堂为国内独有，陈列欧阳修生平事迹。

三江汇流是绵阳城市地形的一大特点，历史上屡遭洪水侵袭，抗洪也因此成为重点记载的历史事件。《左绵话故》一书中写道："绵州城位于涪江和安昌江的冲积平原上，两条江在枯水期和洪水期的水流量悬殊，涪江的年流量水量大概有74%都集中在汛期，而安昌江在汛期时水流量速度可达到362m^{3}s，因此如果两江同时暴涨，绵州城则会成为一片汪洋。"，有文献记载孝宗淳熙十二年（公元1185年）知州史祁于城西北作土堤坝"以捍涪趋"所以最迟从南宋开始，绵州城便开始筑堤抗洪[4]。有关绵阳的堤防建设以及为抗洪事业做出重大贡献的地方名人的记录，不绝于史。但直到建国后，有了科学方法、先进技术的支持，洪涝灾害才被彻底解决（图6-4）。

明宪宗成化初年（1465年），知州宁鸿在原绵州城的西北沿江部分，将土堤改为石堤。清圣祖康熙三十一年（1692年），一场特大洪水将堤坝全部冲毁。当时由于涪江水暴涨，而且突然改道，从而导致原绵州城的北门和东门以及半个城区全部卷走，其河道向东偏移1km，致使绵州城在这次的洪水破坏中几乎尽毁。高宗乾隆三十五年，绵州州治迁往罗江县城，直到仁宗嘉庆七年（1802年）刘印全任知州时才获准迁回涪县。刘印全任绵州知州的时期，筑堤坝、增修分水鱼嘴，以防洪涝灾害，可惜效果并不明显。以后的历任知州均意识到"州非城不守，城非堤不完，堤坏而城随之"。[2]知州毛震寿、刘南，民国绵阳县知事冯藻、万庆和等先后多次对堤坝进行修葺加固，或增筑新堤，还有用铁铸造镇水犀牛（此即为今市内铁牛广场之由来）、凿龟山石盘等以降低洪涝灾害。而这些虽然效果甚微，但也体现了绵州人民面对洪涝灾害的勇敢和不屈的精神。清光绪年间，何家山汉墓群和开元寺的前朝塔砖相继被发现，有玉簪、铜剑、钱币等出土，但限于历史条件，汉墓并没有得到很好的保护。

20世纪80年代末期，在何家山新发现汉墓，在政府组织下进行了保护和科学发掘，出土了大量珍贵文物。其中的"东汉大铜马及牵马俑"是目前出土汉铜马中最佳者（收藏于绵阳博物馆内，图6-5）。马的造型异常生动、矫健昂首，竖耳，二目圆睁，张口露齿，翘尾，呈行走状，马高134cm，长115cm，是全国各地发现的汉铜马中最高大的。《人民画报》等许多全国性报刊，都先后进行了详细报道，彩印了铜马英姿，引起了轰动。

图 6-4　安昌江河堤　　　　图 6-5　何家山汉墓铜马俑

光绪十三年间受涪江水涨的影响，在开元寺前的田垄中，被水冲刷后发现了大量刻有各种纹饰的北宋塔砖，还发现东汉章帝建初年（76—84年）隶书残砖二方，不同年代的塔砖是绵州文化发展的重要佐证。

6.2.3　风流人物

作为知名文人留迹于史书的绵阳人物不多，其中西汉时期扬雄最有名。扬雄（公元前53年—公元18年），字子云，蜀郡成都（今四川成都郫都区）人。博览群书，长于辞赋，曾在他赴京赶考的途中于涪县驻足苦读，如今在子云亭门前还有置有他的雕像。扬雄是司马相如之后西汉最著名的辞赋家，所谓"歇马独来寻故事，文章两汉愧扬雄"，《陋室铭》中"西蜀子云亭"的西蜀子云即为扬雄（图6-6）。

此外，西汉时期绵州人涪翁因在医学上的卓越成就而闻名，涪翁生平不详，但有《针经》《诊脉法》等医学著作流传于世，程高为涪翁的弟子，郭玉师从程高，三人在当时即为著名医者，著作传于后世。1992年后，在绵阳永兴双包山一号、二号汉墓出土了人体经脉漆雕（收藏于绵阳博物馆内，图6-7），它的表面绘有10条脉，包括9条正脉和1条督脉。这是我国迄今发现最早的人体经脉模型医学文物，证实了当时本地医学的高水平。

图 6-6　扬雄雕塑　　　　图 6-7　《绵阳双包山汉墓》书

6.2.4　城市建设

今位于城市中心地带的绵阳市人民公园素有"川西北第一公园"的美称，公园内曾经有"川西北第一公园"石碑塔，惜毁于"文革"混乱中。该公园始建于1930年，川西北屯殖司令部指派的前绵竹县知事马祖援为当时的修建主事者，公园内修建有楼房、图书馆、亭、桥、池、榭一应俱全。中华人民共和国成立后，几经改扩建，现为占地面积228亩的综合性公园。人民公园于改革开放后，有一处爱国主义教育基地，即绵阳解放纪念碑广场，该纪念碑也叫"纪惠碑"，镌刻碑文的作者为华阳人林思进。该碑文的内容是歌颂军阀孙震（字德操），在内战连年不休之时，其拯救绵州人民于水火的事迹。

随着绵阳社会经济发展和"三线建设"工程的推进，在今跃进路一带，建设了国防、军工重点企业如长虹、九州、华丰等，大量的工业厂房、研发试验楼等建筑沿着长约500m、宽约10m的小街排列开，形成了工业集聚区。跃进路于2013年被确定为绵阳首个历史文化街区，军工生产的热闹景象虽已不在，但两侧多栋红砖建筑，带着独特的时代特征，展示着城市的历史记忆。

表6-1～表6-3内列明了发生在绵阳的重大历史事件，以及与绵阳相关的重要历史人物、知名的古迹和历史建筑等。绵阳是一座有历史有故事的城市，它用每一个街道、每一栋建筑、每一个处遗迹承载着从古至今的记忆，也许城市在不断更新，但历史却永远不会被遗忘。

表6-1　绵阳的重大历史事件

序号	朝代	时间	相关人物	事件	备注
1	汉	西汉 公元前201年		全国设立了13个监察刺史部，四川属于益州刺史部，因此四川也被称为益州，一直沿用到宋末年间	
		东汉		益州的州志先后定于今天的成都、绵阳、德阳黄许镇、广汉等地区	
		东汉建安十六年 （公元211年）	刘璋、 刘备	"二刘东山之会"，成为现在富乐山的名字的由来	
		东汉建安二十二年	刘备	刘备据蜀。自此后，市境相沿各代均有州、郡、府等县以上政区建置	

序号	朝代	时间	相关人物	事件	备注
2	唐	显庆年间 公元 656—660 年	越王李贞	李贞担任绵州刺史，建越王楼	
		天宝十五年 公元 756 年	唐玄宗	"安史之乱"唐玄宗被迫出逃西蜀，将越王楼作为临时行宫	
		年代不详		于安昌江边建望江楼	
		天宝十五年 公元 756 年	李隆基、姜皎	"安史之乱"，李隆基由藩邸旧臣姜皎护驾到绵州，他曾在绵州督邮亭的墙壁上画过一只有角的鹰，并镌刻在石碑上，立于州堂之后，史籍多载	
3	宋	南宋孝宗淳熙十二年 公元 1185 年	知州史祁	于城西北建土堤坝"以捍涪趋"	
		宁宗嘉定十二年 公元 1219 年	知州 程德隆	作文记史祁筑堤之功	
4	明	宪宗成化 公元 1465— 1487 年	知州宁泓	开采石头，将土堤改为石堤	
		世宗嘉靖 公元 1522— 1566 年	道方任	在原绵州城的西北沿江地带，修长堤以防城	
5	清	康熙三十一年 公元 1692 年		暴涨的涪江突然改道，河道东移 1 千米	
		乾隆三十五年 公元 1770 年		洪水冲毁绵州城后，把州治迁往罗江县城	
		嘉庆五年 公元 1800 年		在涪江西岸与安昌河交汇处的"半岛"处修建了一座新城	
		嘉庆七年 公元 1802 年	知州 刘印全	绵州城迁回，重建城垣时，砌了一道长 520 丈的河堤	
		嘉庆十二年 公元 1807 年	知州章凯	增修河堤数百丈	
		嘉庆十七年 公元 1812 年	通判李铎	发现了明朝知州萧来凤重建望江楼时所刻的碑	
		道光年间 （具体不详）	知州 陈耀庚	修筑了基宽 2.8 丈，面宽 2.2 丈，高 1.7 丈的新堤 340 丈，加上鱼嘴数道，共长 833 丈	赴顺庆府任职，回任后率众修筑河堤

续表

序号	朝代	时间	相关人物	事件	备注
5	清	咸丰七年 公元1857年	知州毛震寿	加固河堤	
		光绪六年 公元1880年	知州刘南	加固河堤	
		光绪十三年 公元1887年		涪江水涨冲刷了开元寺前的田垄而发现塔砖，塔砖量多，有刻纹砖上还有北宋年号，甚至还有施砖人的姓名地名，最珍贵的是还得东汉残砖二方	
		光绪十八年 公元1892年		城西五里何家山，一牧童偶然踏破一座汉墓，有文物出土	
		光绪二十七年 公元1901年	知州牛瑗	"筹资远购中外图书数百种，禀院司立案，将皮之学宫，以裨士林讨习。"	
		光绪三十一年 公元1905年		下诏废除科举制度，绵州及所辖各县先后设立了小学	
		光绪三十二年 公元1906年		治经书院改为小学堂藏书楼，即绵阳图书馆的前身	
		光绪三十四年 公元1908	知州扬兆龙	召集本州及属县德阳、绵竹、安县、梓潼、罗江士绅，议定创建联立中学校，宣统三年（1911年）十二月竣工	后来更名为绵阳初级中学校
		道光二年 公元1822	知州李光谦	修建奎星阁	
		1930年	蒲殿钦	募捐新建图书馆，在现警钟街与红星街转角康乐药房处，花了十个月时间，建起新式砖房	
6	现代	1989年		何家山汉墓群发掘	

表6-2 绵阳的历史名人

序号	人物	朝代	相关事件	备注
1	扬雄	西汉	扬雄在赴京途中于涪县苦读，涪县方志中有对他的记载	
2	涪翁	不详	常在涪江垂钓，故名。传下了有关针灸方面的《针经》《诊脉法》等著作，收弟子程高	

序号	人物	朝代	相关事件	备注
3	郭玉	东汉	郭玉原籍广汉,拜程高为师,掌握了两代名医的超凡医术,和帝(公元89—105年)时期任太医丞	
4	王长文	西晋	今绵阳三台人,天资聪颖,钻研五经,博览群书,以才学知名。著述颇多,作《无名子》12篇,《春秋三传》13篇,以及《约礼记》《通玄经》等传于后世	
5	王勃	唐	王勃蜀中游历,曾两次到绵州,在绵州士人为他举行饯别宴上,写下了《北亭群公宴序》	
6	李白	唐	李白,字太白。其生地今一般认为是唐剑南道绵州(巴西郡)昌隆(后避玄宗讳改为昌明)青莲乡。开元六年(公元718年),李白十八岁。隐居戴天大匡山(在今四川省江油市内)读书。往来于旁郡,先后出游江油、剑阁、梓州(州治在今四川省境内)等地	
7	李贞	唐	越王,于绵阳修建越王楼,誉为"天下诗文第一楼"	
8	欧阳修	宋	欧阳修出生于绵州涪城。父亲欧阳观时任绵州军事推官,后人也为纪念欧阳修,于绵阳修建了"六一堂"	
9	苏易简	宋	宋代绵州盐泉县(今绵阳市游仙区玉河乡)人苏易简,二十岁就考上状元	
10	文同	宋	今绵阳市盐亭县人,著名画家,诗人。他与苏轼是从表兄,以学名世,擅诗文书画,深为文彦博、司马光等人赞许,尤受其从表弟苏轼敬重	
11	刘印全	清	嘉庆年间任绵州知州,曾多次率领绵州人修筑河堤,在白莲教起义军渡过嘉临江时,带头率百姓集合的子弟兵大胜白莲教义军	

表 6-3　绵阳知名文物古迹

序号	名称	建造时间	所在位置	历史与外形特征	实物照片	备注
1	平阳府君阙	原建于汉代。南朝梁武帝大通三年，有人在其上镌刻了佛、观音和其他图像及文字。阙的原貌被破坏，有些内容无法准确考证	绵阳芙蓉溪仙人桥右靠108国道边	此阙为东西相距26.2m的南北二阙，并均为子母阙，除屋顶各有残缺，其余基本保存完好，均由下而上用石块叠砌而成。母阙一至五层，各层厚度大体一致，宽度相等，长度为五长五短，交互垒砌，第六层则为一长短石拼接与下方等长的巨石压其上，从而增加了稳定性。子阙既低于母阙，砌成其阙身的五层石料，长厚均为较小的单个条石，而非长短交互叠砌		
2	富乐堂	1990年修建	绵阳富乐山顶，规划占地面积0.42km^2	富乐堂主体建筑为一四合院建筑群，建筑面积2230平方米，大殿为高大宽敞的五开间，两侧均为两层楼的厅房，并同走廊连接构成合院式建筑。整座建筑红墙黄瓦，肃穆庄严		唐代曾在山上建坛；宋代于富乐山兴建富乐寺，反复修葺后，于清朝末年和民国毁于兵燹
3	子云亭	1949年	绵阳西山风景区内	1940年的子云亭原貌		http://www.myntv.cn/html/2016/news/12978.html

续表

序号	名称	建造时间	所在位置	历史与外形特征	实物照片	备注
4.	子云亭	1989 年	绵阳西山风景区内	新建的子云亭已经不同于早期样貌，为一仿古建筑，三楼一底，上层三阁并列，中央一阁更高一层，每层均朱楹碧瓦，飞檐龙脊，亭前有一座花岗岩的扬雄雕像		子云亭于唐代开始就已有记载，直到 1940 年还有子云亭的原貌
5	蒋琬墓	道光二十九年公元 1849 年	绵阳西山风景区内	墓呈八角形，坐西向东，高 4.65m，周长 31.58m，由座、身、檐和顶四部分组成。顶部呈覆时状，远望颇似将军头盔。墓前立"汉大司马蒋恭侯墓"石碑，墓后立"蒋恭侯墓"石碑		道光年间绵州牧李象丙、邑绅熊文华在原址上重建并于墓前立碑，光绪年间墓后立碑
6	越王楼	2001 年	绵州龟山之顶	重建后的越王楼主楼内外 15 层，底面东西宽 66m，南北长 88m，高 99m，主体工程为钢筋混凝土框架仿古结构，外部为唐式昂斗飞檐歇山式		文献记载：其规模宏大、富丽堂皇，楼高十丈（即百尺）
7	北亭	1990 年	绵阳城北江，左龟山之麓的涪水之滨碧水寺围墙之内	上下四层、基座以上层层有八角飞檐的北亭		纪念王勃的建筑

序号	名称	建造时间	所在位置	历史与外形特征	实物照片	备注
8	碧水寺	1985年 1986年	坐落在龟山之麓,滨江而又陡窄的一带斜坡之上	始建于唐代,唐宋时期曾称水阁院,宋代易名碧水寺。清嘉庆年间重修后易为今名,1985年修复碧水寺,新建凝碧亭、凌云阁、北亭、环秀楼、馨香园等景点10个,建筑面积3582m²,1986年重建3层钢混框架结构仿殿宇及附属建筑		民国时期又称为滴水寺。到公布为文物保护单位时仅存破烂不堪的小庙
9	李杜祠	光绪二十六年公元1900年	绵阳市东2千米的芙蓉溪东岸	占地6亩,为单檐悬山式抬梁木结构建筑。水榭体量较大,为单檐歇山式顶,抬梁结构,长15.4m,宽5.9m,横跨于水池之上		绵阳李杜祠为全国现存唯一合祀李白、杜甫之处
10	六一堂	1989年	绵阳市南湖公园	为了纪念欧阳修,在绵州推官府(今绵阳一中内)东侧建六一堂。20世纪50年代,六一堂被毁。后人新建于南湖公园内		
11	人民公园	1930年	绵阳市中心内	早期占地211亩,中华人民共和国成立后,经过多次修建,后占地面积为228亩,其中内园占地176亩		
12	跃进路	1958年	绵阳市区内	国家重点建设的长虹、九洲、华丰等一批军工企业沿路排列,是绵阳三线建设的代表		

注:除注明外,图片为自摄。

6.3 绵阳城市格局的演变

　　绵阳地貌周围是山，中间是坝，如同一块盆地。三水交汇，两江环流，绵阳就坐落在三江形成的冲积平原上。这种负阴抱阳、背山面水的选址，与中国传统风水学说中理想的宅基格局相符，也是古人在城市选址与布局方面经验和智慧的总结。

　　从城市发展历史来看，其所处的地域环境、地形地貌等自然条件控制着城市拓展的方向，城市格局在此基础上逐渐发展起来，确立了城市形态的雏形。进入工业化时代以后，城市职能的变化促使城市用地结构的调整，这是现代城市形态演变的动力。除此之外，政治、人文、风俗等文化因素也在一定程度上影响城市形态变化。

　　从古至今，古绵州城一直都是军事重镇，城墙是重要的防御设施，但在冷兵器时代结束以后，城墙防御功能消失，城市经济的不断发展打破了城墙的限制，开始向地形条件比较优越的几个方向发展。绵阳属于自然山水式城市，从古绵州到现代绵阳城市，其形态演变经过了两个阶段。

　　第一阶段：传统山水城市被周围山脉、水域包围而呈现出相对孤立的状态。人口和用地在不断缓慢增长，城市起初的规模较小，主要呈现出"点聚"的城市形态，而周围地形因素的制约力较强。城市形态主要是由完整的城墙围绕形成，而决定城墙形态的又会随周边的山水格局而变化。

　　第二阶段：由于近代工商业发展迅速，新型交通工具的产生和运用改变了城市交通状况，城市人口的集聚，是城市范围突破了城墙的限制，开始向周边地区伸展。但是还会受到自然地形的影响，城市形态有着明确的中心和生长的方向，线性延生趋势比较明显。

　　从古代军事重镇变成今天的科技新城，绵阳的城市结构形态也经历着质变的过程。改革开放以后，城市面貌发生了巨大变化，从一个小城发展为四川省第二大城市，其变化动力基于城市职能的改变和城市空间的功能发展更新。城市结构形态也逐渐变为绵阳中心城区以涪江、安昌河、芙蓉溪三江汇合处的老城区中心，沿河两侧串联的平坝向外展开，从而形成组团式城市布局结构。绵阳目前的城市形态更接近"串珠"状的发展，并正处于完善和优化当中。

参考文献

[1] 四川日报数字版，2019 年 09 月 11 日，

https://epaper.scdaily.cn/shtml/scrb/20190911/222891.shtml

[2] 头条 - 绵阳宣传·文明绵阳.

http://scmy.wenming.cn/ttxw/201706/t20170606_4337654.html

[3] 袁庭栋. 中华文化通志·巴蜀文化志 [M]. 上海：上海人民出版社，1998.

[4] 陈见昕. 左绵话故 [M]. 成都：巴蜀书社，1996.

[5] 王志强. 蜀汉重臣李福当是平阳府君阙墓主 [J]. 巴蜀史志，2019（5）：51-54.

7 绵阳城市发展与建设

7.1 绵阳城市发展概况

7.1.1 建国前后时期

民国二十四年（1935 年）川政统一，市境内只有今市区成为四川省第十三行政督察区治地，1948 年领有绵阳、安县、绵竹、德阳、梓潼、罗江、广汉、什邡、金堂、彰明 10 县。随着绵阳政区地位的逐渐突出，经济发展的日益迅速，绵阳在民国时期不断地进行着拆城墙、开城门、修马路、扩街道等一系列的区域改造，同时还向西扩展建设，以扩大其区域的面积。

1950 年设绵阳专区，隶属川西行署区。1952 年绵阳专区属四川省管辖。1953 年原广元专区所属广元（驻嘉陵镇）、旺苍（驻冯家坝）、剑阁、江油、北川、平武、青川、昭化（驻宝轮镇）等 8 县划入绵阳专区。辖 15 县。1958 年原遂宁专区所属遂宁、三台、蓬溪、盐亭、潼南、射洪（驻太和镇）、中江等 7 县划入绵阳专区。撤销彰明、江油 2 县，合并设立江彰县（驻中坝）。绵阳专区辖 21 县。1959 年江彰县改名江油县。撤销昭化、罗江 2 县，罗江县并入绵阳、德阳、安县 3 县。绵阳专区辖 19 县。1970 年绵阳专区改称绵阳地区，1976 年由绵阳县析置绵阳市，绵阳地区驻绵阳市，辖 1 市、19 县。1979 年撤销绵阳县，并入县级绵阳市，绵阳地区辖 1 市、17 县。1985 年，撤销绵阳地区，绵阳市升为地级市，设立市中区；将原绵阳地区的江油等 7 县划归绵阳市管辖。撤销广元县，设立地级广元市和市中区；将原绵阳地区的青川、旺苍 2 县划归广元市管辖。撤销遂宁县，设立地级遂宁市和市中区；将原绵阳地区的蓬溪、射洪 2 县划归遂宁市管辖。

7.1.2 改革开放后时期

1985 年，绵阳建立地级市，经济建设进入高速发展时期，建设了国家级高新技术产业开发区。1992 年 10 月 30 日，民政部批复同意撤销绵阳市市中区，设立涪城区、游仙区。2003 年 7 月，撤销北川县，设立北川羌族自治县。2005 年 4 月 4 日，绵阳市人民政府机关办公驻地由涪城区临园路东段 76 号迁至高新区火炬大厦。2012 年，将原绵阳市经开区和农科区整合为绵阳经济开发区。同年 10 月，国务院同意绵阳经开区升级为国家级经济技术开发区。2016 年 4 月，经国务院批准，同意撤销绵阳市安县，设立绵阳市安州区，以原安县的行政区域为绵阳市安州区的行政区域。

改革开放以来，绵阳依托"三线资源"，通过实施"军转民科技兴市"战略，取得了较快发展，长虹、九洲等军转民企业应运而生，并在同行业处于领军地位，成为了我国重要的国防军工与科研生产基地和电子信息产业基地。为了充分发挥绵阳的科技优势，将科技潜能加速转化为现实生产力，2000 年 9 月，国务院批准绵阳建设成为我国唯一的"科技城"。绵阳工业产业逐渐从传统产业向以电子信息技术、新材料技术、生物技术等高新技术转化。进入 21 世纪后，绵阳工业产业转向重点发展新兴产业如电子信息产业、节能环保产业、生物医药产业等。在这一更新换代过程中，在科技城范围内，高新区、科创区、经开区（农科区）、仙海区等特色产业园区迅猛发展，建成了一批以重点工业园区为支撑的城市新开发地区，对绵阳的城市布局和城市风貌产生了深远影响。

7.2 绵阳城市建设概况

绵阳的城市建设就与其工业发展和经济建设紧密相关，工业性质和布局对绵阳的城市空间结构有决定性影响。

20 世纪 50 年代末至 60 年代中期，出于产业布局调整的原因，国家在绵阳城区及近郊兴建了部分大、中型国有及企业，如在城区西北部筹建的长虹机器厂等"四厂两院"；20 世纪 70 年代初，随着"三线"建设的战略部署，中国空气动力研究与发展中心等迁来绵阳，城区面积逐步向西北方向扩大，1983 年，国务院在绵阳东郊五里堆建设了一个大规模的新型科研基地，即"科学城"[1]。

在绵阳建市之前，城市人口少，工业生产规模很小，经济一直发展缓慢，城市建设除了几条主要街道之外，商业服务业等公共建筑也规模小、档次低，城市中大量的房屋均为低矮破旧的木构小青瓦民房，在防火上极不安全，更谈不上什么建筑形象，以下图 7-1 均为市区范围内今昔对比的情况。

如今，绵阳是中国唯一的科技城，四川第二大经济体、成渝城市群区域中心城市，是重要的国防科研和电子工业生产基地。其获得了全国文明城市、国家卫生城市、国家森林城市、国家园林城市、国家环保模范城市、中国优秀旅游城市等荣誉称号。经过多年来的经济发展，城市面貌已今非昔比。特别是近 20 年来，以房地产开发为主的城市建设飞速发展，城市面貌快速改观，一大批风格多样化的住宅建筑成为绵阳城市风貌的底色。

原绵阳城区铁牛街

现在的铁牛广场

原绵阳城区北城住宅（1985年）

现在的兴力达后街

原绵阳解放街

现在的解放街

原绵阳成绵路

现在的成绵路

原绵阳城区建设街

现在的建设街

原绵阳城区新街旧貌（1987年）

现在的新街

原大西街居民住房

现在的大西街

现在的卫生巷

原绵阳卫生巷

原绵阳城区翠花街口

现在的翠花街口

原绵阳城区老北街（1987年）

现在的北街

图7-1　绵阳市区建设今昔对比图

7.3 绵阳城市产业发展

新中国成立初期，农业是绵阳经济的主体，工业非常落后。"一五"时期，国家在绵阳布点建设了电子、轻纺、机械、能源等一批重点企业。从1958年开始，长虹机器厂、涪江机器厂、涪江有线电厂、华丰无线电器材厂等相继开工（上述工业企业均位于现绵阳跃进路地段），绵阳电子工业基地初步形成。1960年代"三线建设"时期，国家在绵阳建设了一批国防军工单位和企业（除九院位于绵阳市区外，其余大部分位于绵阳所属县市山区内），大大增强了绵阳的科研和工业经济实力，为绵阳建设科技城创造了条件。改革开放时期，绵阳又重点发展了纺织、食品等轻工业（大部分企业位于绵阳高新区、经济开发区）。

7.3.1 产业发展概况

绵阳工业形成于20世纪50、60年代，壮大于60、70年代国家"三线建设"、"三线调迁"时期，加快发展于改革开放特别是建市以来的30年。1985年撤地建市以来，通过大力实施工业强市战略，全市工业加快发展，工业经济发展实力不断实现突破，实现了从传统生产到现代化大生产，从电子信息产业为主到八大重点产业多元并举的产业发展格局，初步形成了门类比较齐全的现代工业体系。工业已成为全市经济发展的支柱行业，促进全市经济增长的主导力量。

20世纪90年代，绵阳经济已形成电子、冶金、机械、建材、食品、纺织六大支柱产业。1997年，国企改革启动，调整产业结构，建立现代企业制度，取得了阶段性成果。党的十八大以来，绵阳市优先发展先进制造业，加快发展电子信息、汽车、新材料、节能环保、高端装备制造和食品饮料六大重点产业，大力培育新一代信息技术、新能源、核技术应用和生物医药等新兴产业，推动绵阳工业整体加速转型升级。

近年来，我市坚持做大做强六大优势产业，培育发展战略性新兴产业，打造电子信息、汽车及零部件、食品及生物医药、冶金机械、材料及新能源、化工环保等六大优势特色产业集群。2018年，六大重点产业产值占比为67.5%，其中：电子信息及新一代信息技术产业占比44.2%，汽车产业占比12.7%，新材料产业占比12.1%，节能环保产业占比9.4%，高端装备制造产业占比3.1%，食品产业占比18.5%[2]。2018年全市经济保持持续较快增长，实现地区生产总值2303.82亿元，增长9%。规模以上工业增加值增长10.8%，进出口总额达到259.9亿元，上升至全省第2位[3]。

7.3.2 电子信息产业

绵阳科教发达，产业兴盛，是我国重要的国防军工和科研生产基地，以长虹、九洲为代表的电子信息产业在绵阳市的经济增长中，实际上起到了主导产业的作用，对绵阳工业规模的扩大和工业素质的提升起到了突出的作用。

建国后第一个五年计划开始，国家迎来了电子工业发展的重点建设时期。绵阳市电子工业自 1956 年创建，在重点建设时期，绵阳电子工业对城市建设的主要贡献是："四厂、一院、两校"。"四厂"包括：华丰无线电器材厂、长虹机器厂、涪江机器厂、涪江有线电厂；"一院"是指四０四职工医院；"两校"是指二九五、二九六两所无线电工业技术工人学校。

随后绵阳的电子工业在"三线建设"期间（1965—1978），有了更大的发展。五洲电源厂、江陵电缆厂等一批电子企业在绵阳新建，更重要的是第十一研究院、清华大学绵阳分校等一大批电子科研院校在绵阳新建或从外地迁到绵阳，使绵阳电子工业的科研实力有了一个飞跃。"三线建设"期间，绵阳继续以军事电子工业为重点发展，在此期间迁入和新建了一大批电子科研院校，在科研上取得了一些进步，有些方面绵阳科研成果甚至超越了成都。

改革开放以后电子工业迎来了艰难的转型（1978—2000），绵阳电子军工企业的军转民转型较为成功。长虹选准电视机为突破口，积极调整产品方向和产品结构，发挥军工企业的技术优势、人才优势，在扩大生产规模和降低生产成本上实现了重大突破，1996—1998 年连续三年成为全国电子百强的第一名。以长虹、九洲为代表的成功转型者，实现了保军转民，以民为主，为绵阳的经济社会发展做出了极为重要的贡献。

进入 21 世纪，绵阳采取产业链发展思路，瞄准突破方向，通过补链、强链、延链，让绵阳电子信息产业实现"老树开新花"，在既有优势的智慧家庭领域外，又开拓出新型显示、5G 等新领域，产业链条逐渐完善、关键环节的补齐、强化，实现了良性互动的发展格局。到 2020 年，电子信息产业占工业总量的 36.1%，电子信息产业产值迈向两千亿级，成为第一大支柱产业[4]。

7.3.3 旅游业

1997 年，随着重庆成为直辖市，绵阳升级为四川第二大城市。从客源区位和交通区位看，绵阳位于川西北人口密集地区，距成都仅两个小时车程，距重庆也只有五个小时，同时与周边的遂宁、广元、南充都有高速公路相通，绵阳还有能起降大型客机的飞机场，与其他同等城市相比有一定交通优势。绵阳城市环境好，目前城市绿化率 85%，绿化覆盖率 45% 以上，人均绿地面积 6.15 ㎡。先后荣获"全国卫生城市"、"国家园林城市"、"国家环境保护模范城市"、"全国造林绿化十佳城市"、"全国园林绿化先进城市"、"中国优秀旅游城市"、"联合国改善人居环境最佳范例城市"等众多荣誉称号。到过绵阳的游客普遍感觉绵阳干净、整洁，是一个特别适合居住、生活的城市。

但从旅游资源区位看，绵阳却有很大不足。绵阳的旅游资源虽然较丰富但大多缺乏稀缺性和独特性，自然山水不如九寨黄龙、人文资源不如乐山大佛、成都武侯祠，因而难以吸引游客。因此，绵阳的旅游资源和历史人文特色尚不为很多国人所知，甚至在全国知道长虹的人远超过知道绵阳的人。所以，发展绵阳旅游应走出寻常思路，以文化游、休闲游为主，以成都及周边游客为主体，开发绵阳周边的山、水、温泉等资源，发展休闲旅游。同时向全国重点推出绵阳独有的工科旅游资源（以长虹、工程物理研究院、空气动力研究中心、九州等为主体），发展梓潼文昌文化、三台云台观及江油窦团山、乾元山等道家文化为主的宗教文化旅游。

近年来，绵阳高度重视旅游产业的发展，坚持政府主导、市场化运作方针，依托优势资源，突出特色化发展，积极构建以生态山水、人文历史、科普体验、民俗风情、养生度假为重点的旅游发展布局，推出两弹科技之旅、山水绵阳城市之旅、九环东线生态之旅、文化探源之旅、羌乡风情之旅、美丽田园乡村之旅六条旅游精品线路。"十二五"期间，绵阳旅游档次不断提升，旅游实力不断增强。目前已拥有北川羌城 5A 级旅游景区一个，七曲山大庙、九皇山、报恩寺、药王谷、窦圌山、绵阳科技馆、江油李白纪念馆、李白故居、维斯特、寻龙山和仙海国家 4A 级景区 11 个，3A 级景区和 2A 级景区共 8 个，全国农业旅游示范点 2 处，全市 A 级景区达到 20 个。

经过多年的努力，实现了旅游产品从观光型向休闲度假型和深度体验型的转型升级，旅游产业实现了质与量的大幅提升。数据显示，2015 年全市旅游者总人数 3386.42 万人次，旅游总收入 343.6 亿元，在全省排名从 2011 年的第八位上升到第三位 [5]。

但在发展旅游业上，还有继续提升空间。比如绵阳的城市形象塑造上缺乏鲜明特点，"两弹一星"知者有限，李白在全国许多地方都留下了足迹，并非绵阳独有，因此也就很难让旅游者留下深刻印象了。实际上，中国科技城、四川第二城就是绵阳最大的名片，在此基础上再结合两弹一星、文昌文化、李白文化等这些特色旅游资源来整合绵阳城市的整体形象，可以更加促进旅游业发展。

绵阳的高新技术、先进制造业在产业构成中占比很大，与城市自身的高科技性质密切相关。绵阳拥有以中国工程物理研究院、中国空气动力研究与发展中心、中国航发四川燃气涡轮研究院等为代表的国家级科研院所 18 家，以西南科技大学为代表的高等院校 14 所，"两院"院士及各类专业技术人才 23.5 万余名。建成国家重点实验室、国家工程技术研究中心、国家级省级市级企业技术中心100 余个。2018 年，全市全社会科技研发经费 152.4 亿元，研发经费投入强度达到 6.61%，居于全国领先地位 [2]。

由此看来，科技产业是绵阳城市的关键经济要素，与科学、技术紧密相联的其"创新"、"理性"等精神特质当然应该成为绵阳城市特色中的重要个性，这也是中国（绵阳）科技城这一称号的题中应有之义，是其他城市不具备的优势。

今后要通过推进市场化改造，加快在绵国防科研单位、军工企业体制改革，以推行现代企业制度建设为重点，完善注重长效的激励约束分配机制，强化自主创新成果产业化发展；大力发展由国防科研单位与地方科研机构、企业、高等院校组成的产业技术创新联盟，合作突破重大技术瓶颈，探索建立军用与民用接口互通的技术标准体系；通过建立风险共担、利益共享的技术创新利益分配机制，进一步打破组织间的"藩篱"，积极建设"国家军民融合成果转化产业化示范园""国家军民融合技术服务应用示范基地""西南地区航空通用技术研发和转化中心"，打造独有的创新转化高地。

7.4 工业园区及其形象

近年来，为配合东部发达地区产业转移以及原"三线"工业企业搬迁，绵阳通过推进工业园区建设，整合优势资源，使得产业集约化程度显著提高，对工业项目的承载能力和吸引力进一步增强。截至目前，全市内的重要产业园区有国家级高新技术产业开发区 8 个，省级高新技术产业园区 18 个；国家级农业科技园区 11 个；国家级科技企业孵化器 41 个；国家级大学科技园 5 个，其中主要园区的规划面积 347.4km^2，建成面积 91.02km^2，在建面积 60.6km^2。产业园区已成为推动全市经济腾飞的重要"引擎"[6]。

经过多年的建设，绵阳市内主要园区结构合理、功能完善、互相配套，特色明显的军转民产业，科技城现代服务业在科技社会化和社会服务功能多样化的进程明显加快，在承载配套能力、产业化程度上提高很快，经济竞争力、辐射影响力和可持续发展能力显著增强。各园区之间已经基本实现了资源互补、相互促进的协调发展。展望未来，随着绵阳"一核两翼、三区协同"区域发展战略部署深入实施，对外交通网络不断完善，投资环境不断优化，科技城集中发展区加速建设。京东方、惠科、威马汽车、拓谱等一批重大项目先后落地，有望促进全市工业和技改投资快速增长。

工业（产业）园区、科技园区等区域内的各类建筑，其功能以生产、实验、科研办公以及配套的商业、居住等为主，商业气氛比城市一般地段平淡，特别的功能使其对城市风貌也有特别的贡献。

园区建设立足于以绵阳城市中心区域良好的交通条件、自然山水资源、科研和工业生产基础为支撑，通过招商引进各类高新科技企业和科学研究机构，产生人才、知识、生产的集聚效应，创造更高的效益。为满足各类科技研发和现代电子信息工业生产的需要，园区建筑的规划设计以提供通用空间为基本目标，根据科研实验或生产空间的要求来确定主要柱网，将其他使用功能统一在柱网基础上，形成定型化的标准空间单元。反映到整栋建筑则是若干标准单元的组合，并结合人员疏散、防火安全、通风管道等空间形成简洁、规整的平面形态，同时一般都会在不同楼栋之间设中庭、过道、交通厅、研讨室等人员交流空间，其空间活泼、通透，景观优美，以创造出促进交往、增加凝聚力的共享空间等，提供简餐或咖啡，有助于科研人员展开交流讨论以激发创造力。有的园区因为地处市区重要地段，还会特意增加外形绚丽的科研成果展示区，向城市展现园区形象。通过"高科技"功能和"高情感"气氛的均衡配置，突出了园区建筑不同于其他建筑的特点。

由于内部功能需要，很多实验和生产建筑设置了横向的设备管线如通风管道，管道同时也与外墙面的遮阳构件相结合，自然形成了水平构图要素在外立面的多次重复，显示出生产建筑的特色。一些以研发办公为主要功能的建筑则从内部功能安排出发，把外立面处理成为虚实相间、严谨方正的形象，形式服从于功能要求，没有华而不实的形式主义。这些园区建筑从外观设计、建筑选材、平面组合等方面，都力求传达出具有创新及科技的设计感。在外部形态设计时注重体现现代工业与高新科技的简洁、理性、轻快的美学特征，建筑外观线条挺拔、色彩轻盈通透、造型简洁大方，没有烦琐装饰线条，凸显了科研、工业建筑的理性、简约气质，极好地在形象上支持了绵阳作为中国科技城的特殊地位（图7-2～图7-4）[7]。

图7-2 绵阳京东方 AMOLED 产业园

图7-3 科技城创新基地

图7-4 科技城创新基地

7.5 住房建设与住区形态

城市中的各类住宅是构成城市风貌的基本因素，其建筑量大面广，在空间上分布范围极大，住宅用地面积是城市各项用地中最大的，还有众多的公共服务设施围绕住宅建设而展开，因此对住房建设情况及其风貌表现应当予以充分重视。

绵阳是全国住房制度改革试点城市，1992 年开始部分产权转让，1996 年全部产权转让，之后基本停止了福利分房，比全国其他城市要早 3 到 4 年。而大部分福利房都是 20 世纪 80 年代或者 90 年代初修的，户型、环境、设施都较差。目前，随着人民对居住质量改善的需求增加，这部分房屋已经进入了拆除或改造的高峰期。

绵阳的房地产业虽然起步较晚，但发展迅猛。自 1990 年以来，绵阳房地产业经过多年的发展壮大，在改善居民的住房条件，美化城市环境方面取得了明显成效。近五年来，万达、碧桂园、恒大、领地等知名房地产品牌陆续进入绵阳，全市呈现出开发企业个数平稳增加，投资额快速增长，商品房销售日趋活跃的局面，房地产市场从本土开发商主导，走向本土开发商与外来开发商竞争共存，市场进一步规范。

2018 年，全市有房地产开发企业 268 家，投资完成额 204.54 亿元，同比增长 15.8%；房屋实际销售面积 589.03 万 m^2，房屋实际销售额 379.28 亿元。房地产开发投资规模在"十一五"和"十二五"时期迅速扩大，"十一五"时期累计完成房地产开发投资 316.18 亿元。"十二五"时期，绵阳市累计完成房地产开发投资 856.99 亿元，商品房销售面积从 2013 年的 329 万 m^2 增加到 2018 年的 589 万 m^2，其中住宅销售面积为 481.16 万 m^2，同比增长 8.57%（图 7-5）[8]。

从房地产市场价格走势来看，2018 年绵阳市商品房平均销售价格为 6439 元 /m^2，相比 2017 年的 5039.6 元 / 平方米增长 27.8%。其中绵阳市住宅平均销售价格为 6277.12 元 /m^2，相比 2017 年的 4631 元 /m^2 增长 35.5%（图 7-6）[2,8]。

自从绵阳开始实施中国科技城建设以来，数量众多的科技园区、高校校区都涌现了出来，各种园区等的建设和旧城改造的实施，催生了大量因拆迁而产生的住房需求。全市住房市场供应基本充足，商品房交易活跃，大部分为 90 ～ 120m^2 的普通住房，高档住房比重仍然较小。据中国城市规划设计研究院 2014 年度的调查，绵阳市城区范围内人均住房建筑面积 33.7m^2，其中商品住房人均 36.7m^2，城中村住房人均 23.6m^2。在现存住房中约有 51% 建于 2000 年及以后，约 37% 建于 1990—1999 年间，住房的成套率和房龄均处于国内领先水平 [9]。

2011—2018年绵阳市住宅销售面积

■ 绵阳市住宅销售面积：万

2011—2018年绵阳市商品房平均销售面积

◇— 绵阳市商品房平均销售价格：元/m²

图 7-5 2011—2018 年绵阳商品房销售情况

目前绵阳市区住房存量市场上，政策性住房比例较大，绵阳市本地人拥有的住房性质大部分为房改房和拆迁安置房。全市 2000 年前（含 2000 年）城镇老旧小区存量 1643 个，涉及居民 137065 户。"十四五"期间，全市计划实施棚户区改造 15000 套。重点改造老城区建筑安全隐患大、建筑密度大、房屋建成年限长、房屋质量差、使用功能不完善、配套基础设施简陋、群众改造意愿迫切的项目。

随着绵阳科技城加快发展、成渝地区双城经济圈建设等一系列重大政策机遇和有利条件的凸显，"十四五"时期改善性住房和租赁住房需求将成为拉动房地产市场发展的重要增长极，计划筹集保障性租赁住房 10000 套（间），完成棚户区改造 15000 套；实现城镇商品房销售面积 3153 万 m²，使城镇居民住房建筑面积提升至 42m^2/ 人，共享城市发展的硕果 [10]。

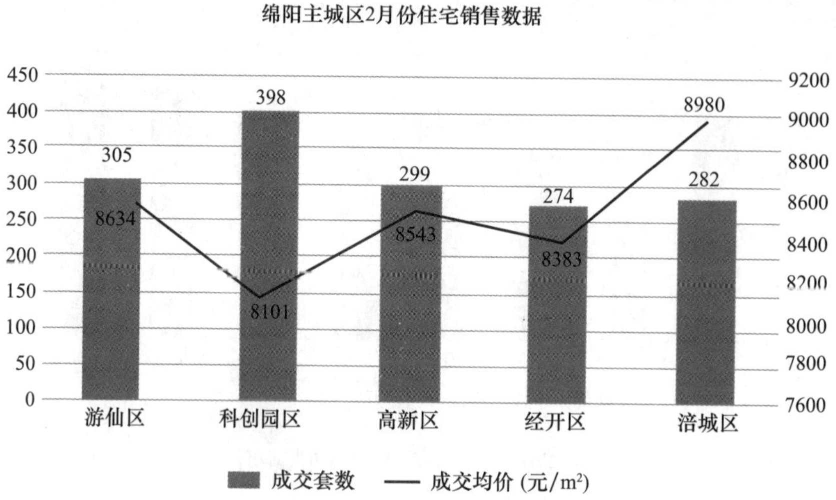

绵阳主城区2月份住宅销售数据

图 7-6 2021 年绵阳商品房销售情况

　　大力推动绿色社区、智慧社区创建。根据各区、县（市）硬件建设和管理体制实际情况，因地制宜开展绿色社区、智慧社区创建和工作，试点先行，加强与城镇老旧小区改造、人居环境整治等城镇建设工作的有限衔接，形成工作合力。建立健全社区人居环境建设和整治机制，充分发挥社区基层的主体作用，推进社区自治管理，完善社区治理和公共服务体系。

　　由此可见，绵阳中心城区的住房建设在相当一段时间内仍将维持繁荣，作为城市风貌的大片底色，各类新建住宅或老旧住宅小区改造的规划设计仍然需要予以足够的关注。由于快速城市化导致了建设用地紧张，绵阳城市中心区范围内的住宅以高层住宅（高度大于等于 27m）为主，城区内见到的低层别墅、多层住宅区已不多，基本上都是在 2000 年左右建成。对现存住宅建筑，成片地看是建筑风格多元，各自为政，缺乏协调有机的总体规划；单独来看，形式不美，其中具有高品质风貌者为数很少（图 7-7）。

　　此外，就城市产业类型来说，绵阳的多产融合发展动力还显得不足，尤其是对依托良好的城市山水、生态资源开展的城市康养、文化旅游业等能够与房地产紧密融合发展的产业潜力挖掘较不充分，而这些产业会带来很多外观新颖、形式活泼的建筑，对于城市形象和环境品质的提升大有好处。

　　为了创造良好的城市风貌，今后要提高规划设计水平，合理控制居住区规模、容积率、绿地率等规划指标，增强居住区绿地公共空间，创造舒适的居住生活环境。严格控制建筑高度、体量、色彩和风格等因素，打造具有绵阳特色且与环境相融合的建筑景观。

图 7-7　绵阳沿街住宅形象

7.6　服务业与城市风貌

在城市经济发展中，现代服务业地位越来越重要，服务业越发达，越能聚集生产要素、聚集人气、聚集财富，城市就越繁荣，越具有竞争力。1992 年以后，绵阳的城乡零售市场不断发展，商业企业改变了过去陈旧落后单一的经营方式，逐步向现代化经营方式迈进。商业经营形式发生巨大变革，为消费者提供了便捷的购物与消费环境。

7.6.1　服务业现状与前景

当前，绵阳城区范围内有多种零售业态共同发展，如超级市场、便民店、专卖店、购物中心、仓储式商场、无店铺销售、集购物休闲娱乐餐饮及文化功能于一体的大型摩尔等。以万达、百盛、凯德、新世界、沃尔玛、家福来等为代表的一批限额以上贸易企业迅速崛起，具有时代气息的大型综合商厦不断涌现，连锁零售店铺、生活服务网点正深入社区。"十三五"期末，绵阳市服务业贡献能力显著提升，对地区生产总值的贡献率超过 50%，吸纳就业人员数量占全社会从业人员的比重超过 40%，服务业税收占总税收的比重超过 70%。2017 年，全市实现服务业增加值 944.3 亿元，实现服务业增加值增长 10.8%，增速位居全省第一，服务业占 GDP 的比重为 45.5%，全市经济结构第一次由"二三一"调整为"三二一"，服务业在全市经济中"压舱石"作用进一步凸现[11]。

但从绵阳在全国、全省的城市地位、产业前景来看，现代服务业还有较大的发展空间。在 2010—2015 年间，对成都城市群服务业竞争力的评价表明：我市服务业发展水平在成都城市群中排名第 2 位，与排名第 1 位的成都市服务业综合竞争力相比尚存在较大差距，且低于四川省平均水平，服务业竞争力有待进一步提升。造成绵阳城市现代服务业发展水平不足的原因很多，城市风貌品质不高，因而难以吸引、留住外来游客也是其中之一。

在绵阳的城市建设总量中，除了居住区、各类园区之外，对城市面貌影响最大的就是沿街商业、服务类公共建筑。因为其覆盖面广泛，如金融服务、文化创意、餐饮娱乐、政府办公、科技服务、会展经济等，这些都是市民日常使用频繁、汇聚大量人流特别是外来游客的产业，其位置也往往位于城市建成区域的核心，有的直接就是城市中心。所以，在城市风貌的塑造中，应当对其加以特别重视，配合本市经济发展的主打方向，做好风貌管控。

从绵阳市区内的商业业态发展来看，正日益向多元化转变，传统的百货店已退出城市中心而代之以大型超市、购物中心万达、百盛、凯德、新世界、沃尔玛、家福来等品牌企业，小型商业则变为便利店、专卖店、特许加盟店以及电视购物、电话购物、网上购物等形式。下一步应在全市范围内，围绕以临园商圈为核心的、政府力推的"百亿级中央商务区"建设，优化涪城区商业网点布局，借鉴万达广场、凯德广场等城市综合体经验，提升完善百盛、茂业等大型商场业态；要通过对城市风貌的精心设计，打造涪城区马家巷、老茶树、南河路"烧烤"一条街、经开区板桥村、游仙区芙蓉汉城、中元路等 10 余个品牌餐饮集聚特色街区。

绵阳被认定为国家级文化和科技融合示范基地、藏羌彝文化产业走廊辐射地区，具备发展文化产业的一定基础，当前应大力促进文化服务业与相关产业融合发展，主要措施则为加快培育跃进路历史文化街区、126 文化创意园、李白文化产业园等特色文化产业园区。同时，应改造提升现有市级文化设施，满足市民日益丰富的文化生活需要。如城市电影院改造，一部分电影院不仅放映电影，还增加了图书馆、餐饮服务等，如全川首站、全市唯一 4D 影院的博纳影城已开业运营。这种模式聚合了不同产业，经济效益更好，也使城市风貌具有活力。

在"十四五"规划期间，绵阳城市现代服务业应创新经营理念、优化经营模式，充分利用现代经营方式和先进技术，推动零售、批发、住宿、餐饮等传统服务业转型升级。完善"城市商业中心—区域商业中心—社区商业中心"三级零售商业体系，构建"多商业中心"格局。着重以下核心区商业业态建设，加强相应的城市风貌设计。

7.6.2 区域商业中心

科技城城市商业中心：位于涪城区，不适宜再引进大型商业零售网点，重点以现状网点为基础，实施差异化发展战略，提高休闲娱乐和体验式商业占比，将该商业中心打造为地区性商业中心（图7-8）。

图 7-8 涪城区商业中心

科创园区副城市商业中心：重点引进集购物、餐饮、休闲等多功能为一体的大型商业综合体，完善该区域商业配套设施，为周边居民提供一站式生活服务。

游仙区区域商业中心：依托芙蓉汉城、富乐山等旅游景点，完善住宿、餐饮等服务功能，为周边居民和游客提供一站式服务的区域商业中心。

高新区商务会展功能区：建设高新科技商品主题体验商业街，以发展产业配套服务和区域居民生活消费、休闲娱乐为主要功能的现代化时尚商业区，与绵阳国际会展中心片区联动建设会展购物休闲商业区。

经开区区域商业中心：在三江堤岸发展水域旅游生态项目。面向安州区和周边城市居民和消费者，以万达购物中心为主体发展现代化影院、时尚娱乐城、精品百货店等业态，鼓励周边区域以商业街形式发展小型专业专卖店、特色餐饮网点，满足大众消费、即时消费、热点消费。

7.6.3 休闲服务与文化创意区

仙海综合服务区：位于仙海区。充分发挥仙海区资源优势，推进仙海区星级酒店、婚庆广场、农业旅游观光园、生态居住区、游乐园等项目建设。

游仙娱乐休闲区：位于游仙区芙蓉汉城和富乐山公园处。依托芙蓉汉城美食街，打通与富乐山风景区通道，将芙蓉汉城与富乐山联合开发，积极融入三国文化，引进主题游乐园，建设旅游特色街区，将该区域打造为我市中心城区娱乐休闲中心。

126文化创意产业园：位于涪城区长虹大道南段道172号，距离市中心4.7km，交通十分便利。这里是国家大三线建设时期留下的历史产物，它先后经历了中国人民解放军成都军区部队（126文化创意产业园之名源于此），第四机械工业部1409研究所，信息产业部第九研究所的变迁。自西南应用磁学研究所搬走了以后，这里留下了大片的园林式老厂房，以及数十栋保存完好的红砖青瓦建筑。以短途旅游为基础，加大招商、宣传力度，提高文化创意产业园在城市及周边地区的知名度，完善特色住宿、餐饮等服务（图7-9）。

图7-9 126文化创意产业园

跃进路历史文化街区：位于涪城区跃进路。依托我市丰厚的历史文化底蕴、工业遗址等资源，加快跃进路历史文化街区建设，将其建设为中国三线建设时期工业发展的缩影和代表，西南红色励志文化特色旅游休闲目的地，绵阳城市空间发展、城市文化记忆的重要组成部分。

参考文献

[1] 王志强.绵阳市志：1840—2000[M].成都：四川人民出版社，2007.

[2] 绵阳市统计局，2018年绵阳市国民经济和社会发展统计公报，2019-03-19.http://tjj.my.gov.cn/tjgb/3345931.html.

[3] 元方，绵阳市政府工作报告，第七届人民代表大会第五次会议，2019 年 2 月 12 日．

[4] 绵阳电子信息产业产值瞄准翻番目标，四川日报数字版，2020 年 05 月 15 日．

[5] 政府办，关于印发《绵阳市旅游业"十三五"发展规划》的通知，2016-12-02；

http://www.my.gov.cn/public/2311/1284841.html

[6] 绵阳市统计局，绵阳市 2021 年统计年鉴，2022 年 2 月

[7] 绵阳京东方量产并交付，绵阳日报电子版，2019 年 07 月 16 日

http://epaper.myrb.net/html/2019-07/16/content_28156.htm

http://www.myrb.net/html/2021/news/7/287406.html

[8]https://www.huaon.com/story/460515

https://mianyang.loupan.com/html/news/202103/4608060.html.

[9] 李力．《绵阳市城市住房建设规划》的技术方法特点 [J]. 城市规划通讯，2015，（21）：15-16.

[10] 绵阳市住房和城乡建设委员会，绵阳市"十四五"城镇住房发展规划，2022.1.

http://www.my.gov.cn/public/521/27722031.html.

[11] 省统计局，2017 年绵阳市服务业运行情况简析，2018 年 3 月 7 日．

https://www.sc.gov.cn/10462/10464/10591/10592/2018/3/7/10446479.shtml.

8 绵阳城市风貌相关规划

自从绵阳单独设市以来，城市规划就成为一项基础工作，城市走上有序发展道路。2001 年 7 月，党中央、国务院作出了建设绵阳科技城的决定。绵阳市委、市政府按照科技城建设的规划，提出打造百万人口大城市、把绵阳建成西部率先实现现代化的城市之一、基本达到中等发达国家现代化城市水平的战略。当前，绵阳正加快优化区域发展布局，主动融入成渝经济区，全力建设西部经济发展高地。绵阳的城市面貌经过多年来持续努力地建设，取得了很大成就，对获得全国文明城市、国家卫生城市、国家园林城市、国家级创业型城市（全国创业先进城市）、国家环保模范城市、中国优秀旅游城市、全国双拥模范城等荣誉起到了很好支撑作用。

在新的时代里，绵阳的城市规划除了完成经济社会发展的基本任务，正向提升城市环境品质、塑造良好城市风貌、推广城市品牌等更高标准迈进，这些目标在以下相关的各层级规划中也有不同程度的反映。

8.1 宏观（总体）规划

8.1.1 绵阳市城市总体规划

中国城市规划设计研究院 2013 年 5 月发布了《绵阳市城市总体规划（2010—2020）》[1]，提出绵阳的城市规划应当"以科学发展观为指导，切实推动城乡统筹和区域协调发展；以人为城镇化核心，提升城镇化质量，推进新型城镇化和新型工业化互动发展。""坚持节约和集约利用土地资源……保护绵阳城市生态环境和山水格局。""保护省级历史文化名城，塑造绵阳以科技为内涵的新文化。""关注低收入人群，改善人居环境，维护城市安全"等指导思路，对绵阳未来的城市建设仍然具有前瞻性的指导作用，应当切实执行。

8.1.2 绵阳市近期建设规划

发布日期：2015-01-12，规划思路为构建一主四副、多组团的山水城市的空间结构。其中一主为老城中心，四副为园艺副中心、游仙副中心、永兴副中心、城南副中心，在此基础上结合城市四山环抱、三江汇流的自然山水格局，规划构建指状生长、山水间隔的多组团空间布局结构。规划近期发展重点一方面借助科技城集中发展区的发展带动作用，完善拓展城市西部空间，同时围绕南部副中心建设拓展完善城南空间。

重点开发建设地区：包括科教创新区的园艺中心区——金家林，城西新区的磨家组团、循环经济园、绵兴北路地区，以及城南的塔子坝、经开区中心区。

重点改善区：城市近期重点更新改造的地区，主要集中在老城区，包括高新区的永兴地区、老城区的跃进路、御营坝、南山地区、开元场和游仙副中心地区。

重点生态控制区：保证近期城市空间品质的重点生态空间。包括安昌河湿地公园、双包山公园、西山公园、富乐山风景区、南山公园、人民公园等。

8.2 控制性详细规划

（1）绵阳市跃进路项目控制性详细规划

发布日期：2016-04-15，规划范围北起一环路，南至剑南路，西到长虹大道、东止于滨河路。规划总用地面积约 1.88 平方千米。规划定位为绵阳市城市名片及四川省著名的工业遗产旅游地、红色励志文化特色旅游休闲目的地，独具特色的绵阳历史风貌街区、城市商业服务业中心以及文化创意休闲活动区，亦是历史与现代共融、环境优美的宜居住区。

（2）科技城集中发展区核心区（安昌河以北片区）控制性详细规划

发布日期：2018-03-28，规划范围为东至二环路，西至安州区一环路，北至裕都大道，南至滨河南路，规划总用地面积 3471.28hm^2。

按照"生态至美、科技至伟"理念建设将本区域建成为以创新转化为生产力的科研中心、具备城市精神与文脉传承的文体中心、服务于总部经济与科研的商业商务中心以及实现创新合作与互动的国际交流中心。

（3）绵阳科技城新区直管区（起步区）控制性详细规划

发布日期：2021-11-12，规划范围东至鼓楼山公园及绵宏路，南至科智大道，西至绵盛路，北至龙界路，规划总用地面积 543.83hm^2。

科技城新区直管区作为未来复合型中心城区，依托安昌河、鼓楼山等生态资源禀赋，建设城市级综合商务服务功能和公共服务集聚，以绿色、低碳、科技、创新为特质的未来城市新中心，彰显地域多元文化特色，打造为融合山、河、湾、城，独一无二的科技城新区先行示范单元。

规划结构如下。

两轴：创业大道发展轴和科技城大道发展轴。

五核：科技之心，人文之心，体育之心，生态之心，生活圈中心，承担各主题功能板块的核心功能及配套功能。

多廊：分别是鼓楼山中心绿廊、安昌河—鼓楼山通山达水绿廊、界青路山水通廊、龙界路山水通廊以及中央公园城市绿廊。形成蓝绿交融、通山达水的生态网络系统。

道路：层次分明，疏密有致的路网体系，形成"三横多纵"的路网格局。

8.3 城市设计（修建性详细规划）类

8.3.1 绵阳科技城集中发展区总体规划及城市设计

发布日期：2014-09-25，科技城集中发展区核心区范围包括高新区、金家林、安县界牌镇和涪城区部分用地在内，总面积 78.8km^2。规划到 2030 年，建设用地达到 85km^2。

总体布局上延续城市发展方向，在发展区范围内构建"一体两翼、两轴五心"的空间格局。重点建设沿九洲大道的城市综合发展轴以及沿科技城大道的科技城科创服务轴以及园艺综合服务核心、金家林生产服务核心、科技城生活服务核心；两个副中心分别为高新区服务核心、石马服务核心。

用地功能设置上，通过对商业金融、居住、休闲娱乐、郊野公园以及科研办公、创新研发、孵化转化、工业生产均衡布局，形成重点突出、活力多元的城市空间。沿安昌河、普金路和创业大道布置科技城服务核心、高铁站商务城和园艺综合服务核心。

风貌与景观上，依托片区优越的自然山、水条件及产业业态特征，强化科技城大道和安昌河公共界面；打造多点编织、多廊渗透的山、水、城交融的城市景观。沿科技城大道打造科技形象轴，串联金家林生产服务核心、科技城生活服务核心和高新区服务核心；在银花湖、河边镇和安昌河畔塑造特色小镇，形成风格鲜明、环境优美、设施齐备的综合社区 [1]。

8.3.2 安州区河西片区概念性城市设计

发布日期：2018-08-08，规划范围东至安昌河，西至货运通道及以西约 1km 部分用地，北至横二路及以西北约 1km，南至安州区界，规划范围总用地面积

21.72km^2。其中城市建设用地面积 19.82km^2，规划区居住人口规模约为 20 万人。

河西片区的功能定位为承接科技城集中发展区核心区及产业南翼功能，发展定位为"绿色智造、宜居花城"，重点打造生态休闲、创新智造、城市服务、社区服务四大类功能，与城市设计环环相扣、彼此协同。

城市设计基于生态、创新、品质、文化四个方面进行研究，提出：

活力河即沿安昌河两岸打造景观优美，活动多元的活力滨水空间；生态廊即包括塔九路城市结构性生态绿廊和东观斗山、西双包山两条山体生态屏障，及若干绿化次廊；双组心即南部由综合服务中心和科技之心构成功能互补，跨河联动发展的创新服务新中心；服务环即依托辽宁大道、恒源大道、辽安路、河东路、金凤路以及轨道交通和公交干线，形成的城市生活服务环；四组团即于安昌河两岸形成，花荄组团、界牌组团、河东组团、科技城核心区四大组团。

8.3.3　绵阳科技城集中发展区核心区城市设计

发布日期：2017-04-27，绵阳科技城集中发展区核心区包括涪城区、高新区、安州区、科创园区的部分区域，规划研究范围约 40.9km^2，其中科技城集中发展区核心区（安昌河以北片区）控制性详细规划范围 31.92km^2（规划区范围东至二环路，西至安州区一环路，北至裕都大道，南至滨河南路，含城乡建设用地 18.85km^2）。

发展定位为国际化、现代化的"城市新中心"，按照显山露水、以人为本、因地制宜的空间设计策略，以山体绿廊作为特色生态纽带，衔接东西两侧生活服务核心与高铁科研商务中心。针对绿廊东西两侧不同的地貌形态与产业布局，制定相应的规划建设与生态保护策略。

规划结构上形成"一核多心、绿网覆盖"的空间结构。其中"一核"：科技之心，集科研中心、文化体育中心、商业商务中心和国际交流中心为一体的科技城核心；"多心"：科技智谷次中心和各组团中心，科研创新孵化办公及创新转化中心、高铁枢纽商业商务中心、居住组团中心等；"绿网覆盖"：西部绿网，东部天然绿楔[1]。

8.3.4　绵阳科技城新区直管区城市设计

发布日期：2021-09-26，规划范围东起二环路、西至科创大道，南起安昌河、北至绵安路，总规划范围面积约 24km^2。

功能定位为绵阳城市的创新引擎、产业新高地和城市新空间，要打造新一代绵阳"城市之心"以及带动城市高效发展的城市主轴。

规划策略上，交通骨架组织打造出一条北接绵宏路，直通安州区，南连一环路，直至经开区的城市主轴，引导商业、办公、公共服务等核心功能沿线布置，形成一条贯穿整个绵阳、连接城市各个重要板块的城市发展主轴线。景观设计上一改安昌河平顺且单调的线型景观，结合鼓楼山中心绿廊，相互渗透，构筑活力水湾，打造市民共享的水湾公园，总体形成一带多廊的格局。

片区特色上，以创业大道为轴，东连西延，形成特色鲜明的新中心综合组团、科创走廊组团、科技新城组团以及科创园四大功能组团，依托水湾生态景观资源，在两轴交汇节点打造绵阳城市新中心，承载全市公共服务、文化体育、综合商业和总部商务等核心功能，集中展示绵阳城市中心形象[1]。

规划结构形成"一湾、两轴、三廊、四区"，"一湾"指依托科技湖水湾和中心公园，打造的未来城市新中心——城市之心，"两轴"指创业大道发展轴与科技城大道发展轴，"三廊"指鼓楼山中心绿廊、高速绿廊以及高压走廊生态绿廊，"四区"指新中心综合组团、科创走廊组团、科技新城组团以及已建科创园组团。

8.4 专项规划类

8.4.1 绵阳市城市风貌规划

2011 年，四川省城乡规划设计研究院编制完成了《绵阳市城市风貌规划》[2]，该规划作为近年来绵阳城市风貌建设的指导性文件，在一定范围内得到了实施。其主要思路如下：

城市风貌的总体构思为发展以科技文化为特色的山水生态城市，在风貌格局上以山为城市背景，以水为活力纽带，以巴蜀文化作为城市历史文脉的基础。城市发展以放射组团方式以融合山水形势，建设形成以城市核心区带沿临园路、长虹大道、绵州大道、游仙路（G108）、迎宾大道、绵盐大道六条放射性城市景观轴的风貌结构，中间穿插了沿涪江、安昌河、芙蓉溪所形成生态景观带。把绵阳城市中心区域划分为七个组团来进行城市风貌的管控，即三江交汇中心组团；中心城、高水、御营坝组团；城东科学城、五里堆组团；城西高新组团；园艺组团、青义—圣水、石马组团；城南塘汛、小枧、松垭组团。在建筑外观风格上分为两个区，即在游仙区以传统建筑风貌为主，在其他区以现代建筑风貌为主。

城市风貌建设的引导目标为协调自然山水格局与城市建设，保护并加强周边山体生态景观，为城市提供良好的外围生态环境，放射式组团发展，组团之间设置绿化和生态隔离带，防止摊大饼式的发展趋势。为了保护富乐山、西山的山体背景和生态环境，划定控制区、协调区，控制建筑高度、建筑密度，塑造城市内部绿心。

按风貌分区控制建筑风格，城市中心区以现代建筑风格为主导，在有历史文脉的城市地段，以创新的手法来表达传统建筑文化。城市色彩的配置应协调，主色调要配合自然山水背景，形成稳定、明快的色调，在适当部位点缀活跃的色彩作为辅助色。

为了突出自然山水景观特征，点明城市景观轴线和区域边界，要沿涪江、安昌江、芙蓉溪的岸线和绿化带，重点设计滨水空间，贯通滨河路，并分区段打造具有不同景观效果的水岸活动空间。

2011 年版的《绵阳市城市风貌规划》出台后，指引了近年来的城市建设方向，对改善绵阳城市形象起到了重要作用，但由于城市快速发展、各类园区大量新建，带来了诸多新变化，该规划中的一些规定实际上已经被突破，需要更新内容以适应发展。

8.4.2　绵阳市历史文化名城保护规划

2012 年，四川省城乡规划设计研究院完成了《绵阳市历史文化名城保护规划》[3]，报经四川省人民政府批准后实施，是具有强制性的规划文件，对绵阳在城市发展中实现对历史文化的保护起到了指导作用。

该规划的指导思想是，对绵阳市内的文物古迹和历史文化遗产进行摸底，列出清单后做全面有效的保护，并强化对近现代历史文化如三线建设遗迹的特色保护，将绵阳市建设为具有鲜明历史文化特色和山水环境特色的历史文化名城。在具体实施过程中要因地制宜，注重保护历史文化遗存的原真性及其环境风貌的完整性。

城市风貌是绵阳历史文化名城建设的重要组成部分，为此该规划提出了城市风貌管控的基本原则，如强化涪江、安昌河、芙蓉溪两岸（即三江六岸）景观，加强沿岸绿化景观和亲水环境营造；对沿山、滨水地区要严格控制开发强度，沿山建筑不可将山遮闭，滨水建筑严禁超长超高等措施；对城市重点地段要通过城市设计来改善风貌和提升环境品质。

在城市空间轮廓控制方面，将南山公园南山塔、富乐山公园富乐阁、龟山越王楼、塔子山圣水寺作为主要景点，富乐山、南山、塔子山临面江为重要景观界面，在三江六岸沿线设置景观节点，严控二者之间的高层建筑外形和高度，形成良好视线通廊和景观效果。除特殊控制区外，绵阳市城区高层建筑以现代、简洁、明快为主要形象特征，多层建筑须全部为坡屋顶。

该规划提出要在历史人文背景丰富的城市地段建设特色风貌街区、历史文化街区两类重点区域。划定永兴镇老街总面积约 7.66 公顷为特色风貌街区，划定丰谷镇为特色风貌街区，包括丰谷镇北街、东街，总面积约 6.5hm^2。历史文化街区包括跃进路、碧水寺—越王楼两个地段，跃进路历史文化街区北起西山东路，南抵剑南路，西至长虹大道，东以 18m 规划道路为界，总面积约为 77.83hm^2，以"三线建设"历史遗留建筑的保护与利用为风貌特征。碧水寺—越王楼地段风貌为以唐代建筑风格为主的仿古建筑，突出其历史文化特色。上述区域均应做地段城市设计以引导风貌建设。

2012 年版《绵阳市历史文化名城保护规划》中全面地整理了绵阳市境内的历史文化遗迹如寺庙、文物、遗址等，民间风俗习惯如名人、诗画、戏曲等众多文化要素（见图示）[3]，这些都是构成绵阳地方特色风貌的重要组成部分，对城市

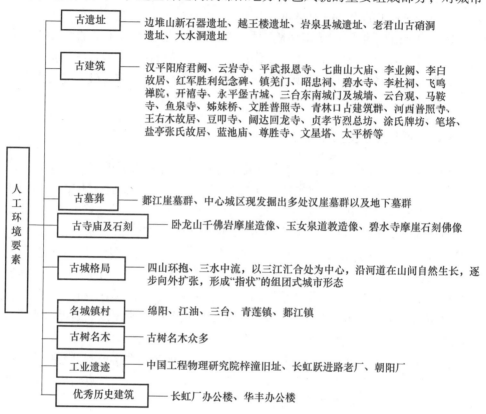

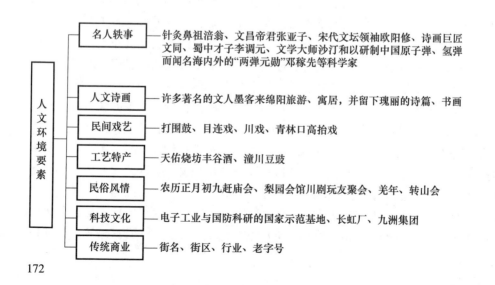

风貌塑造有重要的参考价值。这些文化遗迹中，大多数分布在各县、乡镇，位于城市中心区域的并不多，除三线建设遗迹因为时间很近而变化不大外，文物保持了原貌的很少，多数都已经过了多次的改建，有的是经过后世复原再建的仿古建筑如越王楼、李白故居等。

8.4.3 绵阳市跃进路历史文化街区保护规划

发布日期：2017-02-15，规划范围北至西山东路，南到剑南路，西临长虹大道，东接规划道路富乐北路，规划总用地面积为 62.04 公顷，其中在跃进路两侧、历史风貌集中而明确的街区面积 12.6 公顷；其余建设控制地带面积 49.44 公顷。规划人口容量控制在 6 万人。跃进路历史文化街区的规划定位为"三线建设"时期工业发展的缩影、西南地区"红色文化"旅游休闲目的地、绵阳城市文化记忆片段。规划设计的思路为调整街区功能、疏解人口，改善居住条件；整体控制建筑的高度、体量，要求新建建筑体量、高度与原有建筑相当，建筑细部宜采取原有样式。

参考文献

[1] 绵阳市自然资源和规划局，政府信息公开专栏，2010—2020，
http://zrzyhghj.my.gov.cn/zwgk/zlwx/sjtj/24794311.html.

[2] 四川省城乡规划设计研究院，绵阳市城市风貌规划，2011 年 10 月

[3] 四川省城乡规划设计研究院，绵阳市历史文化名城保护规划，2012 年

9　绵阳城市风貌现状评价

城市风貌概念有多种解释，其内涵也很复杂，目前没有形成统一的学术标准。对城市风貌的评价，不仅对普通市民来说是仁者见仁、智者见智，就是组织行业专家进行评审，因其各自关注点不同，意见也不易达成一致。因此，认识、理解城市风貌，是不能仅仅依靠单方面判断的。一个显而易见的事实是，城市是人民的城市，城市风貌建设的目的是改善城市环境、提升广大市民的生活品质，也是为了向外来的旅游、参观者展示出更好的形象。

所以，市民的参与对于客观评价绵阳城市风貌的现状极为重要。他们满意度的高低也是改进工作的重点方向。为此本课题组对绵阳市民与外来游客做了一次内容广泛的调研，以准确掌握他们的意见。

9.1　调研背景与问卷设计

本次调研主要通过实地与网上调研、问卷调查及现场访谈等方式，对绵阳城市风貌现状进行调查，内容包括绵阳的自然山水环境、街道景观、开放空间、建筑风貌、城市雕塑以及人文历史信息等现存状况，以全面理解市民心目中的绵阳市城市风貌现状，对城市形象建设形成整体认知。

调研问卷分为整体性与专项性两种。整体性的问卷包括市民问卷与专业人士问卷，调查的主要内容有性别、年龄、职业、文化程度等基础信息，最具特色或代表性的自然山水、文化、民俗民风、街道、标志性建筑等认知情况，以及风貌指标评价（见本书）。

面向专业人士的调查问卷共发出 167 份，有效问卷为 167 份，有效回收率100%，主要通过网上问卷的形式，调查了具有城乡规划学、建筑学、风景园林学背景的，现居或曾居绵阳的专业人士；面向市民的问卷主要通过线下发放的方式，调查对象主要为现居绵阳的市民及少量游客，共发放 940 份，收回有效问卷 917 份。

9.2 绵阳城市风貌现状分析

9.2.1 调研分区及其特征

根据地理位置、环境特征、城市功能等基础条件，结合行政区划，将绵阳市区划分为八个片区，在各个片区重要的节点、街道、滨水带、商业和广场空间进行调研（表9-1）。

表 9-1 调研分区及特征

调研片区	片区定位／特征
青义、圣水、石马片区	依山傍水的城市生态书房，一城书香半城林的绿色生活城
园艺片区	城市高地上具有简欧风格的科研教育、行政办公、生态居住新区
中心城、高水片区	以现代简洁明快的风貌为主的城市商务、商业中心区
五里堆片区	依山而建，在中心地段凸显汉唐风格的绵阳中心城区重要的特色组团
高新片区	高新技术开发区，体现简洁、明快的现代风貌
御营坝片区	旧城片区
三江交汇中心片区	城市最为核心的休闲、旅游、公共活动中心，是展示绵阳城市繁荣、生态宜居的重要窗口
塘汛、小枧、松垭片区	体现现代生态居住和现代化工业风貌

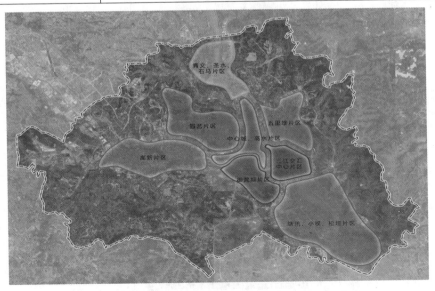

9.2.2 绵阳城市风貌现状分析

对绵阳市城市风貌现状进行调研，调研的主要内容包括街道景观、建筑形态与色彩、开放空间、景观雕塑、公共设施等。表 9-2 为绵阳市区不同地段的城市风貌分析的图表，在调研中，有市民对这些城市风貌的组成内容提出了明确的评价或建议。

表 9-2　不同地段城市风貌分析

风貌要素	审美评价	实景照片	街道 / 地段	公众评价 / 建议
街道景观	人行路面脏、破损严重		兴达街	街区环境治理差
	高宽比较大，整个道路空间略显压抑		涪滨路与南星街交叉路口	某些道路较窄
	人行道被车辆占据；盲道被占		高水中街	区域步行尺度及行人友好度应加强
	自行车停放占用人行道		花园路，万达广场旁	自行车不能乱放

风貌要素	审美评价	实景照片	街道/地段	公众评价/建议
街道景观	足够宽的人行道；将停车位划在人行道下，能有效提高行人的舒适度与安全度		创业大道	—
	供居民步行或骑行的绿道，安全性和绿化率高		九洲大道	—
	车行道被停放车辆占用		园艺中街，乐荟城旁	路太窄，缺少停车点，车在桥路边乱停放
绿化	缺乏绿化		滨河南路	绿化面积还可以增加；道路绿化景观

风貌要素	审美评价	实景照片	街道/地段	公众评价/建议
建筑	高层住宅顶部设计有特色		长虹大道，华尔街小区	—
	标志性建筑品质低下，缺乏形式美感		新益大厦	外形矮胖粗笨，没有美感，不足以作为城市标志
	越王楼与沈家坝片区的传统风格建筑相协调		越王楼	外观大气，标志性很强；很好的城市标志
	建筑形态不美观；色彩不协调		临园路中段	建筑风格形式与周围建筑风格城市风貌格格不入；无整体规划，片区景观统一性较差
	建筑形态混乱，互不协调		安昌江大桥头	

续表

风貌要素	审美评价	实景照片	街道/地段	公众评价/建议
建筑	建筑形态混乱，互不协调		绵兴东路与普乐街相交处	建筑风格形式与周围建筑风格、城市风貌格格不入；无整体规划，片区景观统一性较差
	建筑色彩协调		火炬大厦周边	—
	景区周围建筑与景区风格差异较大，缺少与景区寺庙相关的元素		圣水寺正对面（圣水街）	
			圣水寺入口处	无整体规划，片区景观统一性较差

179

风貌要素	审美评价	实景照片	街道/地段	公众评价/建议
建筑	建筑外立面缺少变化，过于方正；外墙面破损严重		红星街与警钟街交叉口	城市外观没有打造好，科技城这个称号没有体现好；建筑风格应着重体现科技城特色；建筑现代化味道不够
	建筑形态大致相同；在建筑细节上未与绵阳的科技文化或李白文化相结合		铁牛广场向西南方向看	
	科技馆建筑外观毫无科技感可言，建筑外饰面老旧		绵阳科技馆	人文环境应与城市定位结合，绵阳是中国唯一的科技城，但在绵阳并没有展示科技城特色的相关建筑与公共空间，仅有科技馆显得太单调乏味
	建筑与道路形成的整个空间较陈旧，色彩不协调		圣水南街与跃进路北段交叉口	没有自身特点和科技含量；好建筑太少、太旧、没新意、不大气，依旧是小街小巷、平面交通、无立交、无档次

续表

风貌要素	审美评价	实景照片	街道/地段	公众评价/建议
滨水空间	观山视线受阻，天际线平缓，缺少起伏		越王楼向西南方向看	城市景观参差不齐，效果差
	缺乏维护和打造，与对岸的景观形成鲜明的对比		涪江河岸，滨江广场对面	涪江一带，水上及靠水处混乱，应当多花心思治理
	岸线设计较单一，缺乏亲水性		芙蓉溪	滨水无活力，不自然，应做到人与自然融合
视线廊道	能直接看到富乐阁，具有可视性		剑南路东段，越王楼附近	—

风貌要素	审美评价	实景照片	街道/地段	公众评价/建议
公共设施	广场内座椅缺乏		五一广场	旅游地方少，公共设施满足不了需求
			永兴广场	公共设施建设不足
	宣传牌为简单的方形框		火炬广场旁	各种公共设施基本没有与绵阳历史或文化相结合
	座椅的设计过于普通、简单		涪滨路	街道座椅可个性化设计
广场铺装	铺装损坏严重		市中心步行街	城市管理落后，跟不上形势

风貌要素	审美评价	实景照片	街道/地段	公众评价/建议
广场铺装	简单的同心圆式铺装，用线条分隔		人民公园	市中心的广场铺装有变化
广告店招	店招、广告牌占建筑外立面的比例过大，遮挡建筑本身形态		市中心步行街（兴达街）	建议专门设计
景观雕塑	《春雷》雕塑代表了艰苦奋斗的精神，体现科技文化		科学城	具有科技含量
	展现了进入新时代的绵阳市民形象风采和活力，虽造型较为奇特，但不够美观		京昆线，五二〇医院旁	雕塑不多，火车站有一个，但全国都一样；景观雕塑可以有更大改进；增加有特色的雕塑
	马踏飞燕，旅游城市标志		绵阳站	太普通，无个性，与绵阳城市文化无关

总体来说，绵阳城区整体风貌的主要问题在于建筑品质不高及互相不协调、城市文化（科技文化、三国文化等）的潜在价值未得到充分发挥。如：街道人性化程度较低；建筑群的建筑语言缺乏相对的统一，空间景观环境不和谐；富乐山山前区域建设得到了较好的控制，但天际轮廓线与山体轮廓线没有形成呼应，太过平直；芙蓉溪两岸亲水性不足；广场内部活动类型单一，休憩设施、遮阳挡雨设施不足，品质有待提升；城市雕塑造型简单，不能体现城市的文化和个性等。

9.3　问卷调研与分析

9.3.1　调研对象基本信息

面向市民的调研中，男性调研对象占比 54%，女性占比 46%；调研对象年龄结构为，25 岁以下和 25 ～ 35 岁，占比分别为 42% 和 33%；调研对象的职业、学历分布，学生占比为 38%，企业、事业或机关工作人员合计占比 25%；文化程度中，专科人员占比为 30%，本科及以上人员占比 25%；调研对象的来源城市，基本来自川内，主要为绵阳本地人，占比 57%（图 9-1 ～图 9-3）。总体来说，从人员构成结构看，被调查人员包含各年龄段、职业、学历人群，调查结果能够说明不同人群对绵阳市城市特色风貌的认知情况，具有一定的说服力。

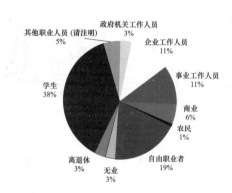

图 9-1　职业分布图

对专业人士的问卷调查分析中，

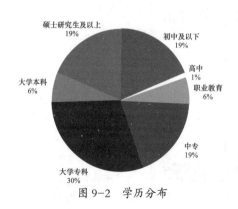

图 9-2　学历分布

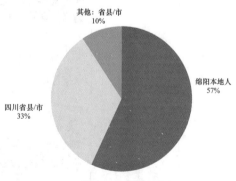

图 9-3　来自哪里

男性占比 47%，女性占比 53%；年龄大多为 25 ～ 35 岁间，占比 48%；学生和企业工作人员较多，占比分别为 36% 和 29%；文化程度基本为本科及以上，总占比 94%。

9.3.2 绵阳城市特色社会评价

据调研结果（图 9-4），市民与专业人士选择百分比由高到低依次为：有一定特色、很有特色、毫无特色，其中 77.64% 的市民认为有一定特色；71.3% 的专业人士认为有一定特色。市民和专业人士整体看法较一致，且占比约为 3/4，说明目前绵阳的城市风貌有自身特色的，但还应该继续提升、改善。

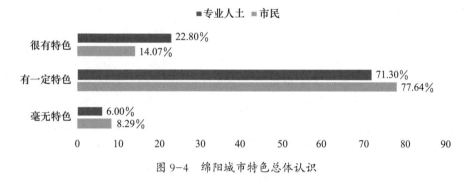

图 9-4　绵阳城市特色总体认识

关于绵阳市最具特色的资源，在几种代表性的资源中，48.89% 的市民认为教育资源最具特色，21.46% 的市民认为山水资源最具特色，19.16% 的市民认为人文资源最具特色，8.66% 的市民认为民俗民风最具特色；38.2% 的专业人士认为教育资源最具特色，29.7% 的专业人士认为山水资源最具特色，18.3% 的专业人士认为人文资源最具特色，9.5% 的专业人士认为民风民俗最具特色。在此问题上，市民和专业人士的认知高度一致，超过 2/3 的受访者均认为绵阳市最具特色的资源是教育资源和自然山水，且教育特色居首（图 9-5）。教育资源是以产业发展形式被市民所认知的，是软性风貌，而市民对其看重程度超过自然山水，说明城市中的物质空间风貌并不令人满意。

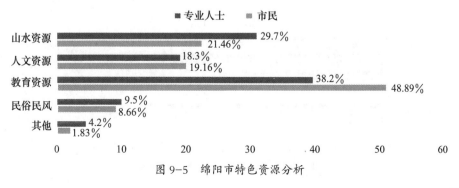

图 9-5　绵阳市特色资源分析

　　绵阳城市范围内的自然景观，最有代表性的有西山、富乐山、南山、越王楼到三江汇合处以及仙海等（图9-6）。市民选择百分比由高到低依次为：越王楼到三江交汇处35.1%、富乐山25.22%、仙海22.22%、南山9.61%、西山6.09%。专业人士选择百分比由高到低依次为：越王楼到三江交汇处42.6%、富乐山27.7%、仙海19.9%、西山5.0%、南山5.0%（与西山并列）。对绵阳自然景观的认识，市民和专业人士看法一致，排名前三位的是越王楼到三江交汇处、富乐山以及仙海风景区。

　　关于绵阳市最有特色的文化资源（图9-7）。市民选择百分比由高到低依次为：两弹一星、李白故里、三国文化、三线工业、文昌文化。专业人士选择百分比由高到低依次为：两弹一星、李白故里、三线工业、三国文化、文昌文化。市民和专业人士整体看法较一致，均认为两弹一星和李白故里是绵阳市最有特色的文化。但调研结果也表明，对于"三线工业"文化和文昌文化的认知，专业人士与市民的差别较大，专业人士很重视"三线工业"，而市民则不在意，其差异比达到了0.4；同时，市民认为很有特色的文昌文化，仅有7%的专业人士认同，其差异比为0.3。这说明，专业人士取得共识的"三线工业"遗产继承与发展，要面对普通市民做更多的宣传推广工作。

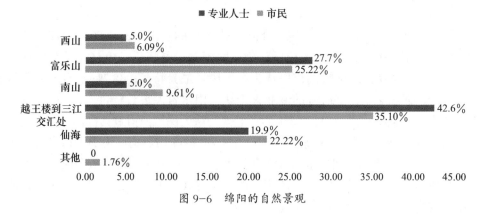

图9-6　绵阳的自然景观

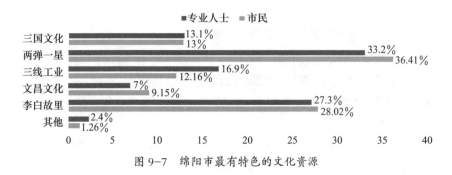

图9-7　绵阳市最有特色的文化资源

关于绵阳市最应该展示的民俗民风资源（图9-8）。市民中选择文昌祭祀和城隍庙会的比例基本一致，其次为睢水踩桥。专业人士选择百分比由高到低依次为：文昌祭祀、城隍庙会、睢水踩桥。市民与专业人士均认为绵阳市最应该展示的民俗民风资源是文昌祭祀。

关于绵阳市最有特色的街道（图9-9），市民选择百分比由高到低依次为：马家巷、市中心步行街、跃进路、滨江路、临园干道。专业人士选择百分比由高到低依次为：马家巷、跃进路、滨江路、市中心步行街、临园干道。市民和专业人士均认为马家巷是绵阳市最有特色的街道。市民与专业人士在跃进路、滨江路的看法上分歧很大，市民并不认为这两处很有特色，反倒是认为市中心的商业步行街比它们更有特色。这种差异充分反映出市民对街道空间的兴趣点更多地在于社会活动的密集度及其品质，而对空间特色重要性的认知与专家不一致，这与他们对"三线工业"文化特色的态度基于同样的理由。

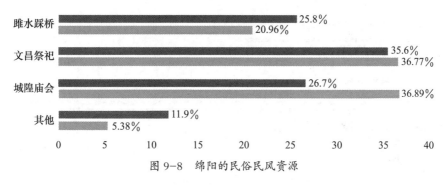

图 9-8 绵阳的民俗民风资源

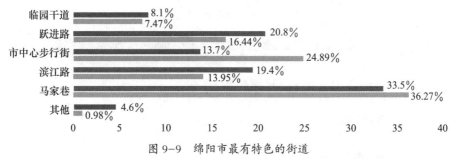

图 9-9 绵阳市最有特色的街道

关于绵阳市的标志性建筑或建筑群（图9-10）。市民选择百分比由高到低依次为：越王楼、一号桥、绵阳博物馆、富乐阁、创新中心、火炬大厦、新益大厦、孵化大楼。专业人士选择百分比由高到低依次为：越王楼、一号桥、富乐阁（与一号桥并列）、绵阳博物馆、火炬大厦、孵化大楼、创新中心、新益大厦。市民和专业人士整体看法基本一致，均认为越王楼、一号桥、绵阳博物馆、富乐阁为绵阳市的标志性建筑或建筑群。不仅对很多重要建筑的好评很接近，且对于现处于绵阳城市中心的地标性高层建筑——新益大厦，专业人士和市民均给予了"最差"的评价，这充分说明，绵阳市民的建筑审美品位具有相当的水准，专业人士不仅应该拿出更加高水平的设计作品，更应该通过公众参与方式与市民充分交流沟通。

关于绵阳市的城市雕塑和景观小品（如座椅、宣传栏、休憩设施等）应采用的风格，市民选择百分比由高到低依次为：现代科技风、中国传统风、抽象风，专业人士选择百分比由高到低依次为：现代科技风、中国传统风、抽象风。市民和专业人士看法一致，均认为应采用现代科技风的景观小品（图9-11）。

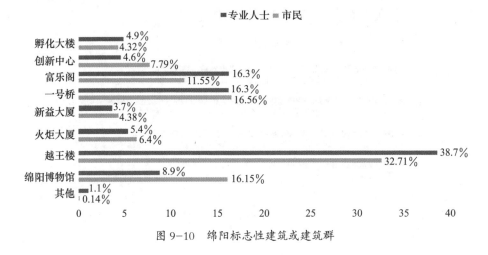

图 9-10　绵阳标志性建筑或建筑群

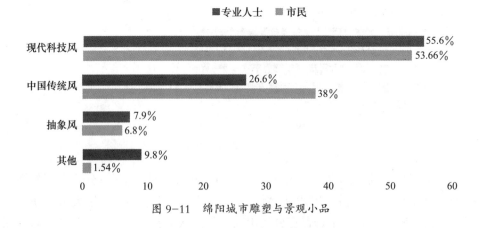

图 9-11　绵阳城市雕塑与景观小品

9.4 绵阳城市风貌总体评价

参与绵阳市城市风貌问卷调查的被访者（包括专业人士和市民）均表示对涪城区很熟悉或较熟悉，对其他城市区域的熟悉程度相差较大。

在总分为 5 分制评分方式下，专业人士对城市风貌总体评价平均打分前三位为自然环境 4.02，绿化景观 3.78，滨水活动空间 3.64；后三位为建筑色彩 3.07，停车场地（或景观雕塑）3.11，建筑风格 3.13。市民对城市风貌总体评价平均打分前三位为夜景照明 4.0，自然环境 3.91，城市总体风貌 3.86；后三位为停车场地 3.01，建筑色彩（或景观雕塑）3.30，步行（骑行）环境 3.38。其他评分及排名见表 9-3。

表 9-3 城市风貌分项指标排名

序号	指标名称	市民平均得分	市民平均得分排名	专业平均得分	专业平均得分排名
1	城市总体风貌	3.86	3	3.48	7
2	自然环境	3.91	2	4.02	1
3	绿化景观	3.84	4	3.78	2
4	街道环境	3.65	6	3.63	4
5	步行（骑行）环境	3.38	11	3.44	8
6	停车场地	3.01	14	3.11	12
7	滨水活动空间	3.48	9	3.64	3
8	广场空间	3.77	5	3.63	4
9	建筑风格	3.55	7	3.13	11
10	建筑色彩	3.30	12	3.07	14
11	景观雕塑	3.30	12	3.11	12
12	街道家具（座椅、垃圾桶、公交车亭等）	3.51	8	3.14	10
13	广告、指示	3.48	9	3.20	9
14	夜景照明	4.00	1	3.58	6

综上，问卷调查结果表明，对绵阳城市风貌总体评价，市民均认为不错，且满意度高于专业人士，专业人士则认为绵阳城市总体风貌还有待提升。在各分项

指标的满意度中，市民和专业人士对绵阳自然环境、绿化景观、广场空间几个项目都表示满意，在最不满意项目如建筑色彩、景观雕塑、停车场地，市民与专业人士也达成了一致。夜景照明项目得到了市民的高度评价，平均打分为4.00，已经属于"满意"了，而对滨水活动空间项目，市民和专业人士对风貌指标看法差异很大（排名差大于5），其原因可能是休闲活动空间以及公共设施不足，影响了居民的环境感受。

问卷结果分析表明，市民普遍认为绵阳自身有一定历史、文化特色，但在城市风貌的表现上并不突出。绵阳的中学教育、两弹一星、马家巷、越王楼、文昌祭祀等为市民及专业人士均认可的绵阳具有代表性的资源文化、街道建筑、民俗民风。

9.5 绵阳城市雕塑的社会评价

9.5.1 绵阳城市雕塑概述

经过多年建设和发展，绵阳的城市风貌比过去有了很大的提升，也因此获得了全国文明城市、中国优秀旅游城市等荣誉称号，但是从绵阳城市的重要地位及人民日益增长的审美需求来看，在城市文化环境建设方面还有进步空间。

在这方面，绵阳的城市雕塑等公共艺术品的品质还有待提高。目前，市区范围内现有城市雕塑近百座，集中在涪城区、游仙区以及高新区，多位于公园、广场、城市道路及城市入口。整体来看，这些城市雕塑有较为清晰的定位和创作主题，反映了一些绵阳城市的历史文化背景、产业特色和发展前景。但也有不少雕塑在布局和环境设置上不合理、造型简单无内涵、制作较为粗糙、缺乏美感，更由于缺乏配套的修缮维护措施，有的雕塑年久失修、破败凋敝。

绵阳是中国唯一的科技城，这一特殊的荣誉意味着科技文化应在城市文化环境中占有极为重要的地位，更不必说绵阳本身也有久远的人文历史的积淀，这些都对城市雕塑的定位、规划设计提出了明确的要求，但目前的城市雕塑在质量、数量和内容上都略显单薄和散乱，需要以合理的总体规划为指导，提升数量并丰富其文化内涵。

9.5.2　绵阳城市雕塑现状

根据对绵阳城市雕塑现状的调研，在表9-4～表9-7中列出了比较有代表性或处于重要城市公共空间的雕塑，描述了其现状并对其特征进行评价，今后绵阳雕塑的规划编制工作可参考借鉴。

表 9-4　城市广场上的雕塑

名称	现状图片	位置及环境	地位与作用	特征与评价
说唱俑		位于铁牛广场，视野开阔，人流稠密	"绵阳五绝"之一，绵阳汉代陶俑，展现汉代表演滑稽戏的俳优造型	文物的原态再现，展示了本地历史文化背景
铁牛		铁牛广场中心，视野开阔，人流稠密	镇水铁牛，表达古人治水防洪的美好愿望	水牛造型，水牛卧姿，朝向涪江方向
九洲之韵		位于五一广场东入口中心，视野开阔	五一广场装饰雕塑，展现绵阳城市精神风貌	不锈钢质地。造型现代，线条飘逸，整体半开合、圆润饱满
智慧之城		科学家公园广场，视野开阔，周围雕塑众多	科学家公园广场的主题雕塑，展现科技文化的智慧、理性	钢制抽象造型，下方蓝色支撑钢结构顶起上方寓意科技与智慧的蘑菇云框架

表 9-5　公园绿地上的雕塑

名称	现状图片	位置及环境	地位与作用	特征与评价
绵州解放纪念碑		人民公园，周围视野开阔	纪念绵州解放树立，纪念碑样式具有很强的纪念意义与年代感	20 世纪 80 年代砖制，碑体有几处裂缝，需要修缮
邓稼先纪念碑		人民公园东花园内，参观人流众多	两弹元勋邓稼先纪念雕塑，造型为邓稼先半身像	铜制，对历史人物的再现，表情生动，体量偏小
扬雄静坐像		西山公园，子云亭下，庭院空间之中	国内知名建筑，为纪念西汉文学家、语言学家、哲学家扬雄而建	入口视觉中心，展示本地著名文化人物形象，表现了古朴的汉代文化
玉女雕塑		西山公园，玉女泉旁，与扬雄读书台形成对景	与公园内水体景观配套，有民间传说文化背景	汉白玉雕像，与园林建筑配合，结合了江南园林与川西园林特色

名称	现状图片	位置及环境	地位与作用	特征与评价
五虎上将		富乐山公园	历史人物，反映绵阳的三国文化	纪念性雕塑，表达富乐山公园的主题
邀月台		江油太白碑林，太白楼下方平台上	位于公园重要景观轴线末端，对景	表达李白诗意主题，所处地势较低，使体量感觉偏小。过于写实
少年李白像		太白碑林前广场，地势开阔，位置突出	入口广场主题雕塑，点景。汉白玉材质	雕像神情激昂，昂首挺胸，写实与写意结合，衬托出了主题形象的气势
典故雕塑		太白碑林内，和周围自然山水环境匹配度高	多处小型雕塑，写实手法，与诗词碑林呼应	园林配景，体量小，需要对周围场地做好维护
碑林诗词雕塑		太白碑林，沿园路排列展开	诗词主题氛围营造体量大，与山体融为一体，气势磅礴	刻碑内容主要是历代名人、书法家书写的李白诗歌和颂扬李白的楹联诗文

表 9-6 城市道路上的雕塑

名称	现状图片	位置及环境	地位与作用	特征与评价
幸福之路		涪城区青龙大道南段，绵江大道起点	绵江公路通车纪念，不锈钢质地	钥匙造型寓意打开了绵阳快速发展的大门。内涵简单直白
原子弹爆炸		游仙区中绵路，位于科学城入口处交通枢纽中心，人流稠密	中国工程物理研究院研究成果，纪念九院为中国核科学事业做出的贡献	原子弹意会外形，不锈钢材质，整体造型新颖，是该区域的中心景观
开创新世纪		涪城区荷花中街，荷花节口交通枢纽	展现进入 21 世纪时的绵阳市民形象风采，科幻人物、普通市民造型	不锈钢质地，科幻风格，具象化形式。内涵简单直白
向遥远·波		九洲大道一侧，车流量大	九洲科技形象展示聚焦前沿科技，感知遥远未来	不锈钢材质，形象类比线缆缠绕，也似古代日晷，寓意九洲发展的基因代代薪火相传
吸引		普明立交桥旁，城南重要交通枢纽，车流量大	由磁铁传统造型提炼，将代表科技文明的数字公式以一种动态走势向上吸附，寓意在磁力科研方向不断取得与突破	不锈钢材质主体，LED 投光灯变换色彩和亮度。体量大，各个方向有充分的展示面

表 9-7　城市入口处的雕塑

名称	现状图片	位置及环境	地位与作用	特征与评价
核爆蘑菇云		京昆高速，绵阳南收费站口，视野开阔	中国第一代核武器试验成功的纪念	红色背景墙上镂空蘑菇云洞口，寓意大门，象征中国核武器发展的大门
育树育人		九州大道与教育路转角绿地，金家林收费站口，车流量大	寓意科技和生命之树的茁壮成长、节节攀升，突出育树育人、科教兴国的理念	银色与绿色结合，模拟树外形，形象简单，内涵不突出，基座裸露

9.5.3　绵阳城市雕塑社会评价

为了解市民对绵阳城市雕塑的理解和看法，进行了现场走访调研，在线上线下发放了调查问卷共计 423 份，回收有效问卷 415 份。

9.5.3.1　调研对象基本信息

调研对象主要为绵阳市城区的居民，男性占比 36.09%，女性占比 63.91%，男女比例相差较大，走访中也发现女性比男性更加关注周围的城市雕塑。调研对象包括各个年龄阶段人群，其中 24 岁以下和 25～35 岁人群居多，占比分别为 37.87% 和 24.26%；学生和企事业单位以及自由职业者居多，学生占比 35.5%，后三者共占比 34.32%；调研对象文化程度本科及以上占比 66.57%，整体文化程度较高；被调研者中 52.09% 来自绵阳本地，46.75% 在绵阳的居住时间超过十年，8.88% 在绵阳居住时间五至十年，因此调查结果具有较高的说服力（图 9-12）。

图 9-12　绵阳城市雕塑调研对象信息

9.5.3.2 绵阳城市雕塑的社会评价

对于绵阳的城市雕塑特色是否明显，53.55%的调研对象认为"有一定特色"，17.46%的人认为"很有特色"，二者合计占比71.01%，说明大部分市民认为与自己曾经去过的城市相比，绵阳还是有特色的，说明他们对目前绵阳城市雕塑在特点突出方面是认可的。针对绵阳城市雕塑主题的选择，绝大部分调查对象认为绵阳应该以科技文化和历史文化作为城市雕塑主题，分别占比81.07%和62.72%（图9-13），这说明绵阳作为中国唯一科技城的定位已经深入人心，市民也认同本地悠久的历史文化，并将这二者认定为合适的雕塑创作主题。

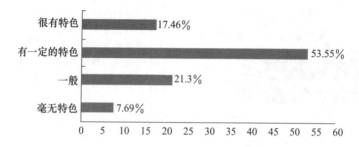

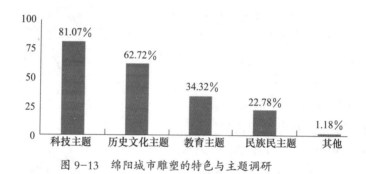

图 9-13　绵阳城市雕塑的特色与主题调研

对于城市雕塑的作用和价值，53.25%的调研对象觉得雕塑的观赏价值很重要，79.59%的对象觉得雕塑对于体现城市文化有重要作用，55.33%的调查对象认为雕塑的价值在于美化城市环境，由此可见能够准确理解城市雕塑文化价值和意义的人是很多的。对于什么是绵阳市的标志性雕塑或雕塑群，61.54%的调研对象认为是铁牛广场、说唱俑等绵阳五绝雕塑，幸福之路、开创新世纪等主题雕塑的认可度不足25%（图9-14）。而从这些雕塑的艺术水平和文化内涵的表达来看，后者也确实存在形象简单粗糙，文化内涵直白、肤浅，审美价值不高等明显问题。调研对象对这些雕塑艺术水平的评价是相当准确的，可见市民的艺术欣赏能力是比较高的，虽然可能难以用很专业的语言来表述，但仍然在直觉上有很好的判断力。这对于提升绵阳城市雕塑的艺术水平既是一个动力，也是一个很大的压力。

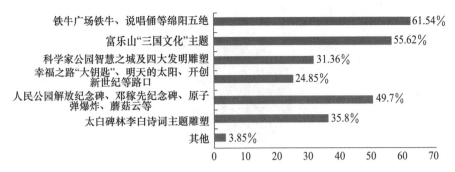

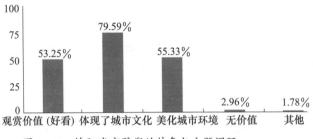

图 9-14 绵阳城市雕塑的特色与主题调研

此外，对绵阳现有城市雕塑的数量、艺术水平（造型与寓意）、风格、色彩、后期管理等方面的问题，调研结果表明，36.69% 的被调查者认为绵阳的城市雕塑没有存在感且特色不鲜明，27.81% 的人认为城市雕塑体量太小、缺乏冲击力，28.4% 的人认为各种城市雕塑没有经过仔细的规划设计，显得混乱、互不关联；被调查者从雕塑的造型是否优美、寓意是否深刻且表达准确等方面对雕塑的艺术水平进行了评价，结果表明，有 59.17% 的人认为绵阳现阶段雕塑"很好"和"较好"，有 56.2% 的人认为"较差"和"很差"，其余人认为"一般"（图 9-15）。从被调查者的评价可以看出，现阶段绵阳城市雕塑的艺术水平还谈不上多高，而且被调查者对雕塑风格、色彩、后期维护等方面的意见也还多。

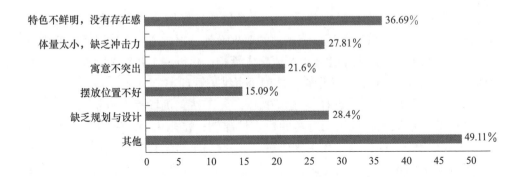

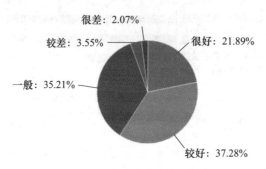

图 9-15 绵阳城市雕塑的问题与艺术性

考虑到绵阳作为中国唯一科技城的地位以及在四川省、西部地区的区域中心城市地位，这样的调查满意度并不令人满意。因此，在今后城市雕塑的规划、设计中，要把提升其艺术水平作为主要的努力方向，设计出同时满足大众审美、符合绵阳城市形象的城市雕塑。

9.5.4 绵阳城市雕塑规划

绵阳今后对城市雕塑的规划设计塑造，应当突出汉文化、李白文化以及"中国科技城"所赋予的科技文化这些特色文化氛围，大幅度提升雕塑的艺术水平和文化内涵的深刻和丰富程度，增强市民对城市的认同感。

首先，建议尽快制定《绵阳市城市雕塑建设管理办法》，以便为行政管控工作提供合理的法律基础，逐步将城市雕塑建设纳入法制的轨道。在城市总体规划中增添城市雕塑系统专项规划，若条件尚不具备，也应考虑在城市绿地系统规划中增添有关公共艺术品建设的内容。

建议在城乡规划行政主管机关内设专门的城市雕塑管理办公室或专业委员会，并由其负责指导城市雕塑的审批、方案征集、评审等活动。设置专项管理岗位也有利于对居住区、企事业单位等区域内部城市雕塑项目建设进行指导、监督及备案。

要求所有城市雕塑作品的建设，必须经过项目报批、设计方案审定与验收三个法定程序。按照城市雕塑系统规划的要求设计、报批通过立项以后的城市雕塑，建设费用由相应的雕塑建设单位或个人承担。建设完工并经过验收以后的城市雕塑由城市雕塑所在城市建设管理部门负责维护管理。

对于城市雕塑的题材选择，在市中心、火车站、机场等人流量大的地方，应设立能够表达绵阳科技城的特色的标志性雕塑；富乐山公园和西山公园可以作为三国文化的主题公园，在文化广场、五一广场、滨江广场、铁牛广场、青年广场等城市广场设置以文化为主题的城市纪念性雕塑；在科技城新区等区域的公共空间，设计以高科技、现代化形象为主题的抽象雕塑；在贴近市民生活

的街道、广场等开放空间设计一些高品质的陈列性雕塑，让绵阳充满创造力和
艺术美。

9.6 绵阳城市绿地景观的社会评价

以绵阳城市公共空间中的道路绿地（包含城市道路与城市广场）、滨水绿地
及公园绿地三类绿地为调查范围，其中包含 27 条城市道路、4 个城市广场、5 个
城市公园以及 3 个城市滨水绿地，在实地考察、问卷调查与访谈的基础上，对城
市植物景观现状、空间分布等进行调查。本次调研共发放问卷 169 份，回收有效
问卷 167 份。

9.6.1 调研对象基本信息

本次调研对象主要为熟悉绵阳主城区的市民。调研对象中，男性占比
48.48%，女性占比 51.52%，男女比例相差不大，可以看出本次调研没有性别偏
向；调研涵盖各个年龄阶段人群，其中 24 岁以下和 25 ～ 35 岁人群居多，占比
分别为 30.91% 和 24.85%；学生和企事业单位以及行政机关工作人员居多，学生
占比 29.09%，后者共占比 43.55%；调研对象文化程度基本为本科及以上，占比
72.39%，整体文化程度较高。

9.6.2 绿地景观满意度评价

9.6.2.1 道路景观满意度评价

对于绵阳市城市植物景观是否具有特色，70.91% 的调研对象认为有一定特
色，5.45% 的调研对象认为很有特色，23.64% 的调研对象认为毫无特色，说明目
前绵阳市城市植物景观总体得到大部分市民认可，但还有很大提升空间。

调研对象包括绵阳市主城区两条主干道（临园干道、长虹大道）和另外四
条主要道路（九州大道、剑南路、跃进路、涪城路）。问卷数据显示，73.65% 调
研对象对绵阳市道路植物景观一般满意，高达 17.37% 调研对象对其不满意，仅
8.98% 非常满意。满意度最高的是九州大道，占调研对象的 38.79%，最不满意的
道路景观是跃进路，占调研对象的 20%。

（1）涪城区道路景观

九州大道种植的乔木以香樟为主，小乔木有山茶、银杏、桂花、紫叶李、玉
兰等，灌木有小叶女贞、红花檵木、八角金盘、沿阶草、南天竺等，总体来说，
九州大道植物景观层次丰富，植物种类多，季相、色彩富于变化，虽也存在后期
疏于维护的问题，但绿化、美化、香化、彩化都做得较好，因此得到大多数市民

的认可和喜爱。市民满意度相对较低的道路景观为跃进路，该道路两侧行道树为二球悬铃木（英国梧桐），该树种有"行道树之王"之称，在绵阳生长良好，枝叶茂盛，对道路环境适应性强，有明显的季相变化，而且树龄长，有历史感，与跃进路历史街区的环境相协调，但由于道路路面较窄，中间分车绿带仅1.5米，为灌木绿篱（小叶女贞），造型单调，整条道路植物景观较杂乱，且色彩单一，加上道路照明不好，道路光线较暗，夜晚给人带来不安全感（图9-16），这是市民对跃进路植物景观不满意的主要原因。

九州大道　　　　　　　　　　　　　　　跃进路

西山东路(冬季)　　　　　　　　　　　　涪城路(夏季)

图9-16　涪城区主要街道绿化景观

　　临园干道上，乔木主要为香樟、桂花，灌木有石楠、鹅掌柴、山茶、洒金珊瑚、红花檵木、棕竹、苏铁、小叶女贞，地被主要为麦冬、黄金菊。虽然品类丰富，但种植比较杂乱，没有成型的植物组团，同时有些地段香樟种植间距过小（不足3m），未考虑生长时期体量变化造成的景观比例变化，应对其进行适量的梳理。

　　长虹大道主要种植乔木为小叶榕，树池式栽种，冠幅大，相比临园干道遮阴情况好，但也存在种植间距较小的问题。有些地段分枝点较低，影响市民行走。道路的拐角处有绿地，搭配球状和块状小叶女贞，有些种植了较高的乔木，存在影响开车视线的安全隐患。因为两侧人行道较窄，无法种植多层次植物，只在长虹大道北段一侧有搭配的灌木。

剑南路西段、西山东路与涪城路均采用落叶树种二球悬铃木（英国梧桐）作为行道树，夏季遮阴良好且冬季能很好地透光通风，栽种间距合理，枝干分支点高于行车视线能很好地保证行车与行人的安全；不同的是剑南路西段采用树带式栽植，配以麦冬铺地，而西山东路和涪城路采用树池式栽种的形式。以目前树木生长的情况来看，这两种形式皆能保证英国梧桐良好的生长，在实地调研中，居民对这一树种的满意度也因其树形优美、少落花落果且在夏季能很好遮阴而较高。

花园路与安昌路人行道配置的行道树均为香樟，树池式栽植。但安昌路的行道树依旧存在种植间距较小的情况，可以考虑适当间隔梳理，以保证植物良好的生长，此外还存在枝叶未及时修剪，影响居民楼低层采光的情况。花园路车行道的两侧分车带乔木选用棕榈，配以小叶女贞球和修剪整齐的红花檵木以及麦冬铺地，一定形式上丰富了道路景观，但与人行道的香樟没有形成统一的植物景观（图9-16），后期还需仔细考虑如何统一道路绿化形式。富乐路行道树选用的树种是大叶女贞，树形高大，且在绵阳生长良好，还是良好的蜜源植物，但是其秋天落果严重，对道路铺装造成污染，调研发现该树种不太受到市民的喜爱。

（2）高新区道路景观

飞云大道人行道的行道树为香樟，同样存在种植间距较小的问题，未综合考虑近期和远期植物景观持续性和稳定性。车行道两侧分车绿带栽植栾树以及修剪整齐的灌木小叶女贞，栾树树形高大且生长状况良好，栽植距离适中。栾树耐瘠薄且对环境适应强，但由于飞云大道车流量大，且多为重型货车，路面扬尘比较严重，对植物生长和景观效果影响较大。

绵兴路由棉兴东路和棉兴西路组成，两条道路绿化形式统一，人行道选择黄葛树作为行道树，虽然在夏季可以很好遮阴，但是黄葛树的枝条未及时修剪，以至于延伸到了车行道两侧分车绿带，蔓延在整个人行道形成较差的景观体验，同时两侧分车绿带种植的银杏因为黄葛树枝条的遮挡不能很好生长以及表现其季相景观效果，需要对黄葛树枝条进行适当的修剪。同时黄葛树的根系发达，成年后对铺装破坏较大，不适宜栽植在有铺装的人行道上（图9-17）。

飞云大道

绵兴路　　　　黄葛树根系破坏

图9-17　高新区主要街道绿化景观

201

（3）游仙区街道景观

游仙路由剑南路东段延伸，剑南路东段主要以行道树为主，主要栽植香樟，香樟栽植间距不均匀，导致部分香樟生长情况不佳。游仙路两侧分车绿带主要种植棕榈及香樟，灌木以小叶女贞、吊兰、紫叶小檗、南天竹为主，整体植物景观较为杂乱。东津路行道树以香樟为主，因为人行道较宽，种植两行香樟丰富了道路景观；在转角配置封闭式街角绿地，选用榆树作为主要栽植乔木，配植黄金串钱柳与女贞，榆树高大，冬季叶片变黄，季相景观良好（图9-18）。分车绿带种植银杏、棕榈，灌木以女贞、红花檵木、紫叶小檗和石楠为主。总体来讲，东津路道路植物景观良好，季相景观丰富且后期管理得当，值得借鉴。

东津路街角绿地 园艺街

文胜西路垂丝海棠

图 9-18　城区其他主要街道绿化景观

（4）其他城区道路景观

被调研的其他城区道路，由于建设时期较近，其道路景观都经过了规划设计，对树种配置、季相配置等都有考虑，总体品质较好，大部分道路已经形成色彩、层次丰富，季相明显的良好的植物景观。如园艺街的分车绿带栽植桂花，树形好、间距合理，行道树为英国梧桐、栾树、广玉兰交替栽植，整条道路景观风格统一，辅以麦冬铺地，无裸露的地面，整体景观效果良好。裕都大道的分车绿带栽种多头银杏，灌木为女贞、石楠、南天竺等，层次丰富，美观且符合快速交通视线安全规律，两侧道路绿地配置慢行系统，搭配地形的变化进行配植是其亮点所在。安州区内文胜路西段人行道较宽，采用垂丝海棠与香樟两排行道树，常绿和落叶结合，春季垂丝海棠的密满花相让整个道路都成为花的海洋，也因为四川话"花街"谐音"花荄"而成为安州的名片。

但是，因为完工时间不长，一些街道上的树木尚处于幼年期，其绿量规模不足，仍然有部分绿带土地裸露，一些街道的植物配置缺乏层次，应加强。如三江大道行道树为香樟，中间分车绿带种植草坪，因为缺乏养护，局部泥土裸露，植物景观急需提升。滨河西路分车带只有草坪搭配行道树，层次过于简单，可适当栽种灌木，形成灌木组团以丰富道路绿化的层次。

9.6.2.2 广场植物景观

选取中心城区四个主要广场进行植物景观满意度社会评价的调研，按满意度高低的百分比由高到低排序，依次是铁牛广场、青年广场、五一广场、科学家广场，分别占比 34.73%、34.13%、19.76%、8.98%（另有 2.4% 的调研对象选择的是其他项）。铁牛广场和青年广场百分比接近，说明市民对这两个广场的满意度都比较高。

总体来讲，市民对绵阳市广场植物景观较为满意，铁牛广场因其位于老城区中心，人口密度大，又与临近的滨河路形成了连续的景观而最受人喜欢。

但是大多数广场都存在植物种类不够丰富，配置杂乱无章，修剪等后期养护管理不到位等问题。此外，市中心步行街集散广场部分座椅附近未栽植遮阴的植物，科学家广场缺乏空间的限定，不利于市民进行活动，青年广场植物层次较少，灌木栽植数量少，没有成形的植物组团，植物景观之间缺乏连续性等。

9.6.2.3 滨水绿地景观

调研结果表明，市民使用滨水绿地时段基本在假期，56 岁以上的市民选择在早上或傍晚游览，而 45 岁以下因为平时工作忙碌多数选择在周末或者假期使用公共空间。55.15% 的市民使用时长在 0.5 ～ 2 个小时，活动方式主要分为移动活动（包括跑步、散步、遛狗、骑车等）和停留活动（包括观景、钓鱼、聊天、拍照等），其中移动活动占比 73.05%。

被调研者认为，植物景观最满意的滨河路段分别为：滨河北路东段（近青年广场）、滨江西路南段（近铁牛广场到五一广场）、滨河北路中段（近涪城万达广场），选择百分比由高到低依次为 44.31%、32.93%、20.36%，另有 2.4% 的市民选择其他路段如小岛附近的滨河道路（图 9-19）。由调研数据可以看出市民最满意的滨河路段是滨河北路东段近青年广场路段，特别是三江半岛附近的滨河绿地市民的满意度最高。

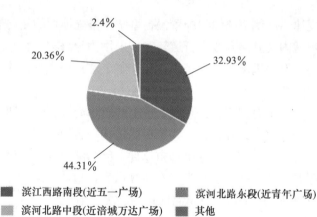

■ 滨江西路南段(近五一广场)　　■ 滨河北路东段(近青年广场)
■ 滨河北路中段(近涪城万达广场)　　■ 其他

滨河路段绿地满意度

三江湖滨水绿地　　　　　　　　铁牛广场滨水绿地

图 9-19　城区主要滨水绿地景观

三江湖附近的滨水绿地,植物层次丰富,植物组团多样化,颜色搭配好,四季有景可观,水生植物种类丰富,后期养护做得也很好。铁牛广场旁的滨水绿地,主要以慢行系统和大片草坪绿地为主,市民可以在草坪休息以及观江景,偶有栽植小乔木。滨江西路滨河绿地,植物以灌木和水生植物为主,有落花落果的情况,还需要及时清理。涪城万达广场外面滨江路段仅有保留的香樟和河堤上的垂柳,无论是层次还是色彩都很单一。

9.6.2.4　公园绿地景观

对于绵阳城区范围内的几个公园的绿地景观,被调查对象的满意度评价,按照百分比由高到低依次是富乐山公园、西山公园、人民公园、南山公园、南湖公园,分别占比 35.33%、29.94%、26.35%、4.19%、2.99%(剩余 1.2% 的调研对象选择其他项),可以看出市民最满意的公园是富乐山公园。

大部分调研对象认为绵阳主城区公园的植物景观比较好,植物种类以及层次丰富,市民普遍评价高。存在的问题有:

(1)南山公园以烈士陵园为主,中心区域植物景观环境较为严肃,除主入口处的花灌木以及地被之外,其余植物景观较为单调,植物种类多,但是季相景观不明显，游人较少。大湾湖与小湾湖驳岸的植物景观较杂乱，落叶枯木等没有人及时清理，造成较差的观景体验。

（2）西山公园季相景观良好，四季有景可观。不足之处在于，玉女湖与玉女泉周围植物景观较差，湖面几乎没有植物，驳岸植物景观单调。大草坪缺乏系统的管理，部分土地裸露，大草坪没有很好利用，也未做植物景观。

9.6.2.5　绿地景观满意度评价

在最满意的城市绿地景观类型调研中，44.91%的调研对象选择的是公园，以后由高到低依次是滨水绿地、城市广场、城市道路，分别占比35.93%、10.78%、7.78%（0.6%的调研对象选择其他选项）。对满意原因调研，从数据可以看出市民最满意的是公园植物景观，主要原因是季相景观良好、植物种类及植物层次丰富、改善周围环境、营造空间氛围好；最不满意的植物景观公共空间是城市道路，主要原因有道路景观不统一、植物种类少、季相景观不明显、后期养护不到位、植物落花落果。

选取植物景观总体风貌、植物生长状况、种类丰富度、季相景观、绿化量、花果香味接受度、对环境的影响程度、空间营造、水生植物种类丰富度、未受病虫害程度和夜景照明这12项指标作为评价因子，采用李克特5点尺度进行测量。问卷数据分析表明，市民对城区绿地景观风貌的整体满意度为3.39，植物景观总体风貌3.49（图9-20），植物生长状况3.67最高，夜景照明3.55次之，水生植物种类丰富度2.98最

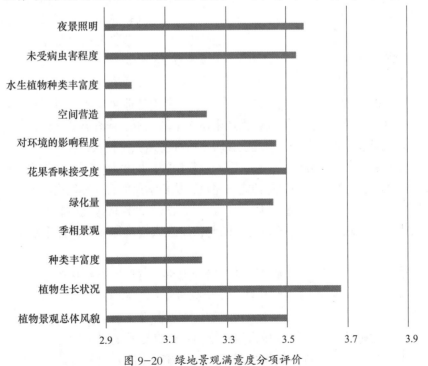

图9-20　绿地景观满意度分项评价

低。此外季相景观、种类丰富度、空间营造都低于整体满意度，是需要改进的地方，未受病虫害程度、绿化量、花果香味接受度以及对环境影响程度的满意度都较好。

9.6.3　绵阳绿地景观提升策略

通过系统、连续的现场观测与记录，结合问卷调查和访谈等方式，对绵阳市区范围内的植物景观进行 POE 评价，发现的主要问题有：在植物种类选择上，季相景观不够明显、植物种类不够丰富；几乎全部绿地都有植物养护不善的情况，进而造成土地裸露、植物枯萎或遭病虫害，大大影响使用感受；重视栽植初期的效果，对远期植物生长以后的体量变化预计不足，导致植物体量变大后景观不佳。

以下以城市道路绿地和公共绿地为对象，提出绵阳绿地景观的优化提升策略，为今后绵阳城市的绿地建设、植物配置的规划设计提供理论参考。

9.6.3.1　城市道路绿地景观

随着城市道路宽度变化、限速以及行人与车辆是否完全分隔等要求的不同，植物景观也应相应有所改变，同一条道路也应该根据道路的性质与功能，以道路主要使用者的视线要求作为道路景观规划设计的出发点。城市道路的植物种植首先要满足行车安全要求，中间分车绿带可采用两层或一层结构层次，在保证遮挡对向来车的炫光的同时，也保证驾驶员和行人的视线通透，防止植物遮挡驾驶员视线带来安全问题。城市快速路的植物景观配置应当较城市次干路尺度更大，注重"势"而不必在细节上过多设计；支路或步行道等植物配置时则应该考虑小尺度植物设计，注重"形"才能让市民有更好的游憩体验。

利用连续的道路植物景观塑造城市"绿廊"，注重季相，营造丰富的植物景观层次。明显的季相变化以及丰富的色彩构成有利于塑造生动的城市风貌，彩叶植物、开花植物与绿叶植物搭配能够更加丰富城市的色彩。应综合考虑因植物生长而造成的近远期景观效果变化，合理设置缓生树种与速生树种及其株距，才能保持稳定的景观效果。在种植方式上，乔、灌、草复层搭配的植物景观比其他方式更有利于维护植物群落的稳定性和生态功能的完整，从美学角度看，复层搭配也能营造更佳的植物景观效果，应当尽量采取这种方式。人行道两侧的绿化带较宽时，应考虑采用尺度合适的坡地绿化，通过地形的起伏增强人行道绿化带的抗干扰功能和安全性。

在植物品种选择上，应提倡以乡土树种为主，营造地方景观特色，尽量不把外来植物作为植物造景的主要品种。乡土树种适应性和抗性强，苗木来源丰富，易于成活，不管是初期投入还是后期维护，难度降低，资金节约。应坚持以因地制宜、适地适树的原则来设计城市道路绿地，选择适宜的乡土树种，搭配已经驯化的外来树种，通过合理配置植物群落，突出城市道路植物景观的生产功能与生态功能，丰富城市道路植物景观的种类构成和景观层次。

9.6.3.2 公共空间绿地景观

市民对城市公共空间绿地景观的使用方式是休闲、娱乐活动，相比于城市道路绿地停留时间更长，市民的体验在很大程度上影响了他们对城市公共绿地、公共空间城市风貌评价的满意与否。

在调研中发现，绵阳市城市公共绿地中，一部分景观节点的空间单一呆板或没有围合感，导致游人感受较差，停留时间很短；一部分景观节点有步行达到路径，但却在视线上过分阻隔，导致到访游人较少。

合理的空间尺度与舒适的感官体验是城市公共绿地植物造景的基本原则，应当根据不同公共绿地的环境条件和周边居民使用偏好，利用植物景观的围合功能，营造不同的植物景观空间，提升空间的抗干扰性，同时赋予空间多样的使用属性。绿地空间围合方式应多样化，有利于营造层次丰富、停留度与可达性较高的景观。植物配置设计应注意疏密有致、开合得当，增加景观节点在视线上的可达性。在观景平台设置休息座椅，提高环境的宜人度，延长游人停留时间，体现出景观设计的人文关怀。此外应注意后期养护，及时对落花落果问题进行治理或定时清理，保证市民的游览体验。

目前城市公共空间绿地植物配置设计的同质化现象常见，使游人对城市景观风貌特征的体验变差。在设计上，植物配置应该适应功能需要，如儿童活动区的植物景观应当色彩丰富，可激起儿童的好奇心，同时也要选用无落花落果、刺激性气味、无毒无刺的植物进行栽植；运动区则应考虑植物的遮阴效果，种植高大乔木，同时注意隔离噪声，避免影响其他区域的游人活动；文化娱乐区则因搭配景观小品配置植物景观，起到烘托氛围促进文脉要素表达的作用。

在调研中发现，绵阳城市公共空间绿地景观的季相变化不明显、色彩构成较单一。考虑到成本投入问题，选取核心景观节点进行重点设计是较为合理高效的，而采取明显的季相变化、丰富的色彩构成来形成核心节点，可以带来非常好的景观感受。在对核心景观节点进行植物配置时，可选择 4 种及以上色彩的植物搭配，秋色叶树种搭配常绿树种进行种植，丰富植物的季相变化。

不同公共空间绿地的核心景观节点应当有不同的景观主题，才能突出个性特征，考虑场地背景、文脉融合及地形特色等因素，每个公共绿地可突出 1 ~ 2 种植物景观主题，同时发挥公共绿地的展示、节庆活动、科学教育等公共活动功能，可带来更强的识别性，有的甚至能够培育成为具有影响力的商业品牌，如富乐山在每年秋季举办的菊展则就是一个很好的例子。

10 绵阳城市风貌规划设计策略

综观绵阳建设现状，经过 30 多年来的快速城市化，绵阳中心城区已经形成了多元化风格并存的城市风貌，不管其根源如何，这已经是一个客观事实，推倒重来的设想是不现实的，要在这个基础上制定切实可行的规划设计与管控策略来提升城市风貌的品质。

10.1 城市风貌规划原则

目前，在游仙区已经形成的城市次中心范围内，经过规划的引导和实施及管控，以越王楼、芙蓉汉城以及部分住宅小区为代表，呈现外观具有汉、唐时代传统文化符号元素的或有川西民居特色的城市风貌，这提示了绵阳地域文化方面的特色。而除此以外的涪城、园艺、高新等其他区域，虽有一些零星分布的欧式风格建筑或小区，但都规模有限且形象品质不高，事实上它们还是以现代主义建筑风格的多层住宅、高层综合楼等为基调。而绵阳中心城区内现有的历史遗迹都呈点状分布，除跃进路等"三线建设"项目集中的路段外，已无成片的历史街区。

综合以上原因，建议在城市规划中，应当在总体上强化游仙区城市次中心的传统风貌。鉴于高层建筑在城市建设中的巨大占比，新建建筑在色彩、体量、材质等方面应以具有汉、唐时代特点的"新中式"风格为基调，而不要仅局限于"川西民居"风格，并且必须保证建筑设计的高品质，要有耐看的细节。

对于绵阳中心城区的其他区域，则以现代主义建筑风格为主。这样有着强烈对比的两大风貌区域，也是通过建筑实体形象表达绵阳作为"李白出生地，中国科技城"的特色的必然选择。

要想切实地改善绵阳城市风貌，按照"城市双修"的策略，以特定街道或地段、小地块、单体建筑为对象，以城市设计为规划实施手段，来提升和改善城市环境品质，是一个相对可行的办法。

10.2　城市特色风貌区

　　城市（镇）"特色风貌区"是城市（镇）特色风貌的空间载体，是能够在自然环境、历史文化、经济社会或民风民俗等方面体现一地个性特色的特定地段或区域，设立"特色风貌区"是对当前城市面貌趋同的一个应对措施，达到对城市风貌重点建设、精准施策、凸显特色的效果。在该区域内，要将城市风貌规划的技术性成果与土地开发条件挂钩，并实行规划师跟踪服务和监督制度，强调"创作的话语权，民众的参与权"。通过规划设计建造原则、规划标准的制定或更新促进空间形态营造。

　　要想使绵阳市的城市风貌品质在短期内得到比较突出的改善，应当首先从本市的"特色风貌区"优化提升入手，对跃进路历史街区、越王楼文化名楼区、三江半岛观光休闲区、西山公园、富乐山公园、碧水寺、126 文化创意产业园、科学家雕塑园等能代表绵阳历史文化特色的区域加大风貌提升的力度，建成高品质"特色风貌区"，并广泛加以宣传（图 10-1）[1]。

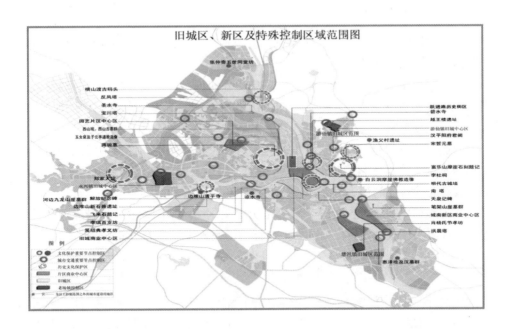

图 10-1　绵阳特色风貌区的形象

10.2.1　跃进路历史地段

对跃进路历史地段进行整体保护、适当开发，将其建设成为红色文化体验和特色商业街。规划设计原则为：

对沿街建筑进行保护和整治，重现历史建筑原貌，对新开发的跃进路东侧沿街建筑进行建筑风貌控制，打造与西侧历史建筑一样的红砖低层、多层建筑，以形成红色文化走廊。

两侧街坊成片协调改造、开发，在提升街道生活环境的设计中，以塑造红色文化为基调，注重恢复街道商业活动氛围。遵循人的行为规律来组织公共空间，增加具有时代特征的街头小品和标志设施，创造特色场所。

跃进路历史街区保护规划、跃进路历史文化街区整体策划、建设改造及景观提升设计方案、跃进路历史街区城市设计均已完成设计，进入实施阶段。

10.2.2　碧水寺—越王楼地段

碧水寺—越王楼历史地段位于绵阳城区涪江东岸，东方红大桥东侧，由于早在 1985 年就划入碧水寺风景名胜区，保护状况良好。在唐代越王楼原址上重建起来的仿古建筑，依山造势，建筑气势宏大，已成为绵阳少有的有代表性的标志性建筑。但越王楼景区的规划并未全部实现，仅仅建成了高楼及其附属用房，除此之外的区域，无论是总图上的肌理还是空间中的建筑形态，均与越王楼建筑形象不协调。尤其是在靠碧水寺一侧以及山顶部位，现状是成片的多层住宅，虽然在规划阶段刻意压低了建筑高度，依稀可见山体轮廓，但是建筑密集、风貌品质不高，屋顶形态呆板，有待进行改造。

风貌规划的目标应该是通过对该地段进行整体保护、整治、改造和开发，结合越王楼的重建，打造成为以历史文化观光旅游、商贸、休闲、娱乐为内容的唐文化街区。主要措施则是对保护区内历史建筑以及历史文化景区进行修缮和整治，将风貌改造与发展旅游、服务业相结合，对建设控制区内的建筑进行整治和改造，拆除乱搭私建，统一建筑风貌，与景区风貌相协调。

10.2.3 三线工业遗址

三线工业是 20 世纪 60 年代在内陆建设的一批重要的国防工业，其奠定了新中国国防工业的基础。在三线建设时期，绵阳是军工企业和科研院所的汇聚地，以国防军工为特色的工业遗产较为丰富且具有鲜明的时代特征和地域特征。这些工业遗址是那个火热的时代给绵阳留下的特殊印记，奠定了城市发展的基础。

由于国有企业都有破产、职工下岗和退休职工安置等历史遗留问题，工业遗址的改造利用的前提在于多元目标的统筹和多方利益共赢，通过投资改造实现国有资产保值增值，为下岗职工创造更多的就业机会。因此，三线工业遗址改造项目的经济可持续运行是首要考虑因素，其风貌规划设计的基本策略则是尽量保留和延续历史记忆，实现功能、建筑和空间结构的活化。通过功能改造、更新转向以个性化为特征的旅游产业，促进城市复兴，拉动地区经济发展，实现城市形象提升。绵阳 126 文化创意产业园在这个方向上的有益探索已经取得了较好效果，在某种意义上成为了具有绵阳名片性质的"网红"之地，为绵阳众多的三线工业遗址改造提供了范例。

126 文化创意园位于绵阳市长虹大道南段南侧（图 10-2），绵阳中医校上行百米即到，基地原为西南应用磁学研究所（126 厂），先后经历了人民解决军 126 部队（其名源出于此）、人民解放军第 1409 研究所，第四机械工业部 1409 研究所，信息产业部第九研究所、西南应用磁学研究所的变迁。这里古树参天，草木苍翠，小路蜿蜒，有数十栋保存完好的现代风格建筑、红砖青瓦的老厂房。

设计者对旧厂房进行了创意改造，将工业文化遗产底蕴和创意设计结合起来，如今这里已经成了旅游休闲胜地，带有"网红"属性的绵阳文化地标。126文化创意园展示了工业遗产改造开发的典型策略，即以工业景观继承、新功能植入、建筑空间重构，让工业建筑焕发新的生机。对单个工业建筑改造，要通过深入分析其建筑风貌、结构形式、历史或文化价值等，依据新植入的功能，通过表皮更新、内部分隔、连接成组、开挖庭院等方式完成建筑空间的重构，使老建筑符合现代功能的需要。

绵阳另外一处代表性的工业遗址是朝阳兵工厂（图 10-3），位于城市东郊，毗邻富乐山风景名胜区，具有三线建设"山、散、边"的典型特征。朝阳厂过去肩负着军用产品生产，在科技城建设和发展中留下过不可磨灭的记忆。由于朝阳厂多次转型民用失败，现在已生产萎缩，环境破败，但其部分建筑仍然具有历史文化价值。

图 10-2　绵阳 126 文化创意园

图 10-3　朝阳兵工厂工业遗址

厂区内部均为 20 世纪 70—80 年代建成的红砖砌体厂房、楼房，已有三栋厂区生产及技术培训楼被绵阳市政府列为"绵阳市历史文化建筑"。对朝阳厂工业遗址的改造应将区域环境整治与休憩、展览、演出、商业等文化功能结合起来，引入活力。空间规划要结合厂区的台地地形，运用大地景观设计手法，建设有特色的工业遗址公园，将保留下来的工业遗迹如办公、厂房、铁路、机床，烟囱等活化利用，构筑新的场所景观，延续历史记忆。

10.3 分区高度管控

在绵阳的城市规划管控工作中，针对不同区域进行高度、面宽控制以及天际线控制等，能够使规划管控工作更有针对性、效率更高。

10.3.1 建筑高度限定

根据土地利用状况、土地经济运营分析、景观控制要求和规划用地性质，对城市不同区域的建筑平均高度进行控制引导，分别为 24m、40m、60m 控制区和 60m 以上控制区，高层建筑宜集中而不是分散布置。在城市旧城核心区和各组团中心，宜限高 60m，在三江口半岛和跃进路商务中心区，可以超过 60m，其余地方 40m[2]。

在游仙传统风貌控制区、滨水沿山地区，为了显山露水，宜按多层建筑 24m 限高，在特定位置作为天际线点缀时，可以适当布置超过 24m 的高层建筑，但要符合控制性详细规划的要求，不阻挡城市景观视廊，并保证足够的建筑后退距离。沿涪江、安昌河、芙蓉溪等滨水地区的建筑宜退台处理，首排建筑宜以低层和多层为主，城市新区沿涪江、安昌河两岸距蓝线 50m 以内不得布置高度超过 40m 的高层建筑。当建筑正面面对城市主要道路或临涪江、安昌河时，不仅要控制其高度，还要对其体型做出规定，如限制其建筑高宽以免出现过分粗笨或细长的形象，可参考如下标准[2]：

80m ＜建筑主体高度≤150m 的，高宽比一般不小于 2.0∶1。

50m ＜建筑主体高度≤80m 的，高宽比一般不小于 1.6∶1。

24m ＜建筑主体高度≤50m 的，高宽比一般不小于 0.6∶1。

建筑高度≤24m，其最大连续展开面宽的投影不大于 80m。

在商务中心区等城市核心地段，确需适当超出建筑限高的项目，应当经过专项论证和政府审批程序。对于这类情况，在《绵阳市城市规划管理技术规定（2016 版）》中设置了专门条款，为"进一步优化城市建筑形态、提升城市建筑品质，形成人性化的城市空间，对建筑形态规划管理作如下规定[1]：

（1）用地规模在 3hm^2 以上的居住、公建类高层建筑项目应依托城市开敞空间和主要道路，形成高低错落、层次丰富、疏密有致的城市轮廓。

（2）建筑高度。建设项目在建设用地中宜以一幢（组）较高建筑形成空间制高点，较高建筑与周边建筑的高差比宜控制在 10%～25%，面向城市开敞空间和主要道路形成高低错落的天际轮廓与纵深的空间层次。非特定地段因优化城市空间需要，经专家论证，在满足航空限高的情况下建筑高度可适当调整，调整幅度不得大于40%。"

从规划管控的实际工作情况来看，上述高度调整条款本来是为优化城市空间形态而设，但却变成了开发商突破规划条件的借口。绝大部分要求调整高度的项目，其理由基本上都是"高度不调整，容积率做不够"而不是要"优化城市空间"，调整的结果往往是既没有在建筑密度指标上显著改善，也没有合理设置高差比例，而是象征性地相差 3m、5m 的高度，甚至一刀切平不留高差。

因此，虽然制定了如此明确的限制条款，但要依照这一规定去限制建筑高度的无序发展、形成良好的空间形象，只不过是一种理论上的假想而已。要改变这种规划管理跟不上众多调整理由的被动状态，应该针对确定的地段、街区范围，编制深度适当的城市设计，对城市空间形态和建筑体量做出明确规定，再以此为依据，把对城市空间形态的规定落实到各个项目的管控中去。

10.3.2　天际线与景观视廊

绵阳中心城区的自然山水格局突出，山水资源丰富、独特，多年来充分利用西山、南山、富乐山、老龙山等山脉和涪江、安昌河、芙蓉溪等城市河流，形成了以"四山三水"为核心的山水渗透、廊道贯通、多点均布的组团式空间布局结构。

这样的山水格局是塑造城市形象的重要依据，城市建设应当顺应其走势和形态，滨水的城市立面中，建筑高度配置要高低错落以便形成丰富的天际轮廓线，增加空间的层次感。科学城、五里堆、园艺行政中心、科技城集中发展区等依山而建的区域，应当因地制宜，注重对山地地形变化的利用和强化，建筑群体应依山就势布置。对于沿山、滨水地段的建筑高度，要形成建筑天际轮廓线从沿江向山体逐渐攀升，中部建筑天际轮廓线较高的趋势，但又具有丰富的变化，整体呈现具有韵律感的起伏，且避免系形成一片墙的连续高层轮廓线。

高层建筑的布置以集中为好，不应该分散，这样才能丰富天际轮廓线，形成错落有致、远近结合、具有节奏感的形态。尤其是在富乐山、西山等风景区，其临山建筑不超过山体轮廓线高度的 70%（山顶处的景观性标志建筑如塔、阁等除外），老龙山、黄土梁、普明山、笔架山等山上建筑宜控制在 11m 以下，同时满足航空限高规定。

为了在城市主要公共空间地段共享自然山水资源，与其相邻城市地段之间应尽量多地建立视线通廊和步行通道，提高景观资源的可视性和可达性（图 10-2）。自然景观资源相邻地区宜划分为小街块进行建设，街块划分时应将短边朝向自然景观资源地区，短边宽度宜控制在 100m 以内。短边宽度大于 100m 时，地块内部宜提供通往自然景观资源地区并贯穿地块的步行公共通道，公共通道宽度不小于 15m。

应建立富乐阁、东山塔、电视塔、子云亭、南山塔、越王楼等主要景点和观景点之间的城市景观视廊（图 10-4）。以观景点与景点的连线为中线，两侧各控制 50m 宽范围，共 100m 宽作为视廊核心区。由观景点为顶点，以核心区为中线，水平 15° 视角范围内区域作为视廊控制区。根据具体情况在景物后一定范围划定背景控制区。建设强度要求从视廊核心区向两侧递减。

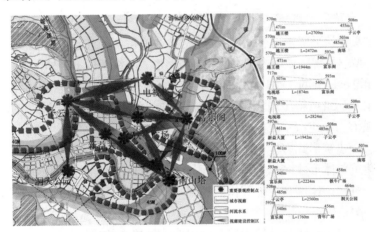

图 10-4　城市景观视廊分布

为了有效地控制景观视廊周边的建筑形态，宜对自然景观资源相邻地区、景观视廊沿线地区编制特定地段的城市设计，用来指导城市建设和规划管理，应按批准的城市设计进行建设管理。

10.4　分区建筑设计导则

在绵阳城市中心区内的建筑风格现状是：在大部分区域内，因为建造年代较晚，无论是住宅、办公还是商业等公共建筑，主要为现代主义风格。而在游仙区范围内，因邻近富乐山风景区，历史文化背景明显，所以片区内有成片的仿汉、仿唐风格建筑，多层住宅也统一采用了坡屋顶，以体现地方历史文化，公共建筑也倾向于"中式风格"。此外高新区内有较多的仿西洋建筑风格的住宅小区或楼盘，在跃进路、126厂区、丰谷镇等位置有一些特色街区。

10.4.1　现代主义风格——全部城区

现代主义建筑适应于工业化社会的条件，具有鲜明的理性主义色彩，适宜于大多数建筑类型，是现代城市中基本的建筑风格形式。绵阳也不例外，这一类建筑是绵阳城市建设量最大的一类建筑，能够覆盖包括住宅、办公、商业等所有功能。

现代主义建筑风格（现代风格、现代建筑）的特点是建筑形体和使用功能的协调、表现手法和建造手段的统一、纯净的体形表现清晰的结构逻辑、灵活均衡的构图手法。建筑形式多样，单体建筑之间高低错落，有利于形成丰富的城市空间层次。建筑单体形式多样，建筑立面与体型设计应遵循统一与变化，均衡与稳定，韵律，对比，比例，尺度等构图法则。单体建筑之间高低错落，形成丰富的城市空间层次。

高（多）层住宅建筑是现代城市中建造数量最多的建筑类型，由于其使用功能的限制，在外形上都表现为标准居住单位在竖向的重复出现，数量很多，其建筑造型设计应当合理反映其使用功能及结构体系，外表简洁朴实，同时要避免因多次重复造成的单调乏味。这就对其立面的比例组合、材质选择、色彩搭配、细部设计等提出来较高的要求。

以下如江阴旭辉·澄江府住宅项目的造型设计（图10-5）[3]，是一个好的范例，可供借鉴。建筑立面采用了简洁的现代主义风格，融入黄金比例分段处理，干净挺拔，天际线设计富有层次变化，空间品质典雅。整个建筑群以浅米白色为主基调，并辅以灰咖色局部装饰线条，二者交相辉映，展现了江南城市的隽秀、优雅的人文底蕴。采用极简美学和精工筑造，以横向线条形成连续的界面，保证秩序的同时丰富细节变化。

外立面材料多为现代材料，以面砖、石材、钢结构、玻璃、人造板材为主

（图 5-6）[4]。对于沿街商业建筑的广告位，应进行统一设计。应考虑步行者的感受，对低层部位的材料组合、划分细节等进行细致设计，对沿街的广告位、灯箱、招牌规定统一的风格。

图 10-5　高层住宅建筑的造型设计

图 10-6　现代主义风格的外墙设计

如上篇介绍的那样，当众多现代风格的建筑并置在街道两侧时，为了使街道整体面貌保持和谐，街道两侧的建筑的外立面设计，在竖向分段、底层形式、窗口韵律、装饰色带、屋顶高低变化等方面，都应采用大致相同的设计手法，看起来有个性差异但总体基调一致，形成了统一连续的街道界面，欧洲城市的街道设计是很好的借鉴。

10.4.2　地方特色风格——游仙区及特色街区

对于历史遗迹实物极少，而文化信息较为丰富的绵阳来说，以仿自特定历史时期（汉、唐）的现代的、新型的传统建筑风格和本地民居特色，是实现地方特色风貌的现实做法。现代社会生活的丰富使城市建筑多样化发展，在城市风貌设计中对历史文化的表现不应该是简单效仿，而力求总体把握，追求建筑与环境的整体和谐。

10.4.2.1　仿传统建筑风格

实际上，在现代条件下如何展示地方的历史文化特色，不仅是绵阳，也是众多中国内陆城市所面对的一个难题。用复古、仿古的方式展现地方文化，针对那些特定建筑功能或所处环境需要时，依然是一种重要的设计手段，如对黄鹤楼、滕王阁等著名景点的复建。但在当今这样一个审美观多元化的时代，对其他项目如房地产开发来说，局限条件甚多，这种方法并不适用，有不少失败的案例可以证明。

为了融合历史上的文化传统与现代社会之间的冲突、矛盾，一种以抽象形式表现中国传统建筑文化的"新中式"风格，已经在房地产市场上流传。"新中式"风格不寻求完全再现古代建筑形象，而是提炼中国传统建筑的风貌符号，再结合现代设计手法，创造出既满足现代生活功能要求又具有传统特征的新形象，其形式仍然源于传统的建筑风格，但是其模仿的方式是抽象的、概括的，而不是在形式、细节上再现于古代建筑的基本特征。

用现代结构形式表现古代建筑特征也有很好的实例如苏州博物馆、日本 Miho 博物馆等，都是对中国古代木结构建筑的再现和提升。利用现代结构技术，在空间的营造、采光、通风等各技术层面，不仅满足了现代的实用功能需要，在形式上也符合现代人的审美取向。反之，若以复制、模仿为指导思想，古典的建筑特征运用得太多、忠实，反而会削弱建筑自身的表现力，使其在现代社会的环境下显得怪硬、没有生气。

仿传统建筑风格可以应用于游仙及其他沿山区域或定位于表现传统文化的部分特色街区如丰谷镇等区域（图 10-7）。

在群体空间组合规划设计时，借鉴传统组合模式，控制建筑的沿街面长度，避免形成过于封闭的建筑体块，虚实穿插以丰富群体形象。单体建筑体量要保持接近于传统建筑的良好的体积比例以免形体失真，且不宜太多体块变化，沿街组合时要注意与周边其他多、低层建筑物有空间过渡。屋顶形式以坡屋顶形式为主体，坡屋面盖小片瓦为好。建筑以冷色调为主，瓦为青色，墙为粉白（或灰砖色、梁柱为茶褐色、门窗多为棕色（或木料本色）。

建筑单体的材质选择应以现代材料为主，在局部采用木、石灰、青砖、青瓦等传统建筑材料作为点缀。不可盲目追求复古，可通过对材料进行现代的加工，以抽象的手法表达传统韵味。应注重使用木刻花格门窗、飞檐斗角等一些细部构件或对这类构件进行必要的抽象、提炼之后加以运用。

图 10-7　游仙区仿传统风格建筑

10.4.2.2 "川西民居"建筑风格

鉴于社会各界对本地现存汉、唐时代的历史文化资源的高度认同，以及绵阳地处川西平原汉族文化圈的事实，绵阳的部分建筑设计如果以"川西民居"风格的外部形态、立面形式、材料肌理等为蓝本进行创作设计，是合乎逻辑的。但正如上篇所述，"川西民居"是川西平原地区城乡共享的地方风格，不能片面理解

"地方特色"，强调以行政辖区划分的地方风格，这既不合理也无法操作。

该类建筑在风格定位上属于"后现代"装饰主义，表现在外形上组合应用一些传统建筑的片段、符号等，但仍遵循现代主义建筑的基本设计原则。基于绵阳的城市定位和经济社会发展的趋势，应对其适用区域应加以限定，应用于如游仙片区，少量出现在其他沿山区域。

"川西民居"建筑风格在四川一些城市中已经有相当多的实践案例，但良莠不齐。优秀的设计无一不是深入考虑的结果，如建筑外墙面宜以冷色调、粉白、青灰砖色为主，梁、柱、枋、门窗、花格等宜为茶褐色、棕色或木料本色，才能形成类似川西民居的穿斗式结构的效果。要重视装饰构件的比例、尺度，如木刻花格门窗、飞檐斗角等建筑细部处理方式，要对店名、招牌等部件预留位置并提出设计要求。如果仅把"川西民居"风格当成口号，草草敷衍，既不重视体块关系，也不推敲细部构件，最后会成为高不成低不就的普通建筑，失去了引用传统风格的意义。图 10-8～图 10-10 是四川省内一些品质较高的"川西民居"风格设计项目，可供学习。

图 10-8　广安邓小平故居纪念馆

图 10-9　成都太古里　　　　　图 10-10　成都蜀园养老社区

而图 10-11、图 10-12 案例在建筑体量、尺度及配色方面的设计均有不足[5]，结果看起来既不是现代主义建筑风格，也与"川西民居"风格相去甚远。究其原因，是因为技术受限，传统民居建筑均为小空间、低层数，很难适应现代城市生活的功能需要，如果非要把大规模的功能内容装进一个放大的传统民居"外壳"之中，难免会在比例、尺度上发生偏差，导致"山寨版"现代民居的出现。

从发扬传统这一良好的愿望出发，却因为不恰当的设计使结果适得其反，破坏了传统民居的优美形象。因此，不管风貌设计的目标是"传统民居"还是"川西民居"，都不能不顾项目本身的特点而进行歪曲的设计。

图 10-11　某旅游新村小区

图 10-12　成都双流黄甲新民居

10.4.3　"欧式"及 Art Deco 风格

在园艺山、高新区等区域，由于已经有成片的"欧式"风格建筑，可以在建筑体量、周边环境合适的情况下，适当延续"欧式"风格，以便协调已建成的城市环境，同时也表现城市的多样性。其材料宜以石材、仿砖砌墙体为主，即使采用现代材料，也应模仿砖石材料的特征。建筑造型应遵循欧洲古典建筑的"三段式"或"五段式"划分，构图遵循统一与变化，均衡与稳定，韵律与对比，比例与尺度等法则。建筑立面设计应符合欧洲古典建筑的美学特征，线条分明、讲究对称，如果设计了细节，则应制作精致，如山花、拱券、柱式、雕塑、尖塔、外凸窗等部位，其尺度、位置、高度、材质等都要精细。事实证明，一旦这些细节处理得精致、耐看，建筑的整体观感就会大大提升。

对于高层住宅建筑，Art Deco 是一种装饰效果较好、易于实施的建筑风格，且易于与现代主义风格的周边建筑协调，所以在市区范围内，除特色街区等地段外，是普遍适合的。为了较好地表达这种风格的特色，宜以干挂石材、钢材或不锈钢等较为高级的材料作为外墙材料及其装饰，而不宜用涂料、小块面砖贴面。在建筑造型设计上，除遵循统一与变化等通用的形式美原则外，应处理成为逐级收分的几何体量，立面呈现"三段式"划分和对称布局为宜，重点以纵向线条来展现建筑的挺直、高峻，弱化水平方向构图，把外墙划分为若干竖向块面、线条的组合。整体布局上，立面开窗不应多，应尽可能不用外挑阳台或采用封闭的凹阳台。对于开间较为宽大的大面积住宅户型，应当谨慎采取这种风格，因其建筑造型与使用功能差距较大，难以协调。

10.5　城市色彩分区规划

各国地理、文化的差异导致人们对色彩好恶也不同，要针对不同功能的建筑，应对风格、色彩的要求有所差异。因此在绵阳总体色彩特征的基础上，建议依据《建筑颜色的表示方法》（GB/T 18922—2008）编制成色彩总体规划，通过色彩总图控制与色彩要素取值范围限定，明确可选择的色彩范围区间，作为下一步详细规划指引参考，具体色彩值的选用应由具体项目和项目所在场地特色决定。

10.5.1　绵阳城市色彩现状

多年来，绵阳市城市中心区的建筑色彩背景是基于各个项目单独管控基础上形成的，并没有一个经过论证的宏观规划，因而难以取得和谐统一的效果。尽管也有类似于《绵阳城市风貌规划》这样的指导性文件，但其规定较为宽泛，如何落实到具体项目上则基本由管理者和建设者协商决定，既无科学客观的分析基础，也没有足够的约束力。

广泛分布于绵阳城市各个地段的房地产开发项目，其规模大，在色彩上对城市影响也大。各类楼盘在配色上追求个性化突出，从好的方面看，是丰富了城市色彩环境，但另一方面，容易因标新立异而缺乏大局观，实际上导致了城市色彩以住宅小区为单位，各自为政、搭配不合理，部分相邻建筑在色彩配置上互不关照，甚至造成高彩度视觉冲突等问题；还有的楼盘采用新奇、怪异的色彩，破坏了城市景观与绵阳的自然山水在色彩上的和谐。所以，绵阳城市色彩的现状显得比较杂乱，很难给人留下愉悦的观感（图 10-13），这一点也在市民问卷调查中得到了证实，今后在城市风貌管控中应当加以重点关注。

图 10-13　绵阳城市中心区建筑色彩

10.5.2　绵阳城市色彩基调

在城市中选择、搭配建筑色彩，需要考虑到山水环境、自然气候、历史文化传统、风俗习惯、经济发展水平等多方面因素，不能随心所欲。

10.5.2.1　气候因素的影响

绵阳地处夏热冬冷地区，气候比较温和，但日照时数低、湿度偏大，主导风向不明显。由于常年日照时数低、阴雨天多，尤其是在冬季，感觉湿冷。在这种天气状况下，天空颜色和建筑显色普遍呈现灰蒙蒙的低纯度颜色，因此建筑外部色彩的基调宜采用明亮的浅色系，才能与天空背景分离开，突出建筑体量和造型。

在夏季，人普遍感觉较闷热，因此在建筑色彩选择上，应偏向使人感觉较为凉爽的浅色系为基调。宜在外墙局部点缀少量高纯度的鲜艳色，这样可增加色彩层次、丰富建筑形象，缓解阴雨天的压抑感。也可考虑在多低层建筑屋顶颜色上增加彩度。

10.5.2.2 城市性质与建筑功能的影响

绵阳市是中国唯一科技城，城市形象应表达其严谨、冷静、务实的理性精神。配色设计的整体氛围也应当是真实、理智、高效而又不失人文精神，充满活力和生机盎然是它的具体表现。

合理的建筑色彩搭配对于准确表达功能性质有重要作用。如工业建筑的配色以提高生产效率、保证生产安全为主，其次应激发工作热情，使人精力充沛、心情舒畅；商业建筑的色彩艳丽、醒目甚至夸张，有利于刺激顾客有参与和购买的欲望，达到销售盈利的最终目的；而住宅、公寓、旅馆等居住功能建筑，则应呈现轻松、明快、亲切的居家气氛；在科研机构、商务办公建筑中采用银灰、乳白、米黄等基调色，适当地搭配红、黄、蓝和青色等偏冷色调，也可表达科技感、未来感。

所以，建筑色彩的基调选择、搭配设计，需要满足不同功能要求，充分发挥色彩的心理象征作用，使各种建筑的外观能够准确表达其个性特征，并达到最佳的视觉效果。通过比较分析可以明确不适宜选用作为主导色的色彩，如过重的黄色、粉色、铅灰色、纯度太高或太暗的蓝色等。

图 10-14 为法国巴黎拉德方斯建筑群[6]，以浅白色调为主导色，银灰色建筑作为点缀，尤其是临水的低层橘红色顶建筑，增强了滨水界面层次和景深，城市色彩在大统一情况下又有灵动变化，值得绵阳学习。

图 10-14　法国巴黎拉德方斯区色彩

10.5.3　绵阳城市色彩分区规划

绵阳市区周边群山环绕，市内三江合流，优美的山水环境呈现着春夏苍翠、秋冬素黄的自然之美。所以绵阳市的背景色是绿、黄外加天蓝、水青共四色，相对来说背景色较单纯。在这样的背景色下，城市色彩设计可考虑清新自然一些，以便更好地实现山水城的共融。基于现代人亲近自然的心理诉求，在城市形象与色彩设计重视天然材料及其本色的搭配。虽然现在人造材料的颜色极为丰富，但是无论是从环保还是从建筑美学的角度来看，自然本色的材料还是广泛受到人们的欢迎，易于被普遍接受。

10.5.3.1 城市色彩分区设计

如前述，根据绵阳的自然山水、气候条件以及城市色彩现状情况，建议对应于城市风貌控制的七大组团，根据整体统一但有特色微差的原则来配色。

对于以居住功能为主，位于中心城、高水、御营坝组团及三江交汇中心组团的城市旧城区，因土地开发强度大，建筑密度高，规划建议采用明快的色彩如白色、象牙白、米黄色等浅色系作为主体色，局部点缀其他颜色。对于以科研实验、高新技术产业园区为主的城市区域（如高新区等），建议公共建筑采用金属质感的银灰色系，居住建筑以偏黄色的浅色系即象牙白、米黄色、椰黄色为主导色，形成具有科技感、现代感的片区风貌[2]。

对于临山、面水的城市地段如城北青义—圣水、石马组团，城南塘汛等地，应突出山水自然色彩，建筑配色以明快的浅色调作为主导色，即白色、象牙白、米黄色、椰黄色等浅色系。在一定历史文脉的地段如西南科技大学和圣水寺周边，可将现状建筑色彩砖红色系作为突出的点缀色，这样能体现滨水区的建筑形体和色彩上皆有层次感和景深感。

园艺片区位于城市高处的山地，城市色彩现状是居住建筑以米黄色、褐色、砖红色等暖色调为主，公共建筑以金属感银灰色为主，建议延续以上述暖色调为基调，点缀公共建筑的灰色系。

图 10-15 为当前绵阳市在建筑造型或色彩上都比较成功的建筑，其主导色彩主要为米白色、象牙白、梨白

图 10-15　绵阳市内建筑配色案例

色（也称椰黄色，如火炬广场）、白色、银灰色（如孵化楼）等，局部点缀色彩为赭石、红砖本色、橙色等较淡的暖色调。

10.5.3.2　特色街区色彩设计

游仙片区目前已建成汉唐风貌街，具有鲜明的传统风貌特征，应适当强化仿传统风貌特征。主导色仍应采用象牙白或米白色等浅色系，辅助色可选择木本色（褐色）或深褐色、朱红色、赭色等。屋顶外形以坡屋顶为主，色彩为青灰瓦。永兴镇等处则以清代、民国时代的民居为特色，所以在色彩、选材上都应继续保持这一形象。

跃进路是绵阳市在"三线建设"期间留下来的遗迹，也是当时城市风貌的缩影。该路段的建筑物外墙基本都是以红砖砌筑，保持了材料的本色和天然质感，是现代城市环境中少见的景观，也是绵阳作为科技城的历史文化特色所在。所以应当延续这一文化特色，在今后的改造提升工程中，继续使用砖红色的同一色相来营造出统一的地段色彩感觉，使整条街道充满历史气息。建议对沿街的广告、标牌、店铺标识等的色彩，配合建筑主体配色做整体设计，以免破坏街道统一的历史文化感，造成城市色彩的标识性不强，缺乏自身特色。

马家巷（图10-16）有"绵阳美食街"的口碑，在市民心目中也是少有的城市特色鲜明的地段，但其空间形态系自发形成，发展无序，如马家巷的入口空间简陋、没有醒目的设计，拍照打卡都看不出任何特色来。马家巷街道空间并没有经过规划设计，没有统一的色彩基调。很多小贩沿街摆放，红的、绿的、蓝的各式遮阳伞林立，店铺门口设计也是各自为政，彼此并无呼应对话关系，整条街道在空间处理、色彩配置上都显得杂乱无章。商家自发建设形成的青石板路地面，低矮的店铺入口以及风格混杂的建筑外立面，确实具有生机和活力，商业气氛浓厚，但如果能对那些过于狭窄的空间形态、杂乱的材料选择和色彩配置进行修整、优化和改善，就会使人有更加舒适的感受，促进商业进一步繁荣。由于对马家巷周边建筑进行大规模改造的难度很大，建议以轻型、简易的构建方式进行局部改造，以色彩为主题做整体设计来改善城市空间的观感。

城市色彩的规划设计是一个复杂且有很强主观性的议题，为取得更好的风貌效果，应当在适当阶段面向市民开放，听取广泛的意见。建议可参照其他城市做法，引入公众参与城市色彩管理，向市民公布建筑色彩标准色，在城市公共地段设立一块可供市民观察、建筑师设计时能够参照的"色标墙"。对于高度较高、规模较大或性质重要的建筑物或住宅区，在规划审批时应要求业主提供外墙材质、配色的设计打样，并在规划公示时，与"色标墙"并置，以供市民发表意见。为鼓励城市中心区房屋建造时落实色彩规划，可参照日本色彩规划实施办

图 10-16　绵阳市马家巷

法，凡是按照市政府色彩指南进行的墙面色彩应用，其费用完全由政府买单。

参考文献

[1] 绵阳市规划局，绵阳城市规划管理技术规定（2016 版），2016.11

[2] 四川省城乡规划设计研究院，绵阳市城市风貌规划，2011 年 10 月

[3]2021 东南旭辉产品年鉴 II｜"四高"品质交付区.

https://www.sohu.com/a/511916399_121015000

幸福兑现｜旭辉珺悦府首次交付 品质亲鉴.

https://xw.qq.com/amphtml/20191231A0MJRU00

[4] 现代时尚的建筑外立面 50 例.

https://www.sohu.com/a/333381289_99938380.

[5]https://www.meipian.cn/38q3n4eo；

https://zhuanlan.zhihu.com/p/135869191

[6]http://ghotel.ly.com/hotel/；https://www.meipian.cn/1tjyxiut

https://www.tripadvisor.cn/Attraction_Review-g187147-d246654-Reviews-La_Defense-Paris_Ile_de_
France.html

附件一　绵阳市城乡规划与建筑设计项目方案评审重点指引

（绵阳市城乡规划协会专家委员会 2021 年 11 月通过）

为推动绵阳城市规划区范围内城市风貌、建筑外观、公共环境与景观的品质提升，改进建设项目方案专家评审的工作质量，特制定以下评审原则和重点指引，请参与评审的专家遵照执行。

（一）送审文件要求

1. 报送评审的设计文件应具备政府要求的全部法定要件（由绵阳市自然资源和规划局认定），方案设计必须满足国家规定的深度要求，否则不予评审。

2. 对于地处城市风貌重点管控区域或地段、城市景观视廊、重要城市节点空间（广场、绿地）范围内（由绵阳市自然资源和规划局认定）的工程项目，必须提供至少 2 个不同观察角度的实景合成照片或影像，必须提供关于外立面材质和色彩的详细说明，否则不予评审；外墙有特殊装饰的，应当提供其构造设计方案。

3. 以工业生产功能为主的项目，必须说明生产工艺流程、是否使用危化品为原材料、是否会产生危化品废弃物及其处置方法，否则不予评审。

（二）城市规划限定

1. 用地性质、功能是否符合上位规划或城市设计的限定，技术指标与规划技术指标的符合度。

2. 基地交通流量（人、车）与上位规划或城市设计中的容量的符合度。

3. 建筑风格基调与城市风貌定位的关系，应以协调、融合为宜，反差强烈者需要进行专章论证说明。

4. 建筑高度与城市山水格局是否融洽，鼓励屋顶以退台、梯次的高度变化，严格控制一刀切的天际线。

5. 建筑临街界面的完整性，依据不同城市地段采取合理的贴线率，建筑体量与街道宽度比例适当以确保适宜的街道空间尺度。

6. 项目开敞空间、集中绿地与城市绿地、广场的衔接、过渡是否合理。

（三）与地段环境的关系

1.建筑风格、外观与周边地段环境的融合度，在体量设计上鼓励"大体求共性，小节谋个性"。

2.鼓励在建筑外立面上选配高品质材料，且宜与周边环境在材质、色彩上保持相对连续性和渐变的过渡。

3.建筑色彩的底色宜淡雅、明朗，不宜采用晦暗的深色如黑、棕等；与周边建筑在色彩上宜同色系或补色，反差强烈者需要进行专章论证说明。

（四）项目总平面图

1.近期及远期的出入口数量、方位、功能定位的合理、合规性。

2.主干道路网设计的合理性、通达性，消防车道宜兼作日常通行。

3.车辆通行和停放空间足够、安排有序，人车分流组织合理，互不干扰。

（五）竖向设计

1.地下层的范围与高度、成本控制与合理利用（含人防）的总体思路。

2.场地布局是否合理利用了地形起伏，对地形高差复杂处，应做分阶竖向设计的专章论证，要估算土方工程量以确保经济合理性。

3.场地的防洪、防涝以及地面径流组织设计是否合理，与海绵城市措施是否配套。

4.不同高度建筑的日照遮挡、视线遮挡的设计。

5.对是否需要进行人防建设及其建设方案进行专项说明。

（六）建筑单体

1.应说明建筑本体的立意构思、文化内涵，分析其与相关城市文脉的关系。

2.功能分区及平面布局完善，流线组织互不干扰、合理、高效。

注：对源于国拨财政资金投资的项目，或虽非国拨财政资金投资但属于面向社会公共服务（如教育、医疗等）功能的项目，应重点审查其功能合理性；对社会投资项目，尊重市场选择的设计方案，但也不应对城市风貌、区域景观造成不利影响。

3.建筑空间和结构体系是否相配，空间形式与外观造型是否符合结构逻辑，不提倡为形式而形式的生硬设计。

4.影响方案全局、事关安全的防火设计等措施的合规性。

注：工程设计的合规责任由设计单位负责，合规审查由审图单位负责，专家评审并不对方案设计是否合规做出担保，但若方案设计中出现上述重大违规，专家在评审时仍应尽量指出。

5.建筑造型（体块关系、虚实、细部、比例等）是否符合形式美的基本原则、是否符合大众的审美观念，立面风格的整体性，选材、配色的合理性。

注：鉴于美学层面的质量评价无法准确量化，若评审专家认为方案存在问题，则应在陈述意见时说明自己的观点和依据，并宜给出解决方案。

6. 设备空间是否预留充分，在外部造型上的表现是否美观、和谐。

7. 采光、通风、供暖等物理环境是否满足使用要求。

（七）绿地景观

1. 与城市文脉、周边环境的景观是否关系和谐。

2. 项目内部景观设计合理，鼓励功能实用的绿化景观设计，不提倡在平面上追求构图花样，不鼓励水体造景（若有水体景观，应说明其维护手段）。

3. 注重生态效益，宜选择本地植物品种，配植方式符合功能要求，四季有景、三季有花。

4. 应配套设计足够的公共服务设施，景观要素风格统一协调。

以上各条款，自专委会审议通过之日起实行。请参与评审的专家积极总结评审经验和教训，如果在评审工作中遇到有关问题，请及时向专委会秘书处反映，以便总结经验，进一步提高评审质量。

绵阳市城乡规划协会专家委员会
2021 年 11 月

附件二 浙江省城市景观风貌条例

（2017年11月30日浙江省第十二届人民代表大会常务委员会第四十五次会议通过）

目　　录

第一章　总　　则

第一条　为了加强城市景观风貌规划设计和管理，营造美丽宜居环境，改善空间品质，彰显地域特色，提升城市发展软实力，根据有关法律、行政法规，结合本省实际，制定本条例。

第二条　本条例适用于本省行政区域内城市和县人民政府所在地镇（或者中心城区，下同）的景观风貌规划设计和管理。

城市、县人民政府可以确定其他镇的景观风貌规划设计和管理，依照本条例执行。

第三条　本条例所称城市景观风貌，是指由自然山水格局、历史文化遗存、建筑形态与容貌、公共开放空间、街道界面、园林绿化、公共环境艺术品等要素相互协调、有机融合构成的城市形象。

第四条　县级以上人民政府应当加强对城市景观风貌监督管理工作的领导，将必需经费列入财政预算。

县级以上人民政府城乡规划主管部门负责城市景观风貌监督管理工作。

县级以上人民政府建设、市容环境卫生、文化、发展改革、国土资源、财政、审计、水利、林业、交通运输、体育等部门和镇人民政府按照各自职责，做好城市景观风貌监督管理工作。

第五条　城市、县人民政府应当建立健全城市景观风貌规划设计和管理的专家和社会公众参与制度。城市景观风貌规划设计和管理中的重大事项应当公开征求专家和社会公众意见。

第二章　景观风貌规划设计

第六条　城市、县、镇人民政府应当通过编制和实施城市设计，加强对城市景观风貌的规划设计和控制引导。城市设计包括总体城市设计和详细城市设计。

城市设计应当保护自然山水格局和历史文化遗存，体现地域特色、时代特征、人文精神和艺术品位。

第七条　编制总体城市设计，应当明确整体景观风貌格局，确定公共开放空间体系，划定城市景观风貌重点管控区域，提出景观风貌要素的控制和引导要求。

编制总体城市设计，应当结合城市实际，将城市天际线、城市色彩、建筑风格、街道界面、景观照明、慢行系统、城市雕塑、户外广告等若干要素作为重点内容。

第八条　下列区域应当列入城市景观风貌重点管控区域：

（一）城市核心区；
（二）历史文化街区和其他体现历史风貌的地区；
（三）新城新区；
（四）主要的街道、城市广场和公园绿地；
（五）重要的滨水地区和山前地区；
（六）对城市景观风貌具有重要影响的其他区域。

城市景观风貌重点管控区域应当编制详细城市设计，细化总体城市设计提出的控制和引导要求。其他区域可以根据需要编制详细城市设计。

第九条　城市和县人民政府所在地镇的总体城市设计和详细城市设计，由城市、县人民政府城乡规划主管部门组织编制。其他镇的总体城市设计和详细城市设计，由镇人民政府组织编制。

第十条　总体城市设计和详细城市设计应当报城市、县人民政府审批。总体城市设计和详细城市设计批准后，需要进行修改的，应当报原审批机关审批。

城市和县人民政府所在地镇的总体城市设计批准前，城市、县人民政府应当组织专家论证，并报同级人民代表大会常务委员会审议，审议意见交由本级人民政府研究处理，研究处理情况应当及时报告本级人民代表大会常务委员会。

第十一条　城市设计报送审批前，组织编制机关应当将其草案予以公示，广泛征求专家和社会公众意见。公示时间不少于三十日。

组织编制机关应当充分考虑专家和社会公众的意见，并在报送审批的材料中附具意见采纳情况及理由。

城市设计应当自批准之日起二十个工作日内，通过政府门户网站以及当地主要新闻媒体予以公布。

第十二条 城市总体规划、县（市）域总体规划和镇总体规划应当将重要的城市公园绿地、防护绿地、广场、山体、水系、视线廊道等的保护和控制要求作为强制性内容，确定坐标界线。

控制性详细规划应当落实总体城市设计和详细城市设计的控制和引导要求。

第三章　景观风貌管理

第十三条 城市、县人民政府应当根据总体城市设计，组织制定城市景观风貌管理导则，明确城市景观风貌要素的通用管理要求。

第十四条 城市、县人民政府城乡规划主管部门依法提出或者明确规划条件时，应当根据控制性详细规划将城市景观风貌控制和引导要求列入规划条件。城市景观风貌控制和引导要求尚未纳入控制性详细规划，但符合控制性详细规划的强制性内容的，可以根据城市设计列入规划条件。

第十五条 城市、县人民政府城乡规划主管部门进行建设工程设计方案审查和竣工规划核实时，应当审核列入规划条件的城市景观风貌控制和引导要求的落实情况。

城市、县人民政府城乡规划主管部门在审查大型城市雕塑和城市景观风貌重点管控区域内政府投资的公共建筑的设计方案时，应当征求专家和社会公众的意见。

下列活动不需要取得规划许可，但应当符合城市容貌标准以及城市景观风貌控制和引导要求：

（一）设置候车亭、岗亭、公共自行车站点；

（二）除城市、县人民政府确定的重要街道两侧和重要区块的建筑物以外，不变动房屋建筑主体的建筑外立面装修装饰；

（三）安装空调架、晾衣架、防盗窗、太阳能设备等设施；

（四）在公园绿地内建造景观小品；

（五）安装景观灯光、充电桩、电力环网柜、交通管理设施等设施；

（六）不改变道路线形、断面的道路维修；

（七）不改变管位轴线、管径的地下管线局部更新，雨水连接管、入户管等零星管线敷设以及建设工程用地范围内的管线敷设；

（八）法律、法规规定的其他活动。

第十六条 城市、县人民政府应当因地制宜规划建设城市地下综合管廊。已建成城市地下综合管廊的，新建管线应当统一纳入地下综合管廊；尚未建成地下综合管廊的，新建管线应当采取地埋的方式。因客观原因无法实施地埋，确需架空设置的，应当符合城市容貌标准。

城市、县人民政府确定的重要街道和重要区块的公共场所上空不得新建架空管线。

现有架空管线不符合城市容貌标准的，应当逐步予以改造或者采取隐蔽措施。

第十七条 城市、县人民政府实施旧城区改建应当遵守历史文化保护的法律法规，依法保护旧城区改建范围内的历史文化遗存，不得破坏历史文化街区的传统格局、整体风貌和历史文脉，不得擅自迁移、拆除和改建历史建筑。

既有建筑容貌不符合城市景观风貌控制和引导要求的，城市、县人民政府应当结合旧城区改建组织改造、整治。

第四章　公共环境艺术促进

第十八条 下列建设项目应当配置公共环境艺术品：

（一）建筑面积一万平方米以上的文化、体育等公共建筑；

（二）航站楼、火车站、城市轨道交通站点等交通场站；

（三）用地面积一万平方米以上的广场和公园。

前款规定的建设项目，建设工程造价二十亿元以内的，公共环境艺术品配置投资金额不低于本项目建设工程造价的百分之一；建设工程造价超过二十亿元的，超出部分的配置投资金额不低于超出部分建设工程造价的千分之五。

城市、县人民政府可以制定政策措施，鼓励和引导其他建设项目配置公共环境艺术品。

本条例所称公共环境艺术品，包括城市雕塑、壁画、绿化造景等艺术作品和艺术化的景观灯光、水景、城市家具等公共设施。

第十九条 城乡规划主管部门核发选址意见书或者提出规划条件时，应当书面告知公共环境艺术品配置投资要求。

国有建设用地使用权招标、拍卖或者挂牌公告时，应当提示公共环境艺术品配置投资要求。

第二十条 公共环境艺术品的配置应当弘扬社会主义核心价值观，体现人文精神和艺术品位。本条例第十八条第一款规定的建设项目，建设单位应当就公共环境艺术品配置方案征求专家和社会公众意见。

第二十一条　建设项目竣工验收合格后六个月内应当完成公共环境艺术品配置。配置完成后一个月内，建设单位应当向城乡规划主管部门报送公共环境艺术品配置情况及有关资料。

第二十二条　发展改革部门依法审批建设项目投资概算时，应当审核公共环境艺术品的配置投资比例。审计机关依法对建设项目进行审计时，应当对公共环境艺术品的配置投资要求落实情况进行核查。

第二十三条　城市、县人民政府可以组织文化、城乡规划、建设等有关部门以及专家和社会公众代表，对公共环境艺术品进行评估，评估结果向社会公布。对评估认定艺术水准低下、影响城市景观风貌品质的公共环境艺术品，城市、县人民政府可以责成改造、拆除或者迁移；给当事人造成损失的，应当依法予以补偿。

第二十四条　公共环境艺术品应当设置铭牌，载明创作人、建设单位、建设日期。

公共环境艺术品的所有权人或者管理人，负责公共环境艺术品的维护，保证其完好、整洁。

第二十五条　鼓励有条件的城市设立城市公共环境艺术交流中心、创作基地，开展多种艺术交流活动，加强城市公共环境艺术创作人才培育。

第五章　法律责任

第二十六条　违反本条例规定的行为，法律、行政法规已有法律责任规定的，从其规定。

第二十七条　县级以上人民政府、有关部门及其工作人员，在城市景观风貌监督管理工作中玩忽职守、滥用职权、徇私舞弊的，由有权机关对直接负责的主管人员和其他直接责任人员依法给予处分。

第二十八条　违反本条例第十六条第一款和第二款规定，新建的架空管线不符合城市容貌标准或者在城市、县人民政府确定的重要街道和重要区块的公共场所上空新建架空管线的，由市容环境卫生主管部门责令限期改正，处五千元以上五万元以下罚款。

第二十九条　建设单位未依照本条例第十八条第一款和第二款规定完成公共环境艺术品配置的，由城乡规划主管部门责令限期按规定配置，处十万元以上二十万元以下罚款。

第三十条　建设单位未依照本条例第二十一条规定报送公共环境艺术品配置情况及有关资料的，由城乡规划主管部门责令限期改正；逾期不改正的，处一万元以上三万元以下罚款。

第三十一条 公共环境艺术品所有人或者管理人未依照本条例第二十四条第二款规定维护公共环境艺术品的，由市容环境卫生主管部门责令限期改正；逾期不改正的，处五百元以上三千元以下罚款。

第六章 附 则

第三十二条 本条例自 2018 年 5 月 1 日起施行。

浙江颁布国内首部城市景观风貌条例

从 2018 年 5 月 1 日起，《浙江省城市景观风貌条例》（以下简称《条例》）正式实施。这是国内首部城市景观风貌专项立法，是浙江"走在前列谋新篇"的又一次成功实践。

《条例》在遵循国家和浙江省现有管理体制机制的前提下，将实践中行之有效的经验和做法予以提升，创设了具有浙江特色、符合浙江实际的城市景观风貌管理规范。

《条例》所称城市景观风貌，是指由自然山水格局、历史文化遗存、建筑形态与容貌、公共开放空间、街道界面、园林绿化、公共环境艺术品等要素相互协调、有机融合构成的城市形象。《条例》规定的城市景观风貌重点管控区域包括城市核心区、历史文化街区和其他体现历史风貌的地区及城市新区、主要街道、城市广场和公园绿地、重要的滨水区和山前地区、对城市景观风貌具有重要影响的其他区域等。

《条例》紧密结合浙江省城市景观风貌管理的当前形势和发展方向，建立并强化与国家大力推行的城市设计相衔接的城市景观风貌规划设计和实施管理制度，提出了促进公共环境艺术发展的具体措施，以使管理对象精准化、内容系统化。

《条例》全文共分六章三十二条，围绕城市景观风貌管理，从景观风貌规划设计、实施监管、公共环境艺术促进和法律责任四个方面，规定了具体要求、管理职责和保障措施。《条例》具有以下四大亮点：

一是确立以城市设计为主导的城市景观风貌规划设计和管理制度。《条例》明确了城市景观风貌规划设计管理的责任主体和城市设计编制审批程序，使城市设计作为城市景观风貌塑造的重要手段，成为城乡规划体系的有机组成部分；同时，《条例》明确将重要的公共开放空间作为总体规划的强制性内容，落实坐标界线，并在规划条件出具、工程设计方案审查、竣工核实等环节强化规划管控，保障城市设计得以落地。

二是建立公共环境艺术品配建管理制度。《条例》在总结国内外实践经验的基础上，规定了重要公共项目配建公共环境艺术品的情形，明确配建投资比例及实施管理要求，规定公共环境艺术品配建投资不低于本项目建设工程造价的百分之一，对投资概算超过 20 亿元，规定其超出部分配建投资比例不低于千分之五。据介绍，该政策旨在引导示范景观风貌艺术化、品质化发展，主要针对国有性质的工程项目，对社会投资项目不做硬性规定，但鼓励其配建公共环境艺术品，具体规定可由地方政府制定，以保证政策的弹性和可操作性。

三是建立城市景观风貌分类管控制度。《条例》规定要根据总体城市设计制定城市景观风貌管理导则，明确城市景观风貌要素的通用管理要求，对于总体城市设计划定的城市景观风貌重点管控区域，明确城市景观风貌重点管控区域要求编制详细城市设计，细化总体城市设计提出的控制和引导要求。同时，深化落实"最多跑一次"和"放管服"改革精神，进一步明晰管理边界，划定负面清单，明确不需要取得规划许可的活动类别。

四是深化专家和社会公众参与制度。《条例》规定要根据总体城市设计制定城市景观风貌管理导则，明确城市景观风貌要素的通用管理要求，对于总体城市设计划定的城市景观风貌重点管控区域，明确城市景观风貌重点管控区域要求编制详细城市设计，细化总体城市设计提出的控制和引导要求。同时，深化落实"最多跑一次"和"放管服"改革精神，进一步明晰管理边界，划定负面清单，明确不需要取得规划许可的活动类别。

专家认为，《条例》汇集民智，反映民意，切合浙江实际，是一部体现以人为本、永续发展理念的重要法规，对于营造美丽宜居环境、建设美丽浙江，具有十分重要的意义。

（摘自《中国建设报》2018.05.11，记者：魏光华，通讯员：李敏敏。）

附件三 绵阳城市风貌问卷访谈记录

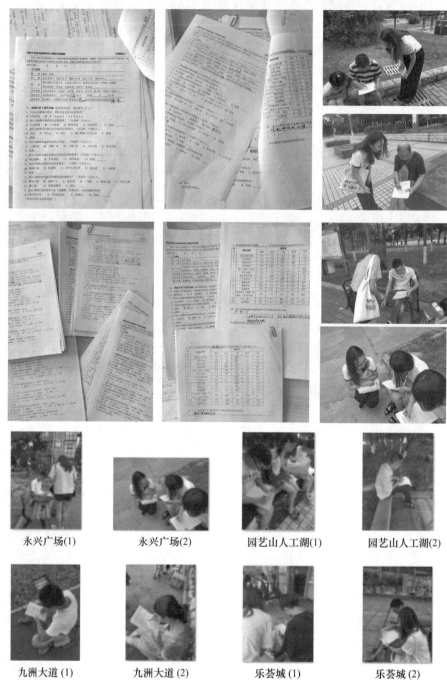

永兴广场(1)   永兴广场(2)   园艺山人工湖(1)   园艺山人工湖(2)

九洲大道(1)   九洲大道(2)   乐荟城(1)   乐荟城(2)

附件四 绵阳城市风貌市民调查问卷

绵阳市城市风貌规划设计策略问卷调查

问卷编号

> 您好，我们是西南科技大学，"绵阳市城市风貌规划设计策略研究"课题组。本问卷限于学术研究，并可能对提升绵阳市城市风貌产生积极的影响。问卷填写采用匿名方式，并且您的一切资料我们负责保密。感谢您在百忙之中对我们工作的支持！

调查日期：　　年　　月　　日

一、个人资料

性别	①男　②女
年龄	① 20 岁以下　② 20～29 岁　③ 30～39 岁　④ 40～49 岁　⑤ 50～59 岁　⑥ 60 岁以上
职业	①行政机关工作人员　②企业工作人员　③事业工作人员　④商业　⑤农民　⑥自由职业　⑦无业　⑧离退休　⑨学生　⑩其他____
文化程度	①初中及以下　②高中　③职教　④中专　⑤大专　⑥本科　⑦硕士（及以上）
来自何处	①绵阳本地人　②四川省___县/市　③其他_____省_____县/市
城市印象	在您去过的城市中，印象最好的是_____，最有特色的是_____。

二、请您回答下面的问题（如有选项内容，请在编号上打√）

1. 您对绵阳市中心城区风貌的整体印象如何？
A. 非常满意　　B. 比较满意　　C. 一般　　D. 不满意　　E. 很不满意
2. 与您去过的城市相比，绵阳市是否有自己的特色？
A. 很有特色　　　　　　B. 有一定的特色
C. 毫无特色
3. 您认为绵阳市最具特色的资源是？
A. 山水资源　　　　　　B. 人文资源
C. 教育资源　　　　　　D. 民俗民风
E. 其他：____
4. 您认为绵阳市自然山水中最有代表的是？
A. 西山　　　　B. 富乐山　　　　C. 南山　　　　D. 越王楼到三江交汇处

E. 仙海　　　　F. 其他：＿＿

5. 您认为绵阳市最有特色的文化是？

A. 三国文化　　B. 两弹一星　　C. 三线工业　　D. 文昌文化

E. 李白故里　　F. 其他：＿＿

6. 您认为绵阳市最应该展示的民俗民风资源是？

A. 睢水踩桥　　B. 文昌祭祀　　C. 城隍庙会　　D. 其他：＿＿

7. 您认为绵阳市最有特色的街道是？

A. 临园干道　　　　　　　B. 跃进路

C. 市中心步行街　　　　　D. 滨江路

E. 马家巷　　　　　　　　F. 其他：＿＿

8. 您认为绵阳市的标志性建筑或建筑群是？

A. 孵化大楼　　B. 创新中心　　C. 富乐阁

D. 一号桥　　　E. 新益大厦　　F. 火炬大厦

G. 越王楼　　　H. 绵阳博物馆

I. 其他：＿＿

9. 您认为绵阳市的景观小品应采用哪种风格？

A. 现代简约风　　　　　　B. 极具科技感

C. 传统韵味型　　　　　　D. 其他：＿＿

10. 请您对目前此片区与城市风貌的相关内容进行满意度评价：

序号	指标名称	满意度				
		很好	较好	一般	较差	很差
1	城市总体风貌	□ 5	□ 4	□ 3	□ 2	□ 1
2	自然环境	□ 5	□ 4	□ 3	□ 2	□ 1
3	天际轮廓线	□ 5	□ 4	□ 3	□ 2	□ 1
4	景观界面	□ 5	□ 4	□ 3	□ 2	□ 1
5	街道环境	□ 5	□ 4	□ 3	□ 2	□ 1
6	道路布局	□ 5	□ 4	□ 3	□ 2	□ 1
7	慢行交通	□ 5	□ 4	□ 3	□ 2	□ 1
8	停车场地	□ 5	□ 4	□ 3	□ 2	□ 1
9	公共空间环境	□ 5	□ 4	□ 3	□ 2	□ 1
10	公共空间特色	□ 5	□ 4	□ 3	□ 2	□ 1
11	滨水活动空间	□ 5	□ 4	□ 3	□ 2	□ 1
12	广场空间	□ 5	□ 4	□ 3	□ 2	□ 1
13	公园绿化	□ 5	□ 4	□ 3	□ 2	□ 1

序号	指标名称	满意度				
		很好	较好	一般	较差	很差
14	建筑样式	□ 5	□ 4	□ 3	□ 2	□ 1
15	建筑色彩	□ 5	□ 4	□ 3	□ 2	□ 1
16	景观雕塑	□ 5	□ 4	□ 3	□ 2	□ 1
17	街道家具	□ 5	□ 4	□ 3	□ 2	□ 1
18	广告、指示	□ 5	□ 4	□ 3	□ 2	□ 1
19	夜景照明	□ 5	□ 4	□ 3	□ 2	□ 1

11.除了本问卷涉及的内容外，您认为我们还应该关注绵阳市城市风貌规划设计中的哪些问题：

_____

再次感谢您对我们工作的支持！

附件五　绵阳城市风貌专家调查问卷

尊敬的专家/学者您好，非常感谢您能在百忙之中填写这份问卷。此调查问卷以构建绵阳市城市风貌规划设计评价体系为调查目标，对其多种影响因素使用层次分析法进行分析。

一、层次模型

层次模型如下表：

准则层	一级因子
	滨水空间风貌
	生物多样性风貌
城市格局	乡土文化底蕴
	游憩系统格局
	视线通廊
开放空间	公园绿地
	城市广场
	建筑高度
	沿街立面
建筑风貌	建筑高度与街道宽度比值
	第五立面
	色彩与材质
	形式
街道家具	功能
	色彩
	历史文化街区照明
	滨水空间照明
	公园照明
城市夜景	广场照明
	骨架道路照明
	公共建筑照明
	住宅建筑照明

(注：准则层左侧为"绵阳市城市风貌规划设计评价体系")

二、问卷说明

此调查问卷的目的在于确定绵阳市城市风貌规划设计各控制要素之间相对权重。调查问卷根据层次分析法（AHP）的形式设计。这种方法是在同一个层次对影响因素重要性进行两两比较。衡量尺度划分为个等级，分别是绝对重要、十分重要、比较重要、稍微重要、同样重要，分别对应 9，7，5，3，1 的数值。靠左边的衡量尺度表示左列因素比右列因素重要，靠右边的衡量尺度表示右列因素比左列因素重要。根据您的看法，在对应方格中打勾即可。

样表：对于评价风景名胜区，各影响因素的相对重要程度表

A	评价尺度									B
	9	7	5	3	1	3	5	7	9	
交通可达性										设施齐备性

注：衡量尺度划分为 5 个等级，分别是绝对重要、十分重要、比较重要、稍微重要、同样重要，分别对应 9，7，5，3，1 的数值。

三、问卷内容

● 第 2 层要素

下列各组比较要素，对于"绵阳市城市风貌规划设计评价体系"的相对重要如何？

A	评价尺度									B
	9	7	5	3	1	3	5	7	9	
城市格局										开放空间
城市格局										建筑风貌
城市格局										街道家具
城市格局										城市夜景
开放空间										建筑风貌
开放空间										街道家具
开放空间										城市夜景
建筑风貌										街道家具
建筑风貌										城市夜景
街道家具										城市夜景

● 第 3 层要素

下列各组比较要素，对于"城市格局"的相对重要性如何？

A	评价尺度									B
	9	7	5	3	1	3	5	7	9	
滨水空间风貌										生物多样性风貌
滨水空间风貌										乡土文化底蕴
滨水空间风貌										游憩系统格局
滨水空间风貌										视线通廊
生物多样性风貌										乡土文化底蕴
生物多样性风貌										游憩系统格局
生物多样性风貌										视线通廊
乡土文化底蕴										游憩系统格局
乡土文化底蕴										视线通廊
游憩系统格局										视线通廊

下列各组比较要素，对于"开放空间"的相对重要性如何？

A	评价尺度									B
	9	7	5	3	1	3	5	7	9	
公园绿地										城市广场

下列各组比较要素，对于"建筑风貌"的相对重要性如何？

A	评价尺度									B
	9	7	5	3	1	3	5	7	9	
建筑高度										沿街立面
建筑高度										建筑高度与街道宽度比值
建筑高度										第五立面
建筑高度										色彩与材质
沿街立面										建筑高度与街道宽度比值
沿街立面										第五立面
沿街立面										色彩与材质
建筑高度与街道宽度比值										第五立面
建筑高度与街道宽度比值										色彩与材质
第五立面										色彩与材质

下列各组比较要素，对于"街道家具"的相对重要性如何？

A	评价尺度									B
	9	7	5	3	1	3	5	7	9	
形式										功能
形式										色彩
功能										色彩

下列各组比较要素，对于"城市夜景"的相对重要性如何？

A	评价尺度									B
	9	7	5	3	1	3	5	7	9	
历史文化街区照明										滨水空间照明
历史文化街区照明										公园照明
历史文化街区照明										广场照明
历史文化街区照明										骨架道路照明
历史文化街区照明										公共建筑照明
历史文化街区照明										住宅建筑照明
滨水空间照明										公园照明
滨水空间照明										广场照明
滨水空间照明										骨架道路照明
滨水空间照明										公共建筑照明
滨水空间照明										住宅建筑照明
公园照明										广场照明
公园照明										骨架道路照明
公园照明										公共建筑照明
公园照明										住宅建筑照明
广场照明										骨架道路照明
广场照明										公共建筑照明
广场照明										住宅建筑照明
骨架道路照明										公共建筑照明
骨架道路照明										住宅建筑照明
公共建筑照明										住宅建筑照明

再次对您表示由衷的感谢！

后　记

　　城市是人类社会生活的载体，又是石头的史书，其重要性自不待言，市民期望自己生活的城市形象优雅、赏心悦目，也是人之常情。但这一目标能否达到，如何达到？其实真的是一个很大的难题。

　　凡是说到形象的好坏，都是一个有关审美的价值判断，而价值判断一定是审美主体——人的主观认识，而主观认识是很不容易达成共识的，尤其是一大群人。所谓"萝卜青菜，各有所爱"是一种常态，判断、评价城市形象、风貌也逃不过这个普遍规律，所以有争议很正常，没有争议反而是不正常的。诸如"千城一面""千楼一面""火柴盒楼房"等都是熟知的争议提法。

　　那么，什么样的城市风貌才是理想的、大家都满意的？也许"不识庐山真面目，只缘身在此山中"，我们对自己的城市因为太熟悉，反而无法客观评价了。那不妨参观一下那些有口皆碑的、古今中外的优秀城市案例，如日本京都、欧洲的巴黎、巴塞罗那等、中国的平遥古城、丽江古城等，这些都是被社会各界肯定的典范。仔细品味一下就能知道，这些城市的风貌、建筑的形象并不千变万化，反倒是大同小异——恰好站在了人们"常识"的对立面。这是为什么呢？

　　回顾历史可以发现，很多城市发展到今天，都经过了上千载的漫长时光。大浪淘沙，能流传至今的古城、建筑等都在形式上是少有的佳作，在情感上则凝结了兴衰成败的历史，怎么能不让人感动？古时候，无论中西，人们生活方式单一，同一文化圈内的审美观念彼此接近（也有被迫接近的，如中国封建礼制的限制），建筑风格自然也就类同大于差异，大家习以为常。而现代建筑风格是对古代建筑颠覆性的革命，建筑形态迥异、尺度巨大，完全不是千百年来熟悉的印象，人们需要时间来适应。但现代城市、现代建筑的历史仅有百余年——沙还没有淘完。加上现代社会制度宽容，提倡个性自由，发展出多样的价值观，建筑风格自然花样繁多。"乱花渐欲迷人眼"，人言人殊，找不到共识就难免自说自话。

　　但在市场经济体制下，城市形象就是一个参与城市建设的利益相关方如开发商、政府（理论上得到人民授权，代表人民）、公众舆论（通过公众参与）甚至外来游客的利益博弈的结果，各方都有自己的诉求和期望，必须要互相沟通、妥协。如果各方对于什么是好、什么是差，都自说自话，达不成共识，如何是好？

特大型城市、沿海发达城市遇到的问题不大，因为不管是主管的政府机关、开发商、设计院，还是参与的公众，都不乏水平很高、能力很强的专业人才，能够把自己职权范围内的工作高质量地完成，互相之间高效率地沟通，经济实力也足够强，最后的成果必然不会有多差。而其他城市就不同了，各类人才缺乏，经济条件受限，行政主管人员、设计人员、建设单位等，经常因为理论认识不清而人云亦云、盲从潮流，要高质量完成城市形象塑造的工作殊为不易。经常见到一些建设项目在设计阶段就难说很好，实际建成后就更不如意——遇到这样问题的城市不在少数。

写本书就是想通过对城市形象、风貌历史发展的解读，尽可能客观、理性地理解其形成逻辑，并推荐一些被实践证明卓有成效的方法，如"小街区""特色风貌区"的规划建设和专项城市设计等，以供有关人士参考。鉴于建筑、规划学科的文理融合的专业特点以及本话题自身广泛的社会性，对上述内容基本是以指导实用为目的进行逻辑论证，而没有用严格的数理分析方法，为的是使不同专业、阶层的读者都感觉读来轻松、好理解——这样才有利于在参与城市建设的各方之间形成共识。

书中所写，都是一家之言，但愿以此抛砖引玉，能够多少解决读者心中的一些困惑，对城市建设事业有些微助益。

赵祥

2022 年 3 月